北大社普通高等教育“十四五”数字化建设规划教材

微　积　分

（上册）

主　编　王　芬　刘　炎

副主编　岳卫芬　张少艳

编　委　吴玉田　蒋丹丹　魏　盼

本书资源使用说明

北京大学出版社
PEKING UNIVERSITY PRESS

内容简介

本书是在“数字化”的时代背景下，为适应经济管理类专业在大学数学课程教学中的最新需求而编写的一部微积分教材. 本书分上、下两册，上册内容包括函数、极限与连续、导数与微分、微分中值定理与导数的应用、不定积分、定积分及其应用；下册内容包括多元函数微分学、重积分、无穷级数、常微分方程、差分方程.

本书附有多样化的数字教学资源，包括课程思政案例、重要知识点微课视频、考研试题等，读者可以通过扫描书中二维码观看学习. 另外，书中配有大量来自经济学、管理学等领域的应用案例，旨在帮助读者更好地理解微积分在实际领域中的应用，提升其解决复杂问题的能力.

本书可作为高等学校经济管理类专业的教材，也可供理工科专业的学生参考学习.

图书在版编目(CIP)数据

微积分. 上册/王芬，刘炎主编. --北京：北京大学出版社，2025. 7. -- ISBN 978-7-301-36395-9

Ⅰ. O172

中国国家版本馆 CIP 数据核字第 20251K88R6 号

书　　名	微积分（上册） WEIJIFEN (SHANGCE)
著作责任者	王　芬　刘　炎　主编
责任编辑	王剑飞
标准书号	ISBN 978-7-301-36395-9
出版发行	北京大学出版社
地　　址	北京市海淀区成府路 205 号　100871
网　　址	http://www.pup.cn
电子邮箱	zpup@pup.cn
新浪微博	@北京大学出版社
电　　话	邮购部 010-62752015　发行部 010-62750672　编辑部 010-62765014
印 刷 者	长沙雅佳印刷有限公司
经 销 者	新华书店
	787 毫米×1092 毫米　16 开本　15 印张　392 千字
	2025 年 7 月第 1 版　2025 年 7 月第 1 次印刷
定　　价	52.00 元

前　言

在科技日新月异、经济格局不断演变的时代，微积分作为数学领域的重要分支，不仅在数学体系中占据着核心地位，而且在经济学与管理学的研究与实践中发挥着无可替代的重要作用.

在经济学的广袤天地里，微积分是经济学家手中的精密罗盘. 它能够将复杂的经济现象层层剖析，助力经济学家深入洞察市场的微妙变化. 而在管理学的舞台上，微积分同样扮演着举足轻重的角色. 它是管理者优化资源配置的得力助手，能够帮助管理者及时发现问题、调整策略，确保项目的顺利推进.

本书不仅注重理论知识的系统性与完整性，还深度挖掘了微积分基础知识与经济学、管理学之间的内在联系，将数学的严谨逻辑与经济学、管理学的实际需求巧妙融合，发挥数学的基础支撑性作用. 经过精心编排与设计，本书呈现出以下四大鲜明特色.

1. 系统完整的知识体系：本书遵循由浅入深、循序渐进的原则，构建了一个逻辑清晰、层次分明的知识架构，使读者能够全面、深入地掌握微积分的基本原理与核心方法.

2. 与后续课程紧密衔接：本书以前瞻性的视野，精心构建了内容框架，加强了数学概念在经济学背景下的阐释，以确保微积分知识能够自然、顺畅地融入后续的经济学与管理学专业学习之中.

3. 丰富多元的内容布局：本书融合了微积分核心理论与极具代表性的时代案例，旨在拓宽读者视野，提升其解决实际问题的能力. 书中的案例覆盖经济学、管理学等多个领域，如市场分析、成本控制、资源优化等，直观地展现了微积分在经济、管理中的应用.

4. 丰富的数字资源：本书融入了多样化的数字教学资源，涵盖了丰富的课程思政案例、详尽的微课视频及实用的考研真题等多种线上资源，旨在深度拓展纸质教材的内容边界，拓宽读者的知识视野.

本书上册由王芬、刘炎担任主编，岳卫芬、张少艳担任副主编，吴玉田、蒋丹丹、魏盼参与了编写工作；下册由王芬、刘炎担任主编，刘娟、吴玉田、岳卫芬担任副主编，姚慧玲、马虹参与了编写工作；全书由王芬统稿及定稿. 另外，袁晓辉、龚维安、张馨月、蔡晓龙提供了版式和装帧设计方案，在此一并表示感谢.

尽管编者倾注了大量心血，但由于水平有限，书中难免存在不足之处. 在此，我们诚挚邀请各位专家、同行及其他读者不吝赐教，以便在后续的教学实践中不断完善本书.

王　芬

2025 年 1 月

目　录

第一章 函 数

函数作为数学中的一个核心概念,定义了变量间的一种依赖或映射关系.本章内容旨在以中学所学的函数知识为基石,进一步深入探索函数的本质和特性.同时,考虑到函数在经济学领域的广泛应用,我们还会介绍经济学中的常用函数,让读者了解函数如何在经济分析、决策制定等方面发挥关键作用,从而体会数学与经济学之间的紧密联系.

第一节 函数的概念

一、集合

1. 集合的定义

数学里有一个基础而重要的概念,那就是集合,如某一个城市中的全体居民就可以构成一个集合.**集合**是指具有某种特定性质的事物的总体,简称**集**,组成这个集合的事物称为该集合的**元素**.通常用大写英文字母 $A,B,C,\cdots$ 表示集合,用小写英文字母 $a,b,c,\cdots$ 表示集合中的元素.若 a 是集合 A 中的元素,则称 a **属于** A,记作 $a\in A$;若 a 不是 A 中的元素,则称 a **不属于** A,记作 $a\notin A$.按照集合中所包含的元素的个数,可将其分为有限集和无限集.若一个集合中的元素个数是有限的,则称其为**有限集**;若一个集合中的元素个数是无限的,则称其为**无限集**.

2. 集合的表示法

集合的表示法主要有以下两种.

(1) **列举法**:按任意顺序列出集合中的所有元素,并用花括号{} 括起来.

例如,由方程 $x^2-5x+6=0$ 的根所构成的集合 A 可表示为 $A=\{2,3\}$.

注 使用列举法表示集合时,应列出集合中的所有元素,不得重复和遗漏.

(2) **描述法**:设 $P(x)$ 为某个与元素 x 有关的条件或法则,A 为满足 $P(x)$ 的一切 x 所构成的集合,则 A 可记为 $A=\{x\mid P(x)\}$.

例如,由方程 $x^2-5x+6=0$ 的根所构成的集合 A 也可表示为

$$A=\{x\mid x^2-5x+6=0\}.$$

以下是一些常用数集的表示符号:自然数集记为 $\mathbf{N}$,正整数集记为 $\mathbf{N}^*$ 或 $\mathbf{N}_+$,整数集记为 $\mathbf{Z}$,有理数集记为 $\mathbf{Q}$,实数集记为 $\mathbf{R}$,其中有理数集 $\mathbf{Q}=\left\{x \,\middle|\, x=\dfrac{p}{q},p,q\in\mathbf{Z},p,q\text{ 互质且 }q\neq 0\right\}$.常见的无理数有 $\pi=3.141\,592\,6\cdots$,$\sqrt{2}=1.414\,213\,5\cdots$.

不含任何元素的集合称为**空集**,记为 $\varnothing$.例如,$B=\{x\mid x^2+1=0,x\in\mathbf{R}\}$ 就是一个空集.

二、实数与绝对值

实数是由有理数和无理数组成的.**数轴**是规定了原点、正方向与单位长度的直线.实数的全体充满了整个数轴,实数不仅是稠密的,而且是连续的,实数与数轴上的点形成了**一一对应**的关系.

实数 a 的绝对值记为 $|a|$,它是一个非负实数,满足

$$|a|=\begin{cases}a, & a\geqslant 0,\\ -a, & a<0.\end{cases}$$

从数轴上看，$|a|$的几何意义为实数a对应的点到原点的距离.

实数的绝对值的性质如下($x,y\in\mathbf{R}$).

(1) $|x|=|-x|\geqslant 0$;当且仅当$x=0$时，有$|x|=0$.

(2) $-|x|\leqslant x\leqslant |x|$.

(3) $|x|<a$等价于$-a<x<a$;$|x|\leqslant a$等价于$-a\leqslant x\leqslant a(a>0)$.

(4) $|x|>a$等价于$x>a$或$x<-a$;$|x|\geqslant a$等价于$x\geqslant a$或$x\leqslant -a(a>0)$.

(5) (三角不等式)$|x|-|y|\leqslant |x\pm y|\leqslant |x|+|y|$.

(6) $|xy|=|x||y|$.

(7) $\left|\dfrac{x}{y}\right|=\dfrac{|x|}{|y|}(y\neq 0)$.

三、区间与邻域

微积分中常用区间表示数集. 设$a,b\in\mathbf{R}$，且$a<b$，我们称数集$\{x\mid a<x<b\}$为**开区间**，记为(a,b)；数集$\{x\mid a\leqslant x\leqslant b\}$称为**闭区间**，记为$[a,b]$；数集$\{x\mid a\leqslant x<b\}$和$\{x\mid a<x\leqslant b\}$分别记为$[a,b)$和$(a,b]$，称为**左闭右开区间**和**左开右闭区间**，统称为**半开半闭区间**. 这里的a,b称为**区间端点**，其中a称为**左端点**，b称为**右端点**，$b-a$称为**区间长度**. 以上几类长度有限的区间都称为**有限区间**.

此外，为了表示$x\geqslant a$，引入记号∞(读作无穷大，$+\infty$表示正无穷大，$-\infty$表示负无穷大)，记

$$\{x\mid x\geqslant a\}=[a,+\infty)；\quad \{x\mid x>a\}=(a,+\infty)；$$
$$\{x\mid x\leqslant a\}=(-\infty,a]；\quad \{x\mid x<a\}=(-\infty,a)；$$
$$\mathbf{R}=(-\infty,+\infty).$$

以上几类区间长度无限的区间都称为**无限区间**，有限区间和无限区间统称为**区间**.

邻域是另外一种常用数集. 设$a\in\mathbf{R}$，$\delta>0$，则满足绝对值不等式$|x-a|<\delta$的全体实数x所构成的集合称为**点a的δ邻域**，记为$U(a,\delta)$，或简记为$U_\delta(a)$，其中点a称为该邻域的**中心**，δ称为该邻域的**半径**. 显然，有

$$U(a,\delta)=\{x\mid |x-a|<\delta\}=(a-\delta,a+\delta).$$

点a的去心δ邻域定义为

$$\mathring{U}(a,\delta)=\{x\mid 0<|x-a|<\delta\}=(a-\delta,a)\cup(a,a+\delta),$$

也可简记为$\mathring{U}_\delta(a)$. 注意$U(a,\delta)$和$\mathring{U}(a,\delta)$的差别在于$\mathring{U}(a,\delta)$中不包含点a.

当不需要强调邻域的半径时，我们用$U(a)$，$\mathring{U}(a)$分别表示点a的某一邻域和点a的某一去心邻域.

四、函数

在研究事物发展规律的过程中，我们会遇到许多量，如几何学中的长度、面积、体积，经济学中的产量、销量、成本、收益、利润等. 在研究过程中，保持不变的量称为**常量**，常记为$a,b,c,\cdots$，不断变化的量称为**变量**，常记为$x,y,z,\cdots$. 例如，物体在做自由落体运动时，物体的速度和位移在不断变化，是变量，而物体的质量始终保持不变，是常量.

一般地，在一个实际问题中往往涉及多个变量，这些变量不是孤立存在的，而是相互联系、

相互制约的,将这种依赖关系抽象出来就是函数的概念.

1. 函数的定义

定义 1 给定两个非空数集 D 和 M,若存在对应法则 f,使得对于 D 内任意一个数 x,都有唯一确定的数 $y \in M$ 与之相对应,则称 f 是定义在数集 D 上的**函数**,记作

$$f: D \to M,$$
$$x \mapsto y.$$

数集 D 称为函数 f 的**定义域**,x 所对应的数 y 称为 f 在点 x 处的**函数值**,常记为 $f(x)$,全体函数值的集合

$$f(D) = \{y \mid y = f(x), x \in D\} \subset M$$

称为 f 的**值域**. 习惯上称 x 为**自变量**,y 为**因变量**.

例 1 在自由落体运动中,设物体的下落时间为 t,下落距离为 s. 假定开始下落的时刻 $t=0$,则 s 与 t 之间的依赖关系由公式 $s=\frac{1}{2}gt^2$ 给定,其中 g 为重力加速度. 这里确定了 s 和 t 的一个函数关系 $s=s(t)=\frac{1}{2}gt^2$.

2. 函数的两个要素

函数的对应法则和定义域称为函数的两个要素,只要定义域和对应法则给定,函数就确定了.

例 2 求函数 $y=\ln(1-\ln x)$ 的定义域.

解 要使函数有意义,只需

$$\begin{cases} 1-\ln x > 0, \\ x > 0, \end{cases}$$

解得 $x<\mathrm{e}$ 且 $x>0$,故所求定义域为 $(0,\mathrm{e})$.

例 3 求函数 $y=\sqrt{x^2-x-6}+\arcsin\frac{2x-1}{7}$ 的定义域.

解 要使函数有意义,只需

$$\begin{cases} x^2-x-6 \geqslant 0, \\ \left|\frac{2x-1}{7}\right| \leqslant 1, \end{cases}$$

解得 $\begin{cases} x \geqslant 3 \text{ 或 } x \leqslant -2, \\ -3 \leqslant x \leqslant 4, \end{cases}$ 故所求定义域为 $[-3,-2] \cup [3,4]$.

例 4 说明函数 $y=\ln x^2$ 与 $y=2\ln x$ 是否相同.

解 因为函数 $y=\ln x^2$ 的定义域为 $(-\infty,0) \cup (0,+\infty)$,而函数 $y=2\ln x$ 的定义域为 $(0,+\infty)$,所以 $y=\ln x^2$ 与 $y=2\ln x$ 是不同的函数.

注 两个函数相同的充要条件是其定义域和对应法则分别相同.

3. 函数的表示方法

函数的表示方法一般有三种:表格法、图像法和解析式法(公式法). 表格法就是将自变量

与因变量的对应数据列成表格来表示函数关系；图像法就是用平面曲线来表示函数关系；解析式法就是用数学表达式来表示函数关系.

例 5　各银行的定期存款利率是根据央行的基准利率进行浮动制定的，2024 年央行的定期存款(整存整取) 基准利率如表 1－1 所示.

表 1－1

存款时间	3 个月	6 个月	1 年	2 年	3 年
年利率 /%	1.10	1.30	1.50	2.10	2.75

这个表格确定了存款时间与年利率之间的函数关系，像这种用表格形式来表示函数关系的方法即为表格法.

例 6　王先生从家中出发去郊外散步，他以 100 m/min 的速度匀速前进 10 min 后来到一个公园，在公园健身，20 min 后离开公园继续以该速度匀速散步. 请把王先生离家的路程 s(单位：m) 与时间 t(单位：min) 的函数用图形描绘出来.

解　王先生离家的路程 s 与时间 t 的函数如图 1－1 所示，像这种用图形来表示函数关系的方法即为图像法.

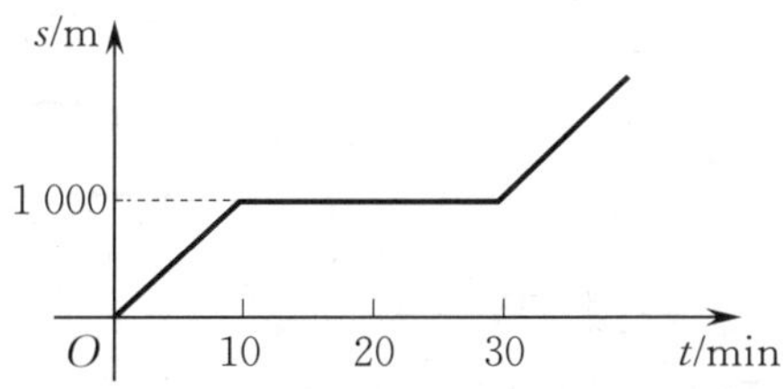

图 1－1

例 7　某人欲建造一个容积为 V 的长方体游泳池，已知它的底面为正方形. 如果池底所用材料单位面积的造价是池壁的 3 倍，试用数学表达式表示总造价与底面边长的函数关系.

解　设底面边长为 x，总造价为 P，池壁单位面积的造价为 a，则游泳池的底面面积为 x^2，高为 $h=\frac{V}{x^2}$，底面单位面积的造价为 $3a$，池壁面积为 $4\frac{V}{x^2}x=\frac{4V}{x}$. 故总造价与底面边长的函数关系为

$$P=3ax^2+a\frac{4V}{x},\quad x\in(0,+\infty).$$

像这种用数学表达式来表示函数关系的方法即为解析式法.

4. 几种特殊的函数举例

在自变量的不同取值范围内，对应法则用不同的式子来表示的函数称为**分段函数**. 例如，

$$f(x)=\begin{cases}x^2-1, & x\leqslant 0,\\ 2x-1, & x>0\end{cases}$$

就是一个分段函数，它的图形如图 1－2 所示.

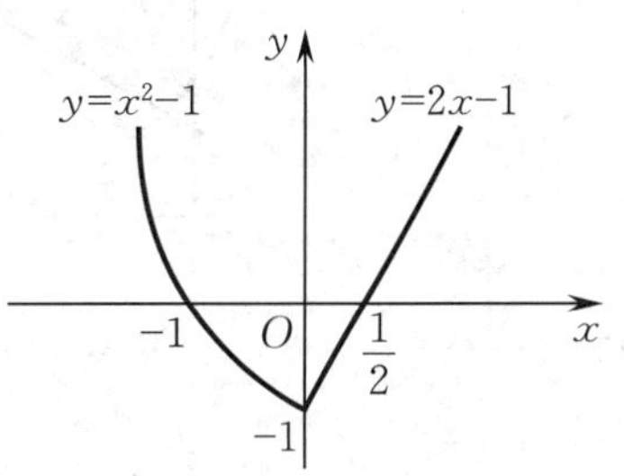

图 1－2

注　分段函数在其定义域内表示一个函数，而不是几个

函数.

接下来介绍几种特殊的分段函数.

(1) **符号函数**(见图 1-3)

$$y=\operatorname{sgn} x=\begin{cases}-1, & x<0,\\ 0, & x=0,\\ 1, & x>0.\end{cases}$$

(2) **取整函数**(见图 1-4)

$$y=[x],$$

其中$[x]$表示不超过 x 的最大整数,即

$$[x]=n,\quad n\leqslant x<n+1, n\in\mathbf{Z}.$$

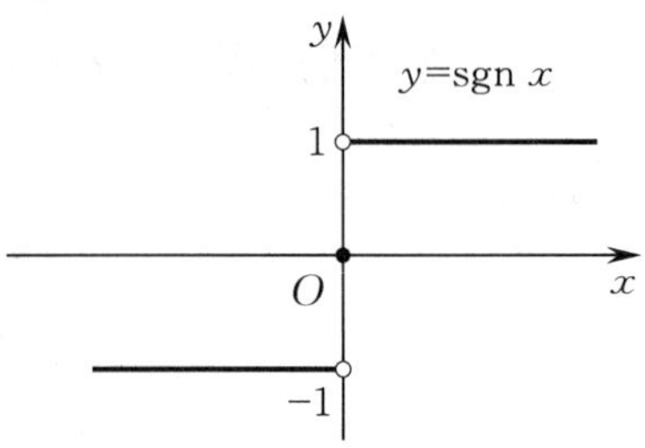

图 1-3

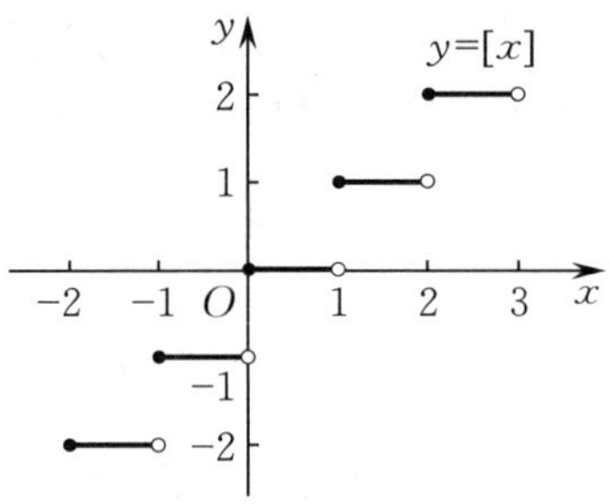

图 1-4

(3) **狄利克雷**(Dirichlet) **函数**

$$y=D(x)=\begin{cases}1, & x\text{ 为有理数},\\ 0, & x\text{ 为无理数},\end{cases}$$

它的图形不能准确地描绘出来.

(4) **取最值函数**(见图 1-5)

$$y=\max\{f(x),g(x)\},\quad y=\min\{f(x),g(x)\},$$

其中 $\max\{a,b\}$ 与 $\min\{a,b\}$ 分别表示取 a,b 中的最大值与最小值.

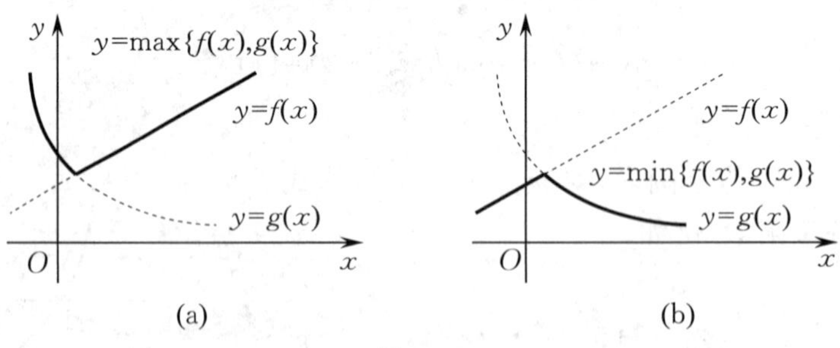

图 1-5

(5) **绝对值函数**(见图 1-6)

$$y=|x|=\begin{cases}x, & x\geqslant 0,\\ -x, & x<0.\end{cases}$$

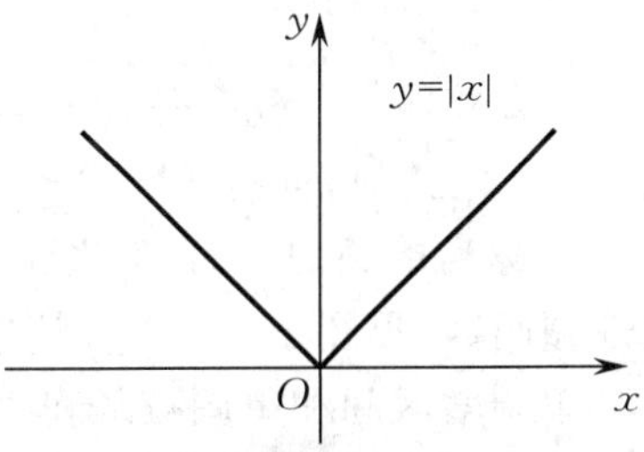

图 1-6

以上用解析式法表示的函数的形式为 $y=f(x)$,它用自变量 x 表示出了因变量 y,这样的函数称为**显函数**. 而因变量 y 与自变量 x 的函数关系还可以由方程确定,如给定方程 $x^2+y^2=1(y\geqslant 0)$,则 x 与 y 的函数关系隐含在该方程中. 若用 x 表示出 y,则有 $y=\sqrt{1-x^2}$. 通常把由方程 $F(x,y)=0$ 所确定的函数称为**隐函数**,而由此方程解出因变量 y 的过程称为隐函数的显化. 并非所有的隐函数都可显化.

5. 常见的几类函数

(1) 有界函数.

定义 2 设有函数 $y=f(x)(x\in D)$,区间 $I\subset D$. 若存在常数 $M>0$,对于任意 $x\in I$,都有 $|f(x)|\leqslant M$,则称 $y=f(x)$ 为 I 上的**有界函数**,否则称为**无界函数**.

有界函数的几何特征为:有界函数的图形可以完全落在两条平行于 x 轴的直线之间,如图 1-7(a) 所示;无界函数的图形无法完全落在两条平行于 x 轴的直线之间,如图 1-7(b) 所示.

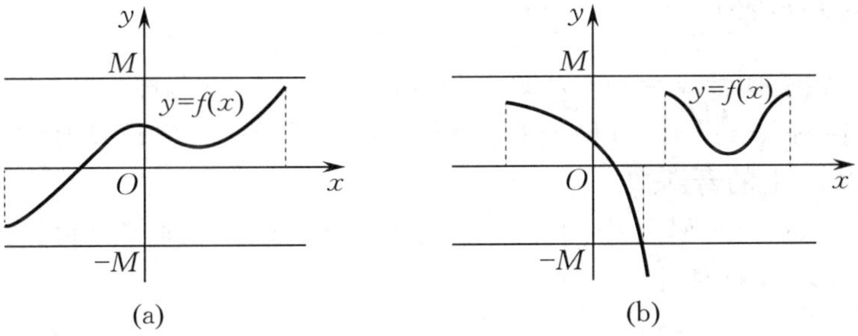

图 1-7

例如,函数 $f(x)=\sin x$ 在 $(-\infty,+\infty)$ 上有界;函数 $\varphi(x)=\dfrac{1}{x}$ 在 $(0,1)$ 内无界.

例 8 证明:函数 $f(x)=\dfrac{x}{1+x^2}$ 在定义域内是有界的.

证 函数 $f(x)$ 的定义域是 $(-\infty,+\infty)$. 因为对于任意 $x\in(-\infty,+\infty)$,有

$$x^2\pm 2x+1=(x\pm 1)^2\geqslant 0,$$

所以 $x^2+1\geqslant \pm 2x$. 由 $x^2+1\geqslant 2x$,得 $\dfrac{x}{1+x^2}\leqslant\dfrac{1}{2}$;由 $x^2+1\geqslant -2x$,得 $\dfrac{x}{1+x^2}\geqslant -\dfrac{1}{2}$,故

$$-\frac{1}{2}\leqslant\frac{x}{1+x^2}\leqslant\frac{1}{2},\quad 即\quad \left|\frac{x}{1+x^2}\right|\leqslant\frac{1}{2}.$$

由有界函数的定义可知,$f(x)$ 在定义域内是有界的.

(2) 单调函数.

定义 3 设有函数 $y=f(x)(x\in D)$,区间 $I\subset D$. 对于区间 I 内任意两点 x_1,x_2,若当 $x_1<x_2$ 时,都有 $f(x_1)<f(x_2)$,则称 $y=f(x)$ 为 I 上的**单调递增函数**[见图 1-8(a)],其中 I 称为**单调增区间**;若当 $x_1<x_2$ 时,都有 $f(x_1)>f(x_2)$,则称 $y=f(x)$ 为 I 上的**单调递减函数**[见图 1-8(b)],其中 I 称为**单调减区间**.

单调增区间和单调减区间统称为**单调区间**,单调递增函数和单调递减函数统称为**单调函数**,函数的这种性质称为**单调性**.

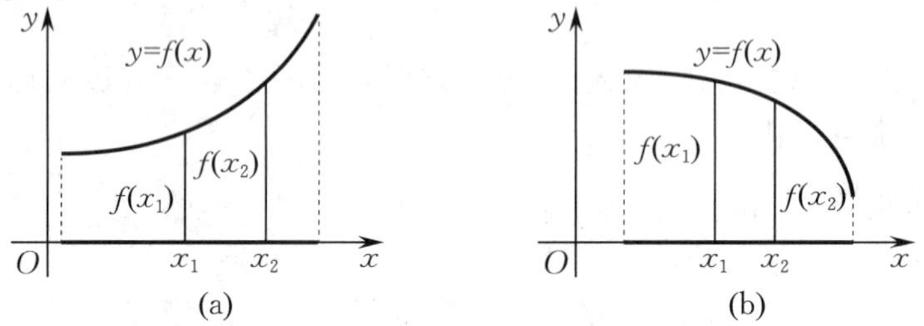

图 1-8

单调函数的几何特征为:单调递增函数随着自变量 x 的增大,对应函数值 y 增大,图形呈上升趋势;单调递减函数随着自变量 x 的增大,对应函数值 y 减小,图形呈下降趋势.

例如,函数 $f(x)=x^3$ 在 $(-\infty,+\infty)$ 上单调递增;函数 $\varphi(x)=x^2$ 在 $(-\infty,0)$ 上单调递减,在 $(0,+\infty)$ 上单调递增.

(3) 奇函数与偶函数.

定义 4 设有函数 $y=f(x)(x\in D)$,且 D 关于原点对称. 若对于任意 $x\in D$,都有 $f(-x)=f(x)$,则称 $y=f(x)$ 为 D 上的**偶函数**;若对于任意 $x\in D$,都有 $f(-x)=-f(x)$,则称 $y=f(x)$ 为 D 上的**奇函数**.

奇函数与偶函数的几何特征为:偶函数的图形关于 y 轴对称,奇函数的图形关于原点对称,分别如图 1-9(a),(b) 所示.

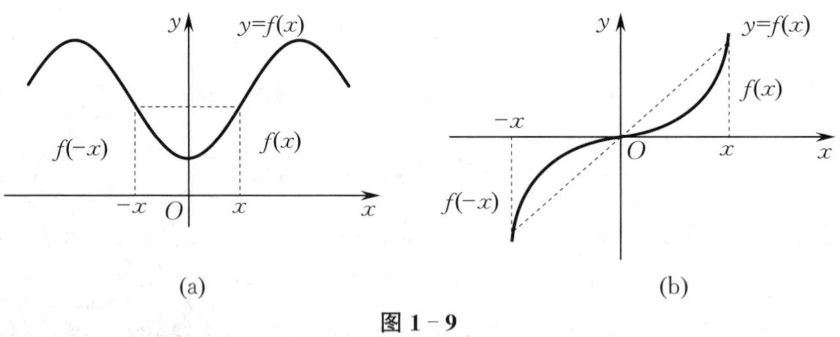

图 1-9

例 9 判断函数 $f(x)=x^3\sin\dfrac{1}{x}$ 的奇偶性.

解 因为函数 $f(x)$ 的定义域为 $(-\infty,0)\cup(0,+\infty)$,所以定义域关于原点对称. 又因为对于任意 $x\in(-\infty,0)\cup(0,+\infty)$,都有

$$f(-x)=(-x)^3\sin\left(\frac{1}{-x}\right)=x^3\sin\frac{1}{x}=f(x),$$

所以 $f(x)$ 是偶函数.

例 10 判断函数 $f(x)=\ln(x+\sqrt{1+x^2})$ 的奇偶性.

解 因为函数 $f(x)$ 的定义域为$(-\infty,+\infty)$,所以定义域关于原点对称.又因为对于任意 $x\in(-\infty,+\infty)$,都有

$$f(-x)=\ln[-x+\sqrt{1+(-x)^2}]=\ln\frac{(-x+\sqrt{1+x^2})(x+\sqrt{1+x^2})}{x+\sqrt{1+x^2}}$$

$$=\ln\frac{1}{x+\sqrt{1+x^2}}=-\ln(x+\sqrt{1+x^2})=-f(x),$$

所以 $f(x)$ 是奇函数.

(4) 周期函数.

定义 5 设有函数 $y=f(x)(x\in D)$.若存在一个常数 $T>0$,使得对于任意 $x\in D$,且 $x\pm T\in D$,都有

$$f(x\pm T)=f(x),$$

则称 $y=f(x)$ 为**周期函数**,其中 T 称为 $y=f(x)$ 的**周期**.

周期函数的周期通常指它的**最小正周期**.

周期函数的几何特征为:周期函数的图形可以由它在一个周期区间$[a,a+T]$上的图形沿着 x 轴左右平移得到.因此,研究周期函数的性质,只需要考虑它在任意一个长度为 T 的区间上的性质即可.

例如,函数 $y=\sin x$,$y=\cos x$ 的周期都是 2π;函数 $y=\tan x$ 的周期是 π.

习题 1-1

1.用适当的方法表示下列集合:

(1) 大于 6 的所有实数;

(2) 方程 $x^2-8x+12=0$ 的所有实数根;

(3) 抛物线 $y=x^2$ 与直线 $x-y=0$ 的所有交点.

2.用区间表示满足下列不等式的所有 x 的集合:

(1) $|x-2|\leqslant 1$;　　(2) $x^2<9$;

(3) $|x-a|<\varepsilon(\varepsilon>0)$;　　(4) $|x-3|>2$.

3.求下列函数的定义域:

(1) $y=\dfrac{1}{x^2-x}$;　　(2) $y=\sqrt{9-x^2}$;

(3) $y=\arcsin(2x+1)$；　　(4) $y=\ln(2x-1)$；

(5) $y=\sqrt{x+2}+\dfrac{1}{1-x^2}$；　　(6) $y=\arctan\dfrac{1}{x}$.

4. 判断下列各组函数是否相同：

(1) $y=x,y=\sqrt{x^2}$；　　(2) $y=1,y=\sec^2 x-\tan^2 x$；

(3) $y=\dfrac{x^2-4}{x-2},y=x+2$；　　(4) $y=x^2+1,y=t^2+1$.

5. 设函数 $f(x)=x^2-3x+2$,求 $f(1),f(x-1)$.

6. 设函数 $f(x)=\dfrac{1-x}{1+x}$,求 $f(0),f(-x),f\left(\dfrac{1}{x}\right)$.

7. 判定下列函数的单调性：

(1) $y=2x$；　　(2) $y=\dfrac{x}{1+x}$；

(3) $y=\mathrm{e}^{x-1}$；　　(4) $y=x+\dfrac{1}{x}$.

8. 判定下列函数的奇偶性：

(1) $y=x^4-2x^2$；　　(2) $y=|x+1|-|x-1|$；

(3) $y=\dfrac{\mathrm{e}^x-\mathrm{e}^{-x}}{2}$；　　(4) $y=x\sin\dfrac{1}{x}$.

9. 判定下列函数的有界性：

(1) $y=1+\sin^2 x$；　　(2) $y=\dfrac{1}{2}\arctan 2x$；

(3) $y=\mathrm{e}^{\frac{1}{x}}$；　　(4) $y=\dfrac{1}{x},x\in(0,1]$.

10. 火车站收取行李费的规定如下：当行李不超过 50 kg 时，按 0.30 元/kg 收费；当行李超过 50 kg 时，超出部分按 0.45 元/kg 收费. 试写出行李费 y(单位：元)与行李质量 x(单位：kg)之间的函数关系.

11. 某考生计划步行前往考场，出发 0.5 h 走了 2 km，此时他估计步行不能准时到达，于是改乘出租车，又经过 0.25 h 提前赶到了考场. 设出租车的平均速度为 30 km/h，试写出考生经过的路程 s(单位：km)与时间 t(单位：h)的函数关系.

第二节　反函数与复合函数

函数 $y=f(x)$ 的自变量 x 与因变量 y 的关系往往是相对的. 针对不同的实际问题，我们不仅要研究 y 随 x 的变化情况，也要研究 x 随 y 的变化情况. 例如，设某商品的价格 P 为常数，销量为 Q，收益为 R. 若已知销量求收益，则 $R=PQ$(Q 是自变量，R 是因变量)；若已知收益求销量，则 $Q=\dfrac{R}{P}$(R 是自变量，Q 是因变量). 可见自变量和因变量的地位不是一成不变的，因此我们引入反函数的概念.

一、反函数

定义 1　设有函数 $y=f(x)(x\in D)$，其值域为 $f(D)$. 若对于任意 $y\in f(D)$，D 中都有且只有一个值 x，使得 $y=f(x)$，则按照此对应法则得到一个定义在 $f(D)$ 上的函数，称这个函数为 f 的**反函数**，记作

$$f^{-1}:f(D)\to D,$$
$$y\mapsto x$$

或

$$x=f^{-1}(y),\quad y\in f(D).$$

注　(1) 由反函数的定义知，若反函数存在，则函数 $x=f^{-1}(y)$ 与 $y=f(x)$ 互为反函数，函数 $x=f^{-1}(y)$ 的定义域和值域分别为函数 $y=f(x)$ 的值域和定义域，并且有

$$f^{-1}(f(x))=x\quad (x\in D),\quad f(f^{-1}(y))=y\quad [y\in f(D)].$$

(2) 在反函数 $x=f^{-1}(y)$ 中，y 表示自变量，x 表示因变量，而习惯上总是用 x 作为自变量的记号，y 作为因变量的记号，于是函数 $y=f(x)$ 的反函数 $x=f^{-1}(y)$ 可以改写为 $y=f^{-1}(x)$，$x\in f(D)$，称之为 $y=f(x)$ 的**矫形反函数**.

在平面直角坐标系中，函数 $y=f(x)$ 与其反函数 $y=f^{-1}(x)$ 的图形关于直线 $y=x$ 对称，这是互为反函数的两个函数的自变量与因变量互换的缘故. 若 (a,b) 是函数 $y=f(x)$ 的图形上的一点，则点 (b,a) 一定在其反函数 $y=f^{-1}(x)$ 的图形上. 例如，函数 $y=a^x\ (a>0,a\neq 1)$ 与 $y=\log_a x\ (a>0,a\neq 1)$ 互为反函数(见图 1-10)；函数 $y=\sin x\left(-\dfrac{\pi}{2}\leqslant x\leqslant\dfrac{\pi}{2}\right)$ 与 $y=\arcsin x\ (-1\leqslant x\leqslant 1)$ 互为反函数.

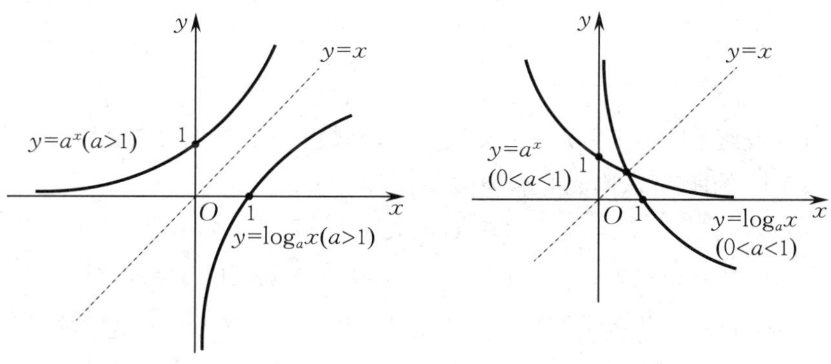

(a)　　　　(b)

图 1-10

需要注意的是，并不是所有的函数都有反函数，例如函数 $y=x^2$，对于任意 $y\in(0,+\infty)$，在定义域内都有两个 x 的值($x_1=\sqrt{y}$ 和 $x_2=-\sqrt{y}$)与之对应，因此 x 不是 y 的函数，从而 $y=x^2$ 在定义域内不存在反函数. 一个函数若有反函数，则它的自变量与因变量之间必定是一一对应的关系. 下面给出反函数存在定理.

定理 1　**(反函数存在定理)　单调函数 $y=f(x)$ 必存在单调的反函数 $y=f^{-1}(x)$，且**

两个函数具有相同的单调性.

例如,函数 $y=x^3$ 在 $(-\infty,+\infty)$ 上单调递增,其反函数 $y=\sqrt[3]{x}$ 在 $(-\infty,+\infty)$ 上也是单调递增的,如图 1-11 所示.

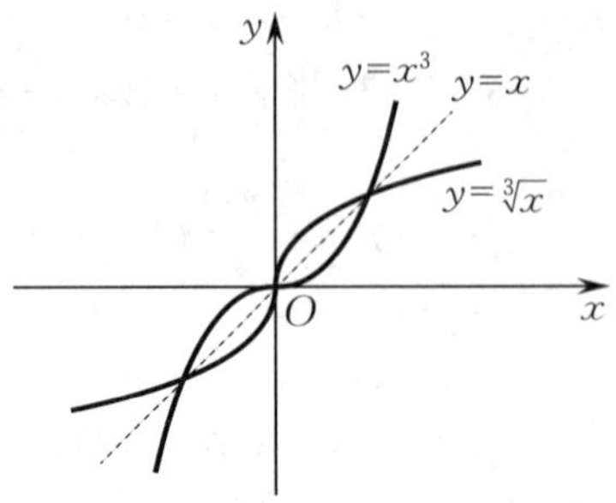

图 1-11

例 1 求函数 $y=2x-3$ 的反函数.

解 由 $y=2x-3$,解得 $x=\dfrac{y+3}{2}$,故所求反函数为

$$y=\frac{x+3}{2}.$$

例 2 求函数 $y=\dfrac{e^x}{1+e^x}$ 的反函数.

解 由 $y=\dfrac{e^x}{1+e^x}$,解得 $e^x=\dfrac{y}{1-y}(y\neq 1)$,即 $x=\ln\dfrac{y}{1-y}(0<y<1)$,故所求反函数为

$$y=\ln\frac{x}{1-x},\quad 0<x<1.$$

二、复合函数

定义 2 设函数 $y=f(u)$ 的定义域为 U,函数 $u=\varphi(x)$ 的定义域为 D. 若 G 是 D 中使得 $u=\varphi(x)\in U$ 的所有 x 构成的非空数集,即

$$G=\{x\mid x\in D,\varphi(x)\in U\}\neq\varnothing,$$

则对于任意 $x\in G$,都有通过 $u=\varphi(x)$ 和 $y=f(u)$ 唯一确定的 y 与之对应. 于是,在 G 上定义了一个函数,记为 $f\circ\varphi$,称这个函数为 $y=f(u)$ 与 $u=\varphi(x)$ 的**复合函数**,记为

$$y=(f\circ\varphi)(x)=f[\varphi(x)]\quad (x\in G),$$

其中 u 称为**中间变量**.

例 3 讨论下列函数能否复合,若可以,求出复合函数及其定义域:

(1) $y=f(u)=\sqrt{u}$,$u=g(x)=1-x^2$;

(2) $y=f(u)=\arcsin u$,$u=g(x)=2+x^2$.

解 (1) 因为 $y=f(u)=\sqrt{u}$ 的定义域 $D=[0,+\infty)$,$u=g(x)=1-x^2$ 的值域 $E=(-\infty,1]$,$D\cap E\neq\varnothing$,所以 $y=f(u)=\sqrt{u}$ 与 $u=g(x)=1-x^2$ 可以复合,且复合函数为

$$y=f[g(x)]=\sqrt{1-x^2} \quad 或 \quad y=(f\circ g)(x)=\sqrt{1-x^2},$$

其定义域为 $E^*=[-1,1]$.

(2) 因为 $y=f(u)=\arcsin u$ 的定义域 $D=[-1,1]$，$u=g(x)=2+x^2$ 的值域 $E=[2,+\infty)$，则 $D\cap E=\varnothing$，所以 $y=f(u)=\arcsin u$ 与 $u=g(x)=2+x^2$ 不能复合.

复合函数也可由多个函数相继复合而成. 例如，由三个函数 $y=\sin u$，$u=\sqrt{v}$ 与 $v=1-x^2$ 相继复合而成的函数为

$$y=\sin\sqrt{1-x^2}, \quad x\in[-1,1].$$

例 4 函数 $y=\sqrt{\ln x^2}$ 可以看成由函数

$$y=\sqrt{u}, \quad u=\ln v, \quad v=x^2$$

复合而成，其中 u,v 为中间变量. 这种将复合函数拆成多个简单函数的过程，称为**复合函数的分解**.

例 5 把复合函数 $y=\sin^2(x^2-1)$ 分解为简单函数.

解 函数 $y=\sin^2(x^2-1)$ 可分解为

$$y=u^2, \quad u=\sin v, \quad v=x^2-1.$$

例 6 设函数 $f(x)=\dfrac{x}{x+1}(x\neq-1)$，求 $f[f(x)]$.

解 令 $y=f(u)$，$u=f(x)$，则 $y=f[f(x)]$ 是通过中间变量 u 复合而成的复合函数. 因为

$$y=f(u)=\frac{u}{u+1}=\frac{\dfrac{x}{x+1}}{\dfrac{x}{x+1}+1}=\frac{x}{2x+1}, \quad x\neq-1,-\frac{1}{2},$$

所以

$$f[f(x)]=\frac{x}{2x+1}, \quad x\in(-\infty,-1)\cup\left(-1,-\frac{1}{2}\right)\cup\left(-\frac{1}{2},+\infty\right).$$

例 7 设分段函数 $f(x)=\begin{cases}\sin^2 x, & x\leqslant 0,\\ \ln x+\sqrt{x}, & x>0,\end{cases}$ 求 $f(x+1)$，$f(x-1)$.

解 当 $x+1\leqslant 0$，即 $x\leqslant -1$ 时，$f(x+1)=\sin^2(x+1)$；

当 $x+1>0$，即 $x>-1$ 时，$f(x+1)=\ln(x+1)+\sqrt{x+1}$.

于是

$$f(x+1)=\begin{cases}\sin^2(x+1), & x\leqslant -1,\\ \ln(x+1)+\sqrt{x+1}, & x>-1.\end{cases}$$

类似地，可得

$$f(x-1)=\begin{cases}\sin^2(x-1), & x\leqslant 1,\\ \ln(x-1)+\sqrt{x-1}, & x>1.\end{cases}$$

习题 1－2

1. 求下列函数的反函数：

(1) $y=2x-1$；　(2) $y=x^3+2$；

(3) $y=\dfrac{1-x}{1+x}$；　(4) $y=\sqrt[3]{x+1}$；

(5) $y=1+\ln(x+2)$；　(6) $y=2\sin 3x\left(-\dfrac{\pi}{6}\leqslant x\leqslant\dfrac{\pi}{6}\right)$.

2. 已知符号函数

$$\operatorname{sgn} x=\begin{cases}-1, & x<0,\\ 0, & x=0,\\ 1, & x>0,\end{cases}$$

求 $y=(1+x^2)\operatorname{sgn} x$ 的反函数.

3. 设函数 $f(x)=\dfrac{x}{1+x}$，$g(x)=\dfrac{1}{1-x}$，求复合函数 $f[g(x)]$，$g[f(x)]$ 的解析式及定义域.

4. 设函数 $f(x)$ 的定义域为 $[0,1]$，求下列函数的定义域：

(1) $f(\mathrm{e}^x)$；　(2) $f(\ln x)$；

(3) $f(\arctan x)$.

5. 设函数

$$f(x)=\begin{cases}x+2, & x<-1,\\ -x, & |x|\leqslant 1,\\ x-2, & x>1,\end{cases}$$

求 $f(2x+1)$.

6. 设函数 $f(x)=\mathrm{e}^x$，$g(x)=x^2$，分别求复合函数 $f[g(x)]$ 和 $g[f(x)]$，并求出两个复合函数分别在点 $x=1$ 和 $x=2$ 处的函数值.

7. 指出下列函数是由哪些简单函数复合而成的：

(1) $y=\sqrt{x^2+1}$；　(2) $y=\lg(x^2+1)$；

(3) $y=\mathrm{e}^{\sin^3 x}$；　(4) $y=(\ln x+1)^2$；

(5) $y=\sin^3[\ln(x+1)]$；　(6) $y=\arcsin[\ln(2x+1)]$.

8. 解答下列各题：

(1) 设 $f\left(x+\dfrac{1}{x}\right)=x^2+\dfrac{1}{x^2}$，求 $f(x)$；

(2) 设 $f\left(\sin\dfrac{x}{2}\right)=1+\cos x$，求 $f(\cos x)$.

第三节　初等函数

在初等数学中，读者已经熟悉常数函数、幂函数、指数函数、对数函数、三角函数、反三角函数，这几类函数统称为基本初等函数. 基本初等函数有简洁的解析式和良好的性质，是构成复杂函数的基础，因而广泛应用于理论研究和实际问题的解决.

一、基本初等函数

下面给出六类基本初等函数的定义，并介绍它们的图形与性质.

1. 常数函数

常数函数是最简单的基本初等函数之一，其解析式为 $y=C$(C 为常数)，它的定义域为 $\mathbf{R}$，值域为$\{C\}$. 它的图形是一条水平的直线，在 y 轴上的截距为 C，表示函数值始终不变，如图 1－12 所示. 常数函数为有界函数、偶函数. 特别地，当 $C=0$ 时也是奇函数.

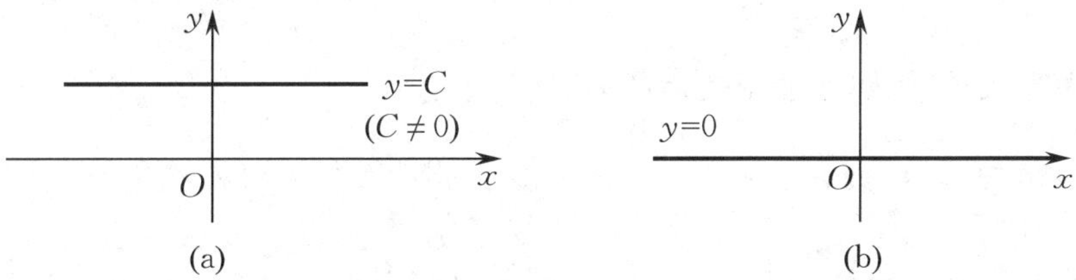

图 1－12

2. 幂函数

解析式形如 $y=x^{\alpha}$(α 为常数) 的函数称为**幂函数**，它的定义域和值域依据 α 而定.

常见的幂函数有：$y=x$，定义域为 $\mathbf{R}$；$y=x^{-1}$，定义域为$(-\infty,0)\cup(0,+\infty)$；$y=x^{\frac{1}{2}}$，定义域为$[0,+\infty)$；$y=x^{-\frac{1}{2}}$，定义域为$(0,+\infty)$；$y=x^{\frac{1}{3}}$，定义域为 $\mathbf{R}$；$y=x^{-\frac{1}{3}}$，定义域为$(-\infty,0)\cup(0,+\infty)$. 我们可以发现，无论 α 取何值，幂函数 $y=x^{\alpha}$ 在$(0,+\infty)$ 上总有定义，并且它的图形恒过点$(1,1)$. 当 $\alpha>0$ 时，$y=x^{\alpha}$ 在$(0,+\infty)$ 上是单调递增的；当 $\alpha<0$ 时，$y=x^{\alpha}$ 在$(0,+\infty)$ 上是单调递减的. 图 1－13 中给出了几个常见幂函数的图形.

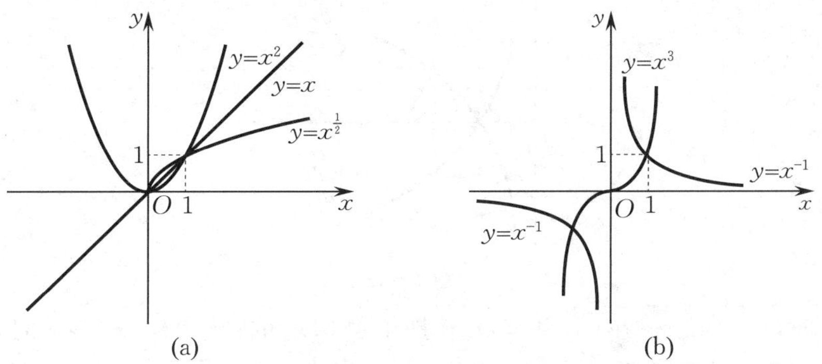

图 1－13

3. 指数函数

解析式形如 $y=a^x$(a 为常数,$a>0,a\neq 1$)的函数称为**指数函数**. 指数函数的定义域为 **R**,值域为$(0,+\infty)$,其图形恒过点$(0,1)$. 因底数 $a>0$,则 a^x 恒大于0,故 $y=a^x$ 的图形恒在 x 轴上方,如图 1-14 所示.

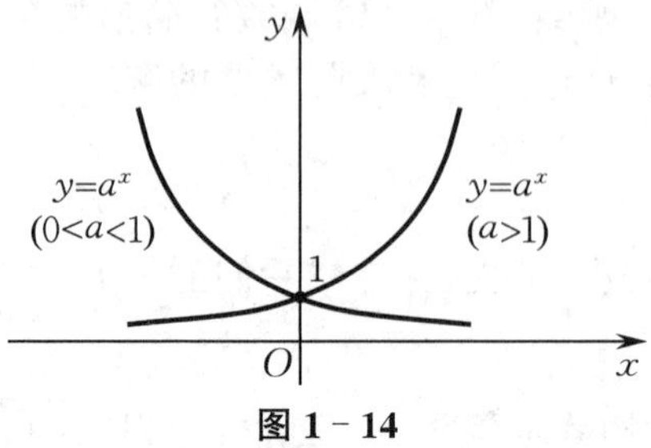

图 1-14

当 $a>1$ 时,$y=a^x$ 在 **R** 上是单调递增的;当 $0<a<1$ 时,$y=a^x$ 在 **R** 上是单调递减的. 特别地,当 a 取自然常数 e 时,得指数函数 $y=\mathrm{e}^x$,其中 $\mathrm{e}=2.718\,281\,82\cdots$,这是经济学中常用的指数函数.

当 m,n 为实数时,有如下常用的指数运算公式:

(1) $a^0=1(a\neq 0)$; (2) $\dfrac{1}{a^n}=a^{-n}(a\neq 0)$;

(3) $a^m\cdot a^n=a^{m+n}$; (4) $\dfrac{a^m}{a^n}=a^{m-n}(a\neq 0)$;

(5) $(ab)^n=a^nb^n$; (6) $\left(\dfrac{a}{b}\right)^n=\dfrac{a^n}{b^n}(b\neq 0)$;

(7) $(a^m)^n=a^{mn}$; (8) $\sqrt[n]{a^m}=a^{\frac{m}{n}}(n\neq 0)$.

4. 对数函数

指数函数 $y=a^x$ 的反函数为**对数函数**,其解析式为 $y=\log_a x$(a 为常数,$a>0,a\neq 1$). 指数函数的定义域为$(0,+\infty)$,值域为 **R**,其图形恒过点$(1,0)$,如图 1-15 所示.

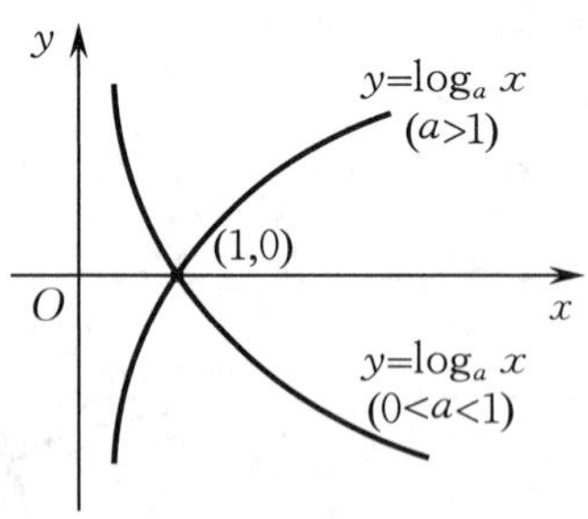

图 1-15

当 $a>1$ 时,$y=\log_a x$ 在$(0,+\infty)$上是单调递增的;当 $0<a<1$ 时,$y=\log_a x$ 在$(0,+\infty)$上是单调递减的. 特别地,当 a 取 e 时,得对数函数 $y=\ln x$,这是经济学中常用的对数函数;当 a 取 10 时,得对数函数 $y=\lg x$,这也是常用的对数函数.

当 $m>0,n>0,a>0,a\neq1$ 时，有如下常用的对数运算公式：

(1) $\log_a(mn)=\log_a m+\log_a n$；

(2) $\log_a\left(\dfrac{m}{n}\right)=\log_a m-\log_a n$；

(3) $\log_a m^p=p\log_a m$；

(4)（换底公式）$\log_a m=\dfrac{\log_b m}{\log_b a}(b>0,b\neq1)$；

(5)（对数恒等式）$\log_a a^x=x,a^{\log_a x}=x$.

5. 三角函数

三角函数也是基本初等函数之一，以角度（以弧度制表示）为自变量. 常用的三角函数包括正弦函数 $y=\sin x$、余弦函数 $y=\cos x$、正切函数 $y=\tan x$、余切函数 $y=\cot x$，表 1-2 中给出了各三角函数的性质.

表 1-2

三角函数	$y=\sin x$	$y=\cos x$	$y=\tan x$	$y=\cot x$
定义域	$(-\infty,+\infty)$	$(-\infty,+\infty)$	$\left\{x\,\middle\|\,x\neq\dfrac{\pi}{2}+k\pi,k\in\mathbf{Z}\right\}$	$\{x\mid x\neq k\pi,k\in\mathbf{Z}\}$
值域	$[-1,1]$	$[-1,1]$	$(-\infty,+\infty)$	$(-\infty,+\infty)$
有界性	有界	有界	无界	无界
单调性	在 $\left[-\dfrac{\pi}{2}+2k\pi,\dfrac{\pi}{2}+2k\pi\right]$ $(k\in\mathbf{Z})$ 上单调递增；在 $\left[\dfrac{\pi}{2}+2k\pi,\dfrac{3\pi}{2}+2k\pi\right]$ $(k\in\mathbf{Z})$ 上单调递减	在 $[-\pi+2k\pi,2k\pi]$ $(k\in\mathbf{Z})$ 上单调递增；在 $[2k\pi,\pi+2k\pi]$ $(k\in\mathbf{Z})$ 上单调递减	在 $\left(-\dfrac{\pi}{2}+k\pi,\dfrac{\pi}{2}+k\pi\right)$ $(k\in\mathbf{Z})$ 内单调递增	在 $(k\pi,\pi+k\pi)$ $(k\in\mathbf{Z})$ 内单调递减
奇偶性	奇函数	偶函数	奇函数	奇函数
周期	$T=2\pi$	$T=2\pi$	$T=\pi$	$T=\pi$

正弦函数 $y=\sin x$ 与余弦函数 $y=\cos x$ 的图形分别如图 1-16(a)，(b) 所示.

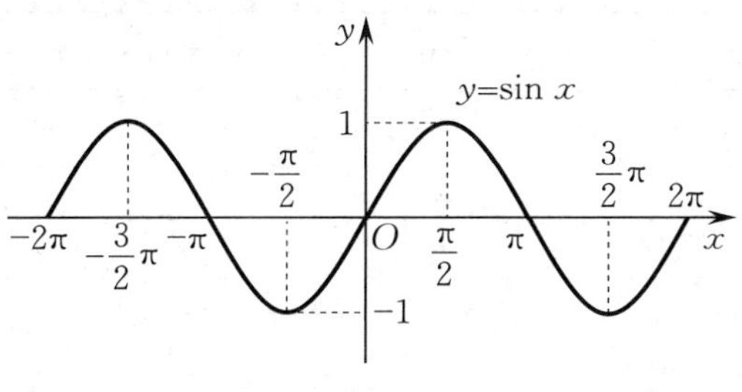

(a)

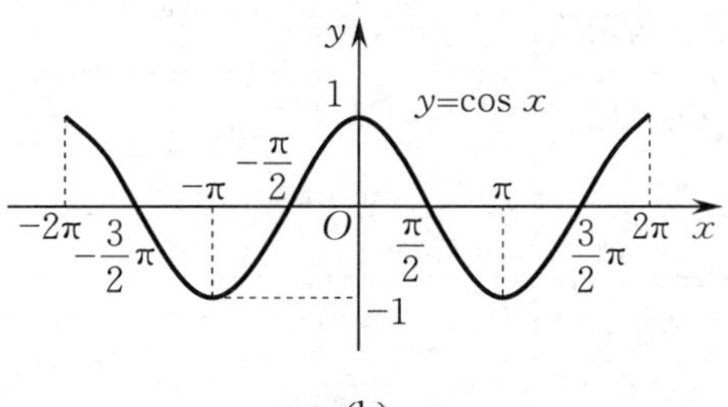

(b)

图 1-16

由 $\cos x=\sin\left(x+\frac{\pi}{2}\right)$ 可知,将 $y=\sin x$ 的图形沿着 x 轴向左移动 $\frac{\pi}{2}$ 个单位,即得到 $y=\cos x$ 的图形.

正切函数 $y=\tan x=\frac{\sin x}{\cos x}$ 与余切函数 $y=\cot x=\frac{\cos x}{\sin x}$ 的图形分别如图 1-17(a),(b)所示.

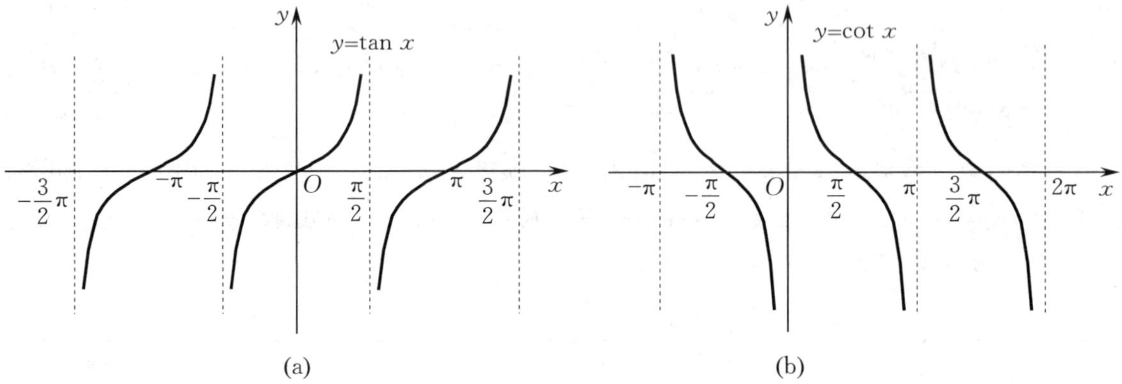

图 1-17

作为补充,常用的三角函数还有:正割函数 $y=\sec x=\frac{1}{\cos x}$、余割函数 $y=\csc x=\frac{1}{\sin x}$.

6. 反三角函数

三角函数的反函数是**反三角函数**. 严格来说,根据反函数的概念,三角函数 $y=\sin x$, $y=\cos x$, $y=\tan x$, $y=\cot x$ 在其定义域内不存在反函数,但这些函数在它们的每一个单调子区间上都存在反函数. 例如, $y=\sin x$ 在 $\left[-\frac{\pi}{2},\frac{\pi}{2}\right]$ 上存在反函数,记为 $y=\arcsin x$,称为反正弦函数,其定义域为 $[-1,1]$,值域为 $\left[-\frac{\pi}{2},\frac{\pi}{2}\right]$,且它在 $[-1,1]$ 上是单调递增的. 类似地,可以得到反余弦函数 $y=\arccos x$、反正切函数 $y=\arctan x$、反余切函数 $y=\operatorname{arccot} x$,它们的性质如表 1-3 所示,图形如图 1-18 所示.

表 1-3

反三角函数	$y=\arcsin x$	$y=\arccos x$	$y=\arctan x$	$y=\operatorname{arccot} x$
定义域	$[-1,1]$	$[-1,1]$	$(-\infty,+\infty)$	$(-\infty,+\infty)$
值域	$\left[-\frac{\pi}{2},\frac{\pi}{2}\right]$	$[0,\pi]$	$\left(-\frac{\pi}{2},\frac{\pi}{2}\right)$	$(0,\pi)$
有界性	有界	有界	有界	有界
单调性	在 $[-1,1]$ 上单调递增	在 $[-1,1]$ 上单调递减	在 $(-\infty,+\infty)$ 上单调递增	在 $(-\infty,+\infty)$ 上单调递减
奇偶性	奇函数	—	奇函数	—

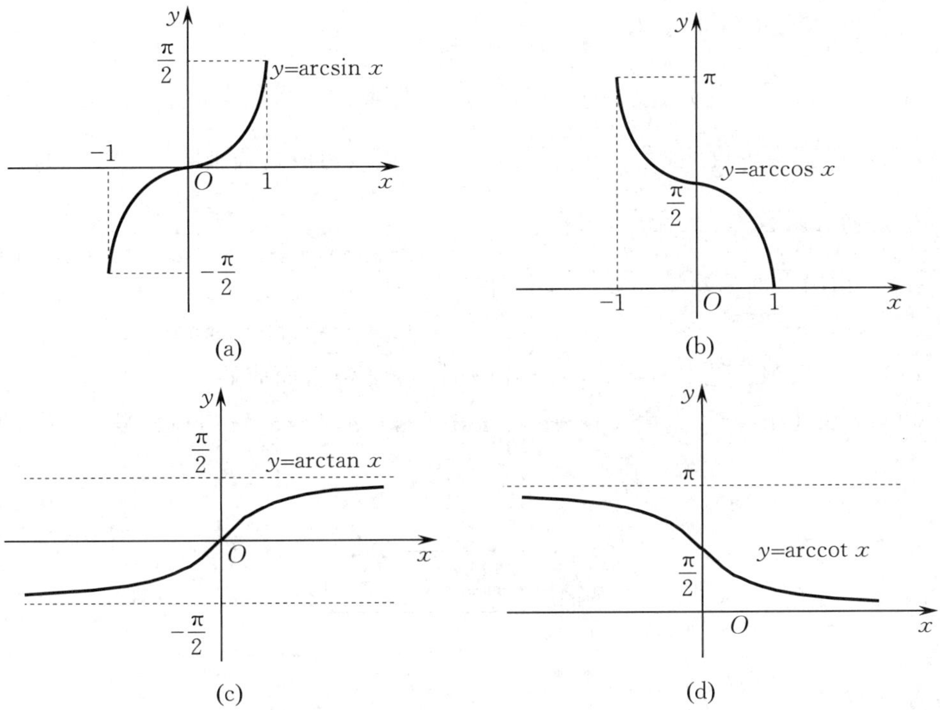

图 1-18

例 1　求下列函数的定义域：

(1) $y=\arcsin\left(\dfrac{x-1}{2}\right)$；　　　(2) $y=\ln(x^2-1)+\arccos(3-x)$.

解　(1) 由 $-1\leqslant\dfrac{x-1}{2}\leqslant 1$，解得 $-1\leqslant x\leqslant 3$，所以 $y=\arcsin\left(\dfrac{x-1}{2}\right)$ 的定义域为 $[-1,3]$.

(2) 要使函数有意义，x 要满足

$$\begin{cases}x^2-1>0,\\-1\leqslant 3-x\leqslant 1,\end{cases}$$

解得

$$\begin{cases}x<-1\text{ 或 }x>1,\\2\leqslant x\leqslant 4,\end{cases}$$

所以所求定义域为 $[2,4]$.

二、初等函数

定义 1　由基本初等函数经过有限次的四则运算或有限次的复合运算所构成，并且可用一个式子表示的函数，称为**初等函数**.

例如，$y=ax^2+bx+c(a\neq 0)$，$y=\dfrac{3x+2}{4x-6}$，$y=\ln\sqrt{\dfrac{x^2+1+\cos^2 x}{\sqrt{x-1}+\sqrt{x}}}$ 等都是初等函数，而

$y=\begin{cases}2x, & x<0,\\ e^x, & x\geqslant 0\end{cases}$ 不是初等函数.

形如 $y=[f(x)]^{g(x)}[f(x)>0]$ 的函数,称为**幂指函数**. 例如,$y=x^x$,$y=x^{\sin x}$,$y=\left(1+\frac{1}{x}\right)^x$ 等都是幂指函数. 因为 $y=[f(x)]^{g(x)}$ 可以改写成复合函数 $e^{g(x)\ln f(x)}$ 的形式,所以幂指函数也是初等函数.

例 2 指出下列函数是由哪些简单函数复合而成的:

(1) $y=\sin^3 4x$; (2) $y=\arctan(\sin e^{4x})$.

解 (1) $y=\sin^3 4x$ 是由 $y=u^3$,$u=\sin v$,$v=4x$ 复合而成的.

(2) $y=\arctan(\sin e^{4x})$ 是由 $y=\arctan u$,$u=\sin v$,$v=e^w$,$w=4x$ 复合而成的.

习题 1-3

1. 求下列函数的定义域:

(1) $y=\arcsin(2x-1)$; (2) $y=\arctan(x+1)$;

(3) $y=3\arccos(x-1)$; (4) $y=\ln(x+1)+\arcsin\left(\frac{2x-1}{3}\right)$.

2. 求下列反三角函数的值:

(1) $\arcsin\frac{\sqrt{2}}{2}$; (2) $\arcsin\left(\sin\frac{\pi}{2}\right)$;

(3) $\arccos\frac{1}{2}$; (4) $\arctan 1$.

3. 判断下列函数是否为初等函数:

(1) $y=\frac{x^3+1}{x+\ln x}$; (2) $y=x^{\sin x}+\arctan(x+1)$;

(3) $y=\begin{cases}1, & x\text{ 为有理数},\\ 0, & x\text{ 为无理数};\end{cases}$ (4) $y=\begin{cases}x-x^2, & x<0,\\ x+x^2, & x\geqslant 0.\end{cases}$

4. 试作出下列函数的图形:

(1) $y=|\sin x|$; (2) $y=2\cos x+1$;

(3) $y=\ln|x|$; (4) $y=\ln(x+1)$.

5. 将下列函数分解成简单函数:

(1) $y=e^{\arcsin x^2}$; (2) $y=\sqrt{\ln(\ln x)}$;

(3) $y=\arccos e^x$; (4) $y=\cos^2[\ln(x+1)]$.

第四节　函数关系的建立及常用的经济函数模型

在计算机科学和经济学领域中，函数模型是描述客观世界中变量关系和规律的重要数学语言和工具. 有很多种不同的函数模型，每种模型都有其独特的特点和应用. 例如，线性函数模型常见于经济学中的供求关系，物理学中的速度和位移关系等. 经济学往往涉及产量、成本、需求、利润等经济变量，所以本节将介绍一些常用的经济函数模型.

一、函数关系的建立

函数模型能够反映变量之间的依赖关系，并且将实际问题中的变量关系用函数表示出来，是一种基本的数学模型，通常用解析式来表示. 一个实际问题用函数模型求解的过程如下：

(1) 弄清题意，分清条件和结论，并找出常量和变量，理顺数量关系.

(2) 根据所给条件，运用数学、物理学、经济学等知识确定等量关系.

(3) 得到函数解析式 $y=f(x)$，指明其定义域，得出结论.

例 1　某工厂要建造一个深为 6 m、容积为 8 000 m^3 的无盖水池，其中池壁造价为 a 元/m^2，池底造价为 $2a$ 元/m^2，试建立水池的造价与底面边长的函数关系.

解　设水池底面一边长为 x m，则另一边长为$\frac{4\ 000}{3x}$ m. 总造价为 P 元，则总造价函数为

$$\begin{aligned}P(x)&=x\cdot\frac{4\ 000}{3x}\cdot 2a+6x\cdot 2a+6\cdot\frac{4\ 000}{3x}\cdot 2a\\&=\frac{8\ 000a}{3}+12ax+\frac{16\ 000a}{x}\quad(x>0).\end{aligned}$$

例 2　某景区为了保护环境、节能减排，并为了方便游客，现提供自行车出租服务，景区目前有 50 辆自行车，每日的自行车管理费为 115 元. 据以往数据统计，若每辆自行车日租金不超出 6 元，则自行车可全部租出；若超出 6 元，则每超出 1 元就会少租出 3 辆. 假设自行车的日租金只取整数，且每日出租自行车的总收入应大于每日的管理费用，试建立每日出租自行车的净收入与租金的函数关系.

解　设每辆自行车的日租金为 x 元，$x\in\mathbf{N}^*$，净收入为 y 元，由题意得

$$y=\begin{cases}50x-115, & 3\leqslant x\leqslant 6,\\ -3x^2+68x-115, & 6<x\leqslant 20,\end{cases}\quad x\in\mathbf{N}^*.$$

二、常用的简单函数模型

1. 指数函数模型

指数函数模型是一种用于拟合函数关系的模型，它以指数函数的形式来描述各种不同的数据的变化趋势，广泛应用于经济统计和自然科学等领域，如用来描述投资收益、人口增长、疾病传播等.

指数函数模型分为指数增长模型和指数衰减模型.指数增长模型的一般形式为 $y(t)=y_0\mathrm{e}^{kt}$,其中比例常数 $k>0$,y_0 为 y 在 $t=0$ 时的初始值,即 $y(0)=y_0$.指数衰减模型的一般形式为 $y(t)=y_0\mathrm{e}^{-kt}$,其中比例常数 $k>0$,y_0 为 y 在 $t=0$ 时的初始值,即 $y(0)=y_0$.下面给出几个指数函数模型的实例.

(1) 人口增长模型.

人口问题是各国普遍关注的问题,早在1798年,英国经济学家马尔萨斯(Malthus)就提出了自然状态下人口增长的指数函数模型 $y(t)=y_0\mathrm{e}^{rt}$,其中 t 表示经过的时间,y_0 表示在 $t=0$ 时的人口数,r 表示人口的相对增长率.

(2) 记忆衰减模型.

假设某人已经完成一组单词的记忆,一段时间 t 后他能记住的单词百分比为 P,容易推测,随着时间 t 的推移,P 是衰减的.这个衰减关系可以用模型 $P(t)=Q+(1-Q)\mathrm{e}^{-kt}$ 来描述,其中 Q 是不易遗忘的单词所占百分比,k 是一个常数,它与所要记住的单词总量有关.

(3) 细菌繁殖模型.

根据某种细菌繁殖的统计规律,细菌的繁殖数量 Q 与时间 t 的函数关系可以表示为 $Q(t)=a\mathrm{e}^{kt}$,其中 a 表示初始状态下的细菌数量,k 是一个常数.

2. 逻辑斯谛函数模型

在分析人口增长到一定数量后增长率下降的主要原因时,人们发现,自然资源、环境条件、经济因素等都可能对人口增长起阻滞作用.考虑这些因素并对人口增长的指数函数模型进行修改,得到逻辑斯谛函数模型 $N(t)=\dfrac{c}{1+a\mathrm{e}^{-bt}}$,其中 a,b,c 均为常数.逻辑斯谛函数模型也可用于信息传播、广告效应的影响等问题.

(1) 逻辑斯谛人口增长模型.

在资源一定的情况下,人口数 N 与时间 t 的函数关系可以表示为

$$N(t)=\frac{N_{\mathrm{m}}}{1+\left(\dfrac{N_{\mathrm{m}}}{N_0}-1\right)\mathrm{e}^{-r(t-t_0)}},$$

其中 N_0 表示初始状态($t=t_0$)下的人口数,N_{m} 表示自然环境条件下的最大人口数,r 是一个常数.

(2) 商品的销售模型.

在商品销售环节,商品的销量 Q 与时间 t 的函数关系可以表示为

$$Q(t)=\frac{MQ_0}{Q_0+(M-Q_0)\mathrm{e}^{-kMt}},$$

其中 Q_0 表示初始状态($t=0$)下的销量,M 为饱和状态下的最大销量,k 是一个常数.

三、常用的经济函数模型

在经济统计中,经常需要用数学方法解决实际问题,也就是需要建立变量间的函数关系,即构建相应问题的数学模型,然后分析函数模型的特性.下面介绍几种常用的经济函数模型及其应用.

1. 需求函数与供给函数模型

需求函数是指在某一特定时期内，某商品的需求量与影响需求量的因素之间的函数关系. 同样，**供给函数**是商品的供给量与决定供给量的因素之间的函数关系. 假设不考虑其他因素(如收入、偏好和其他相关商品的价格)，那么决定商品需求量和供给量的因素只与此商品的价格有关.

设某商品的需求量和供给量分别用 Q 和 S 表示，商品的价格用 $p(p>0)$ 表示，则 Q 和 S 分别为 p 的函数，即需求函数为 $Q=Q(p)$，供给函数为 $S=S(p)$. 一般地，当商品价格上涨时，需求量会减少；当商品价格下跌时，需求量会增加. 而商品的供给量随着价格的上涨而增加. 因此，通常需求函数 Q 是价格 p 的单调递减函数，供给函数 S 是价格 p 的单调递增函数.

需求函数与供给函数常用到的函数模型有线性函数、幂函数、指数函数等. 例如，线性需求函数 $Q=a-bp(a,b>0)$，幂函数型需求函数 $Q=bp^{-a}(a,b>0)$.

理想状态下，市场上的商品数量应该既能满足市场需求又不造成过剩，即产量等于销量. 从需求函数与供给函数的角度来看，一般地，对一种商品而言，若需求量等于供给量，则这种商品就达到了市场均衡. 此时的需求量 Q_0(等于供给量) 称为**均衡量**，价格 p_0 称为**均衡价格**，点 (p_0,Q_0) 称为**均衡点**.

若把需求函数和供给函数的图形画在同一坐标系中，则其图形如图 1-19 所示.

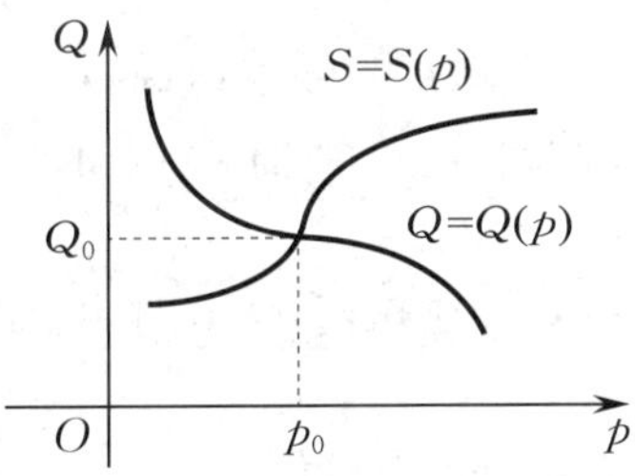

图 1-19

例 3　设某商品的需求量 Q 和供给量 S(单位：件) 与其价格 p(单位：元/件) 满足如下关系式：

$$p=2\,400-2Q,\quad p=600+10S,$$

试求均衡价格和均衡量.

解　由题意得方程组

$$\begin{cases}p=2\,400-2Q,\\ p=600+10S,\\ Q=S,\end{cases}$$

解得 $\begin{cases}Q_0=150,\\ p_0=2\,100.\end{cases}$ 故所求均衡价格为 2 100 元/件，均衡量为 150 件.

2. 成本函数、收益函数与利润函数模型

总成本是指企业在生产和销售过程中的支出总和，**总成本函数**是揭示商品的总成本与产量(销量) 之间依赖关系的函数. 总成本一般可分为固定成本和可变成本两部分，其中固定成本是指在一定时期内不随产量变化的部分，如设备的维护费、保险费等；可变成本是指随着产量变化而明显变化的部分，如原材料采购费、燃料费等. 通常用 $C(q)$ 表示总成本函数，C_0 表示

固定成本,$C_1(q)$ 表示可变成本,其中 q 表示产量,所以总成本函数为

$$C(q)=C_0+C_1(q).$$

特别地,当产量 $q=0$ 时,$C(0)=C_0$.

总收益是指商品售出后所得的收入,通常用 R 表示. 若只考虑商品的销量 q,则得到**总收益函数** $R=R(q)$. 如果商品的价格为 P,则 $R(q)=qP(q)$,其中 $P(q)$ 是商品的价格函数.

总利润是指总收益减去总成本和上缴税金(若无特别说明,本书在计算总利润时不计上缴税金)后的收入,通常用 L 表示. 若只考虑商品的销量 q,则得到**总利润函数** $L=L(q)$,且 $L=L(q)=R(q)-C(q)$.

总利润函数 $L=L(q)$ 有如下三种情况:

(1) 当 $L(q)=R(q)-C(q)>0$ 时,表示生产处于盈利状态.

(2) 当 $L(q)=R(q)-C(q)<0$ 时,表示生产处于亏损状态,利润为负.

(3) 当 $L(q)=R(q)-C(q)=0$,即 $R(q)=C(q)$ 时,表示生产处于无盈亏状态. 通常称满足 $L(q)=0$ 的产量 q_0 为**盈亏平衡点**. 无盈亏分析常用于企业的经营管理和经济分析中各种商品的定价和生产决策.

另外,生产 q 个单位商品时的**平均成本**、**平均收益**和**平均利润**函数如下:

$$\overline{C}=\frac{C(q)}{q}=\frac{C_0+C_1(q)}{q},\quad \overline{R}=\frac{R(q)}{q}=P(q),\quad \overline{L}=\frac{L(q)}{q}=\frac{R(q)-C(q)}{q}.$$

例 4 某商品的总成本 C 为产量 q 的函数,且满足 $C=C(q)=a+bq^2$,其中 a,b 为待定常数. 已知固定成本为 400,且当产量 $q=100$ 时,总成本 $C=500$,试写出平均成本 $\overline{C}$ 与产量 q 的函数关系式.

解 由总成本 $C=C(q)=a+bq^2$,易知当 $q=0$ 时,总成本 $C(0)=a$,所以 a 是固定成本,即 $a=400$.

又当 $q=100$ 时,$C=500$,代入 $C(q)$ 中,得

$$500=400+b\cdot 100^2,$$

解得 $b=\frac{1}{100}$,所以总成本函数的表达式为

$$C(q)=400+\frac{q^2}{100}.$$

于是求得平均成本为

$$\overline{C}=\frac{C(q)}{q}=\frac{400}{q}+\frac{q}{100}.$$

例 5 设生产某商品 q 件时的总成本函数(单位:万元)为

$$C(q)=100+2q+q^2.$$

(1) 假设每售出一件该商品,收入是 50 万元,求生产 30 件该商品时的总利润和平均利润;

(2) 若每年至少销售 20 件该商品,为了不亏本,价格应定为多少?

解 (1) 由于该商品的价格 $P=50$ 万元/件,故售出 q 件该商品时的总收益函数(单位:万元)为

$$R(q)=Pq=50q.$$

因此,总利润函数(单位:万元)为

$$L(q)=R(q)-C(q)=50q-(100+2q+q^2)=-100+48q-q^2.$$

当 $q=30$ 时，总利润和平均利润分别为

$$L(30)=(-100+48q-q^2)\Big|_{q=30}=440 \text{ 万元},$$

$$\overline{L}(30)=\frac{L(30)}{30}=\frac{440}{30} \text{ 万元/件} \approx 14.67 \text{ 万元/件}.$$

(2) 设价格为 P（单位：万元/件），则销售 20 件该商品的总收益（单位：万元）为 $R(20)=20P$，这时的总成本为

$$C(20)=(100+2q+q^2)\Big|_{q=20}=540 \text{ 万元},$$

总利润（单位：万元）为

$$L(20)=R(20)-C(20)=20P-540.$$

为了不亏本，要

$$L(20)=20P-540\geqslant 0,$$

解得 $P\geqslant 27$ 万元/件，即价格不应低于 27 万元/件.

例 6　某厂每年生产 q 台某商品的平均成本函数（单位：万元/台）为

$$\overline{C}=\overline{C}(q)=q+6+\frac{20}{q},$$

商品销售价格为 $P=30$ 万元/台，试将每年商品全部销售后获得的总利润 L（单位：万元）表示为年产量 q 的函数.

解　由题意知，总收益函数（单位：万元）为

$$R=R(q)=Pq=30q,$$

总成本函数（单位：万元）为

$$C=C(q)=q\overline{C}(q)=q\left(q+6+\frac{20}{q}\right)=q^2+6q+20,$$

所以总利润函数为

$$\begin{aligned}L=L(q)&=R(q)-C(q)=30q-(q^2+6q+20)\\&=-q^2+24q-20.\end{aligned}$$

习题 1－4

1. 某品牌汽车的出厂价为 45 000 元/辆，使用后它的价值按年降价率为 $\frac{1}{3}$ 的标准贬值，试写出此车的价值 y（单位：元/辆）与时间 t（单位：年）的函数关系式.

2. 某企业设计了一款产品，成本为 50 元/件. 依据之前的统计，当价格为 100 元/件时，每天可销售 50 件，且价格每降低 1 元/件，每天可多售出 5 件，但不能低于成本，试求出每天的利润 y（单位：元）与降价 x（单位：元/件）之间的函数关系式.

3.（广告效应）某商场为宣传一种新商品，准备投放广告，并且依据以往的统计数据得出，广告播出次数 t 与购买该商品的人数所占的百分比满足函数关系 $P(t)=\frac{1}{1+49e^{-0.13t}}$. 分别求

广告播出 20 次和 50 次之后购买该商品的人数所占的百分比.

4. 某品牌电视机每次批发 500 台时,价格是 1 600 元 / 台. 在此基础上,若每次能多批发 100 台,则批发价可相应降低 20 元 / 台. 设批发商最大批发量为每次 1 000 台,试将电视机的批发价格 P(单位:元 / 台) 表示为批发量 x(单位:台) 的函数关系,并求每次批发 850 台时的批发价格.

5. 某商品的需求量 Q 和供给量 S 与其价格 p 满足如下关系式:

$$Q^2 - 21Q - p = -188, \quad 2S^2 + p = 212,$$

试求均衡价格和均衡量.

6. 已知某商品的总成本 C 与产量 q 的函数关系为

$$C(q) = 1\,000 + \frac{1}{8}q^2,$$

求生产 100 个单位该商品的总成本和平均成本.

7. 已知某商品的总成本 C(单位:元) 与产量 q(单位:kg) 的函数关系为

$$C(q) = \frac{1}{9}q^2 + 6q + 100,$$

价格 P(单位:元 /kg) 与产量 q 的函数关系为

$$P(q) = 46 - \frac{1}{3}q,$$

试求:

(1) 平均成本 $\overline{C}$ 与产量 q 的函数关系;

(2) 商品全部售出获得的总利润 L(单位:元) 与产量 q 的函数关系.

8. 已知某商品的总成本函数 $C(q)$ 与总收益函数 $R(q)$ 分别为

$$C(q) = 12 + 3q + q^2, \quad R(q) = 11q,$$

其中 q 表示产(销) 量,试求该商品的盈亏平衡点,并说明盈亏情况.

9. 某公司研发一种新品,日产量为 120 件,每日固定成本为 150 元,每件新品的平均可变成本为 10 元.

(1) 试求该公司的日总成本函数及平均成本函数;

(2) 若价格为 15 元 / 件,试写出总收益函数;

(3) 试写出总利润函数,并求出盈亏平衡点.

总复习题一

(A)

1. 判定下列各组函数是否相同:

(1) $y = \ln x^2, y = 2\ln|x|$;

(2) $y = x, y = \sin(\arcsin x)$;

(3) $y = \sqrt{1 - \cos^2 x}, y = \sin x$;

(4) $y = \sin^2(3x + 1), u = \sin^2(3t + 1)$;

(5) $y = \dfrac{x^2 - 1}{x - 1}, y = x + 1$.

2. 求下列函数的定义域：

(1) $y=\dfrac{\sqrt{16-x^2}}{\ln(x+3)}$；　　(2) $y=\dfrac{\sqrt{x-1}}{\ln x}$；

(3) $y=\ln(1-\ln x)$；　　(4) $y=\arcsin\dfrac{1}{x}+\sqrt{3-x}$；

(5) $y=\sqrt{2-x^2}+\arcsin\dfrac{x-2}{3}$；　　(6) $y=\sqrt{4-x^2}+\dfrac{1}{\ln\cos x}$.

3. 已知函数 $f(x+1)$ 的定义域为$(0,1)$，则函数 $f(x-1)$ 的定义域为__________.

4. 设函数 $f(x)=\sin x$，$f[g(x)]=1-x^2$，则 $g(x)$ 的定义域为__________.

5. 设函数 $f(x)=\begin{cases}1+x, & x<0,\\ 1, & x\geqslant 0,\end{cases}$ 则 $f[f(x)]=$__________.

6. 判断下列函数的奇偶性：

(1) $y=\sqrt{1-x^3}+\sqrt{1+x^3}$；　　(2) $y=e^{2x}-e^{-2x}+x$；

(3) $y=\begin{cases}x^2, & x\geqslant 0,\\ -x^2, & x<0;\end{cases}$　　(4) $y=(1-x)\sqrt{\dfrac{1+x}{1-x}}$；

(5) $y=\arctan(\sin x)$；　　(6) $y=\dfrac{e^x-e^{-x}}{e^x+e^{-x}}$.

7. 求下列函数的反函数：

(1) $y=2^{3x+1}$；　　(2) $y=\dfrac{e^x}{1+e^x}$；

(3) $y=\begin{cases}x, & x<1,\\ x^2, & 1\leqslant x\leqslant 4,\\ 2^x, & x>4;\end{cases}$　　(4) $y=\begin{cases}\tan x, & -\dfrac{\pi}{2}<x<0,\\ x^2, & 0\leqslant x<2,\\ e^x, & x\geqslant 2.\end{cases}$

8. 指出下列函数是由哪些简单函数复合而成的：

(1) $y=(x^2+1)^{\frac{1}{3}}$；　　(2) $y=\dfrac{1}{\arccos 3x}$；

(3) $y=e^{\arctan(\sin\sqrt{x^2+1})}$；　　(4) $y=\sin^2\dfrac{1}{\sqrt{2x+1}}$.

9. 判定下列函数在定义域内的有界性：

(1) $y=\dfrac{x}{1+x^2}$；　　(2) $y=x+\ln x$；

(3) $y=|\sin x|e^{\cos x}$；　　(4) $y=\dfrac{1}{\sqrt{x}}, x\in(0,1]$.

10. 确定下列函数的解析式：

(1) 已知函数 $f(\sin x)=3-\cos 2x$，求 $f(\cos x)$；

(2) 已知函数 $f(x)=\ln(x-1)$，$f[g(x)]=x$，求 $g(x)$；

(3) 已知函数 $f(x)=\begin{cases}-e^x, & x<0,\\ -x^2, & x\geqslant 0,\end{cases}$ $g(x)=\ln x$，求 $f[g(x)]$.

11. 设函数 $f(x)$ 的定义域为$(-\infty,+\infty)$,证明:

(1) $f(x)+f(-x)$ 为偶函数;

(2) $f(x)-f(-x)$ 为奇函数.

12. 设函数 $f(x)$ 满足 $af(x)+bf(1-x)=\dfrac{c}{x}$, 其中 a,b,c 均为常数, 且 $|a|\neq|b|$, 求 $f(x)$.

13. 若函数 $f(x)$ 在$(0,+\infty)$上单调递增, $a>0,b>0$,证明:

$$af(a)+bf(b)\leqslant(a+b)f(a+b).$$

14. 按照银行规定, 某种外币一年期存款的年利率为 4.2%, 半年期存款的年利率为 4.0%. 每笔存款到期后,银行自动将其转存为同样期限的存款. 设将总数为 A 的该种外币存入银行,存满两年后取出,问:存哪种期限的存款能有更多的收益? 收益为多少?

15. 有两家健身俱乐部,第一家每月的会费为 300 元,每次健身收费 1 元; 第二家每月的会费为 200 元,每次健身收费 2 元. 若只考虑经济因素,在每月健身次数相同的情况下,应选择哪一家俱乐部?

16. 每印一本杂志的成本为 1.22 元,每售出一本杂志仅有 1.20 元收入,但销量超过 15 000 本时,还能获得超出部分的收入的 10% 作为广告费. 问:销量达到多少时才能获利 1 000 元?

(B)

1. 已知函数 $f(x)=\mathrm{e}^{x^2}$,$f[\varphi(x)]=1-x$,且 $\varphi(x)\geqslant 0$,求 $\varphi(x)$,并写出它的定义域.

2. 设函数 $f(x)=\begin{cases}1, & |x|\leqslant 1,\\ 0, & |x|>1,\end{cases}$ 则 $f[f(x)]=$__________.

3. 函数 $f(x)=|x\sin x|\mathrm{e}^{\cos x}(-\infty<x<+\infty)$ 是(　　).

A. 有界函数　　　　B. 单调函数

C. 周期函数　　　　D. 偶函数

4. 设函数 $y=\ln(x+\sqrt{1+x^2})$,

(1) 判断该函数的奇偶性;

(2) 求该函数的反函数.

5. 判断函数 $f(x)=\mathrm{e}^{\sin x}-\mathrm{e}^{-\sin x}$ 的奇偶性.

6. 已知函数 $f\left(x+\dfrac{1}{x}\right)=\dfrac{x+x^3}{1+x^4}$,则 $f(x)=$__________.

第二章　极限与连续

极限作为微积分中最为核心的概念之一，是连接有限与无限、静态与动态的桥梁. 通过极限，我们能够洞察函数在特定条件下的变化趋势，进而揭示微积分中诸多定理与公式的本质. 连续则是极限概念的进一步深化与拓展. 一个函数在某区间上连续，意味着其图形在该区间上没有断裂或跳跃，呈现出一种平滑、流畅的变化态势. 本章将从极限的基本概念出发，逐步深入到极限的运算法则、性质及求法，进而探讨函数的连续性及其判定方法.

第一节 数列的极限

极限理论源于对实际问题精确求解需求的深入探索，在微积分体系中占据着基础且核心的地位. 极限的思想及其计算方法不仅广泛渗透于微积分的各个分支，而且是整个微积分理论框架中不可或缺的核心要素. 早在春秋战国时期成书的《庄子 · 天下篇》中就有这样的记载："一尺之棰，日取其半，万世不竭." 这句话可以解释为：一根一尺长的木棒，如果每天截取它的一半，那么这个过程将可以无限地进行下去，永远都取不完. 这一表述不仅彰显了古人对无限分割的深刻理解，还生动地体现了我国古代数学家在极限思想上的朴素而深刻的智慧. 在本节中，我们将详细介绍数列极限的概念及其相关性质.

一、数列的概念

定义 1 遵循某种规律，按一定顺序排列的一串数

$$x_1,\quad x_2,\quad \cdots,\quad x_n,\quad \cdots$$

称为一个**数列**，简记为 $\{x_n\}$，其中 x_n 称为数列的**一般项**或**通项**，n 称为数列的下标.

数列 $\{x_n\}$ 可看作定义在正整数集合上的函数，即

$$x_n = f(n),\quad n \in \mathbf{N}^*.$$

例如，下面的数串都是数列：

(1) $1,\frac{1}{4},\frac{1}{9},\cdots,\frac{1}{n^2},\cdots$，可记作 $\left\{\frac{1}{n^2}\right\}$，通项为 $\frac{1}{n^2}$；

(2) $\frac{1}{2},\frac{2}{3},\frac{3}{4},\cdots,\frac{n}{n+1},\cdots$，可记作 $\left\{\frac{n}{n+1}\right\}$，通项为 $\frac{n}{n+1}$；

(3) $2,\frac{1}{2},\frac{4}{3},\cdots,\frac{n+(-1)^{n-1}}{n},\cdots$，可记作 $\left\{\frac{n+(-1)^{n-1}}{n}\right\}$，通项为 $\frac{n+(-1)^{n-1}}{n}$；

(4) $9,-9,9,\cdots,9\cdot(-1)^{n-1},\cdots$，可记作 $\{9\cdot(-1)^{n-1}\}$，通项为 $9\cdot(-1)^{n-1}$；

(5) $1,4,9,\cdots,n^2,\cdots$，可记作 $\{n^2\}$，通项为 n^2.

下面，我们分析当下标 n 无限增大(用符号 $n\to\infty$ 表述)时，数列 $\{x_n\}$ 的变化趋势. 不难发现：当 $n\to\infty$ 时，数列(1) 的通项 $x_n=\frac{1}{n^2}$ 无限接近于常数 0；当 $n\to\infty$ 时，数列(2) 的通项 $x_n=\frac{n}{n+1}$ 无限接近于常数 1；当 $n\to\infty$ 时，数列(3) 的通项 $x_n=\frac{n+(-1)^{n-1}}{n}$ 在数轴上从点 $x=1$ 的左、右两侧无限接近于常数 1；数列(4) 的通项 $x_n=9\cdot(-1)^{n-1}$ 在 9 与 -9 中交替取值；数列(5) 的通项 $x_n=n^2$ 随着 n 的增大而无限增大.

二、数列极限的定义

我们首先给出数列极限的描述性定义.

定义 2 设 $\{x_n\}$ 是一个数列. 若当 n 无限增大时，通项 x_n 无限接近于某一确定的常

数A,则称A为**数列**$\{x_n\}$**当**n**趋于无穷大时的极限**,记作

$$\lim_{n\to\infty}x_n=A \quad 或 \quad x_n\to A\ (n\to\infty),$$

这时也称数列$\{x_n\}$**收敛**于常数A,并称$\{x_n\}$为**收敛数列**.若数列$\{x_n\}$的极限不存在,则称数列$\{x_n\}$**发散**.

根据上述定义,考察前面提到的数列.

例 1　考察下列数列当$n\to\infty$时的变化趋势,并用极限形式表示其结果:

(1) $\left\{\frac{1}{n^2}\right\}$;　(2) $\left\{\frac{n}{n+1}\right\}$;　(3) $\left\{\frac{n+(-1)^{n-1}}{n}\right\}$;

(4) $\{9\cdot(-1)^{n-1}\}$;　(5) $\{n^2\}$.

解　(1) 数列$\left\{\frac{1}{n^2}\right\}$为收敛数列,$\lim\limits_{n\to\infty}\frac{1}{n^2}=0$.

(2) 数列$\left\{\frac{n}{n+1}\right\}$为收敛数列,$\lim\limits_{n\to\infty}\frac{n}{n+1}=1$.

(3) 数列$\left\{\frac{n+(-1)^{n-1}}{n}\right\}$为收敛数列,$\lim\limits_{n\to\infty}\frac{n+(-1)^{n-1}}{n}=1$.

(4) 当n按偶数无限增大时,x_n始终为-9;当n按奇数无限增大时,x_n始终为9.因此,当$n\to\infty$时,x_n没有明确的变化趋势,即$\lim\limits_{n\to\infty}[9\cdot(-1)^{n-1}]$不存在,数列$\{9\cdot(-1)^{n-1}\}$为发散数列.

(5) 当n无限增大时,x_n的取值也无限增大,因此数列$\{n^2\}$为发散数列.

如何用数学语言刻画"通项x_n无限接近于某一确定的常数A"呢?我们知道,两个实数A与B之间的接近程度可以用$|B-A|$来描述.因而我们考虑,当n无限增大时,x_n无限接近于A,是否可以用$|x_n-A|$无限小来刻画呢?接下来我们给出数列极限的精确定义.

定义 2′　设$\{x_n\}$是一个数列,A为一个常数.若对于任意给定的正数ε(无论它多么小),总可以找到一个正整数N,使得当$n>N$时,恒有

$$|x_n-A|<\varepsilon,$$

则称**数列**$\{x_n\}$**以常数**A**为极限**,或者称$\{x_n\}$**收敛**于A,记作

$$\lim_{n\to\infty}x_n=A \quad 或 \quad x_n\to A\ (n\to\infty).$$

例如,若极限$\lim\limits_{n\to\infty}x_n=A$,则对于正数0.1,一定存在一项$x_N$,使得从$x_N$这一项以后的所有项$x_n(n>N)$,都满足$|x_n-A|<0.1$.

定义2′也可以简写为以下形式.

若对于$\forall\varepsilon>0$,$\exists$正整数N,使得当$n>N$时,有

$$|x_n-A|<\varepsilon,$$

则数列$\{x_n\}$收敛于A,其中符号"$\forall$"代表"任意给定的",符号"$\exists$"代表"存在".

数列极限的几何解释为:对于任意给定的正数ε,总可以找到正整数N,使得数列$\{x_n\}$从第$N+1$项开始,之后的每一项均落入邻域$U(A,\varepsilon)$,落在该邻域以外的点的个数为有限个(见图2-1).

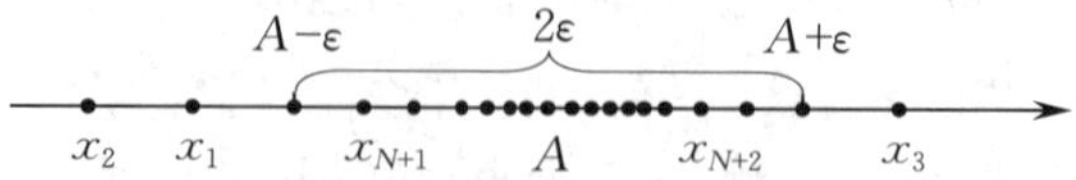

图 2-1

注 (1) 正数 ε 具有任意性,它的任意性确保了数列通项 x_n 可以无限接近于常数 A.

(2) N 的取值不唯一,与任意给定的正数 ε 有关,与数列前面的有限项无关.

(3) 在通过定义来证明常数 A 为数列的极限时,关键在对于任意给定的正数 ε,确认存在满足定义条件的正整数 N,且并不需要找到这个 N 的最小值.

上述有关数列极限的定义,并没有提供求数列极限的思路.极限的计算以后再具体分析,先列举几个例题说明极限的概念.

例 2 证明:$\lim\limits_{n\to\infty}\dfrac{n-3}{n}=1$.

证 对于 $\forall\varepsilon>0$,若要使得 $\left|\dfrac{n-3}{n}-1\right|=\dfrac{3}{n}<\varepsilon$,则 n 应满足 $n>\dfrac{3}{\varepsilon}$.这表明只需要取正整数 $N=\left[\dfrac{3}{\varepsilon}\right]$(不妨设 $0<\varepsilon<1$),则当 $n>N$ 时,恒有 $\left|\dfrac{n-3}{n}-1\right|<\varepsilon$.因此由数列极限的定义可以证明

$$\lim_{n\to\infty}\frac{n-3}{n}=1.$$

例 3 若 $x_n=\dfrac{n+(-1)^{n-1}}{n}$,证明:数列 $\{x_n\}$ 的极限等于 1.

证 对于 $\forall\varepsilon>0$,若要使得 $\left|\dfrac{n+(-1)^{n-1}}{n}-1\right|=\dfrac{1}{n}<\varepsilon$,则只需 $n>\dfrac{1}{\varepsilon}$.取正整数 $N=\left[\dfrac{1}{\varepsilon}\right]$(不妨设 $0<\varepsilon<1$),则当 $n>N$ 时,恒有 $\left|\dfrac{n+(-1)^{n-1}}{n}-1\right|<\varepsilon$,即数列 $\{x_n\}$ 的极限等于 1.

例 4 证明:等比数列 $\{q^{n-1}\}$($|q|<1$) 的极限等于 0.

证 对于 $\forall\varepsilon>0$,由

$$|q^{n-1}-0|=|q|^{n-1}<\varepsilon,$$

等式两边取自然对数,可得

$$(n-1)\ln|q|<\ln\varepsilon,$$

根据 $|q|<1$,有 $\ln|q|<0$,因此 $n>1+\dfrac{\ln\varepsilon}{\ln|q|}$.取正整数 $N=\left[1+\dfrac{\ln\varepsilon}{\ln|q|}\right]$(不妨设 $0<\varepsilon<|q|$),则当 $n>N$ 时,恒有 $|q^{n-1}-0|<\varepsilon$,即 $\lim\limits_{n\to\infty}q^{n-1}=0$.

三、收敛数列的性质

定理 1 **(极限的唯一性) 如果数列 $\{x_n\}$ 有极限,那么它的极限唯一.**

证 用反证法.假设 $x_n\to A$,$x_n\to B(n\to\infty)$ 同时成立,且 $A\neq B$(不妨设 $A<B$),取 $\varepsilon=\dfrac{B-A}{2}$.根据 $\lim\limits_{n\to\infty}x_n=A$ 可知,一定存在 $N_1\in\mathbf{N}^*$,当 $n>N_1$ 时,有

$$|x_n - A| < \varepsilon = \frac{B-A}{2}. \tag{2-1}$$

同理,存在 $N_2 \in \mathbf{N}^*$,当 $n > N_2$ 时,恒有

$$|x_n - B| < \varepsilon = \frac{B-A}{2}. \tag{2-2}$$

取 $N = \max\{N_1, N_2\}$,则当 $n > N$ 时,不等式(2-1)与(2-2)同时成立.而由式(2-1)可得

$$x_n < A + \varepsilon = \frac{A+B}{2}, \tag{2-3}$$

由式(2-2)可得

$$x_n > B - \varepsilon = \frac{A+B}{2}. \tag{2-4}$$

显然,式(2-3)和式(2-4)相互矛盾,假设不成立,所以 $A = B$,定理1得证.

定义3　对于数列 $\{x_n\}$,若存在 $M > 0$,使得对于任意正整数 n,均有

$$|x_n| \leqslant M,$$

则称 $\{x_n\}$ **有界**,否则称 $\{x_n\}$ **无界**.

例如,数列 $\{n^4\}$ 无界,数列 $\left\{\dfrac{n}{n+1}\right\}$ 有界.

定理2（**收敛数列的有界性**）　**若数列 $\{x_n\}$ 收敛,则它一定有界.**

证　根据数列 $\{x_n\}$ 收敛的定义,可设 $\lim\limits_{n\to\infty} x_n = A$,则对于 $\varepsilon = c(c > 0)$,一定存在正整数 N,使得当 $n > N$ 时,恒有 $|x_n - A| < \varepsilon = c$.于是,当 $n > N$ 时,恒有

$$|x_n| = |(x_n - A) + A| \leqslant |x_n - A| + |A| < c + |A|.$$

取 $M = \max\{|x_1|, |x_2|, \cdots, |x_N|, c + |A|\}$,则数列 $\{x_n\}$ 中的所有项均满足 $|x_n| \leqslant M$,定理2得证.

推论1　若数列 $\{x_n\}$ 无界,则它不存在极限.

注　(1) 上述结论可简单叙述为"收敛数列必有界""无界数列必发散".

(2) 定理2为数列收敛的必要非充分条件,即有界数列未必收敛.

例如,数列 $\{n^2\}$ 是无界的,所以 $\{n^2\}$ 发散;而 $\{9 \cdot (-1)^{n-1}\}$ 为有界且发散的数列.

定理3（**收敛数列的保号性**）　**若数列 $\{x_n\}$ 的极限 $\lim\limits_{n\to\infty} x_n = A$ 且 $A > 0$(或 $A < 0$),则存在正整数 N,使得当 $n > N$ 时,有 $x_n > 0$(或 $x_n < 0$).**

证　不妨设 $A > 0$(同理可证 $A < 0$ 的情形),则根据数列极限的定义,对于 $\varepsilon = \dfrac{A}{2} > 0$,存在正整数 N,使得当 $n > N$ 时,恒有

$$|x_n - A| < \varepsilon = \frac{A}{2}.$$

由此得 $x_n > A - \dfrac{A}{2} = \dfrac{A}{2} > 0$,定理3得证.

推论2　如果数列 $\{x_n\}$ 从某一项开始恒有 $x_n \geqslant 0$(或 $x_n \leqslant 0$),且 $\lim\limits_{n\to\infty} x_n = A$,则 $A \geqslant 0$(或 $A \leqslant 0$).

习题 2－1

1. 观察下列数列的变化趋势，指出哪些数列收敛，哪些数列发散，并写出收敛数列的极限值：

(1) $\left\{x_n=\dfrac{n-3}{n+6}\right\}$；

(2) $\left\{x_n=(-1)^n\dfrac{1}{n^2+1}\right\}$；

(3) $\{x_n=2^n\}$；

(4) $\{x_n=\cos n\pi\}$；

(5) $\{x_n=1+(-1)^n\}$；

(6) $\left\{x_n=\dfrac{(-1)^n}{\sqrt{n+(-1)^{n+1}}}\right\}$；

(7) $\{x_n=8^{(-1)^n}\}$；

(8) $\left\{x_n=\ln\dfrac{1}{n}\right\}$.

2. 使用数列极限的定义证明：

(1) $\lim\limits_{n\to\infty}\dfrac{3n-1}{2n}=\dfrac{3}{2}$；

(2) $\lim\limits_{n\to\infty}\dfrac{1}{n^3}=0$；

(3) $\lim\limits_{n\to\infty}\cos\dfrac{1}{n}=1$；

(4) $\lim\limits_{n\to\infty}\left(-\dfrac{1}{5}\right)^{n-1}=0$.

3. 证明：$\lim\limits_{n\to\infty}x_n=0$ 成立的充要条件是$\lim\limits_{n\to\infty}|x_n|=0$.

4. 通过分析数列$\{x_n\}$与$\{|x_n|\}$的变化趋势之间的相互关系，解答下列问题：

(1) 证明：若$\lim\limits_{n\to\infty}x_n=A$，则$\lim\limits_{n\to\infty}|x_n|=|A|$；

(2) 举例说明若$\lim\limits_{n\to\infty}|x_n|=|A|$，数列$\{x_n\}$未必有极限.

课程思政

第二节 函数的极限

在上一节中，我们探讨了数列极限的概念. 数列实质上是定义在正整数集合上的一种函数，其极限表示当自变量趋于无穷大时，函数值趋于某个常数. 本节将探讨一般函数的极限.

函数的极限根据自变量的变化情况可以分为以下两类：

(1) 当 $x\to\infty$，即自变量 x 的绝对值无限增大时，函数的极限；

(2) 当 $x\to x_0$，即自变量趋于实数 x_0 时，函数的极限.

一、自变量趋于无穷大时函数的极限($x\to\infty$)

自变量趋于无穷大包含以下三种情况：

(1) $x\to\infty$，即自变量 x 的绝对值趋于无穷大；

(2) $x\to+\infty$，即自变量 x 沿数轴正方向趋于无穷大；

(3) $x\to-\infty$，即自变量 x 沿数轴负方向趋于无穷大.

首先介绍自变量趋于无穷大时函数极限的描述性定义.

定义 1 设函数 $f(x)$ 当 $|x|$ 大于某一正数时有定义. 如果在 $x\to\infty$ 的过程中,对应的函数值 $f(x)$ 无限接近于一个确定的常数 A,那么称**函数 $f(x)$ 当 $x\to\infty$ 时以 A 为极限**,记作

$$\lim_{x\to\infty}f(x)=A \quad 或 \quad f(x)\to A \quad (x\to\infty).$$

接下来介绍其精确定义.

定义 1′ 设函数 $f(x)$ 当 $|x|$ 大于某一正数 X_0 时有定义. 如果存在常数 A,对于任意给定的正数 ε(无论它多么小),总存在正数 $X>X_0$,使得当 $|x|>X$ 时,恒有

$$|f(x)-A|<\varepsilon,$$

则称**函数 $f(x)$ 当 $x\to\infty$ 时以 A 为极限**,记作

$$\lim_{x\to\infty}f(x)=A \quad 或 \quad f(x)\to A \quad (x\to\infty).$$

定义 1′ 可以简记为以下形式:

$$\lim_{x\to\infty}f(x)=A \Leftrightarrow 对于\ \forall\varepsilon>0,\exists X>0,使得当|x|>X 时,恒有|f(x)-A|<\varepsilon.$$

注 定义 1′ 中的 X 刻画了 $|x|$ 充分大的程度,ε 刻画了函数值 $f(x)$ 与常数 A 的接近程度.

下面分析函数极限 $\lim\limits_{x\to\infty}f(x)=A$ 的几何意义. 考虑到在定义 1′ 中,$|f(x)-A|<\varepsilon$ 可以等价地表示为 $A-\varepsilon<f(x)<A+\varepsilon$,如果作两条直线 $y=A-\varepsilon$ 和 $y=A+\varepsilon$,则一定能找到一个正数 X,使得在区间 $(-\infty,-X)\cup(X,+\infty)$ 上,函数 $y=f(x)$ 的图形始终位于这两条直线之间(见图 2-2).

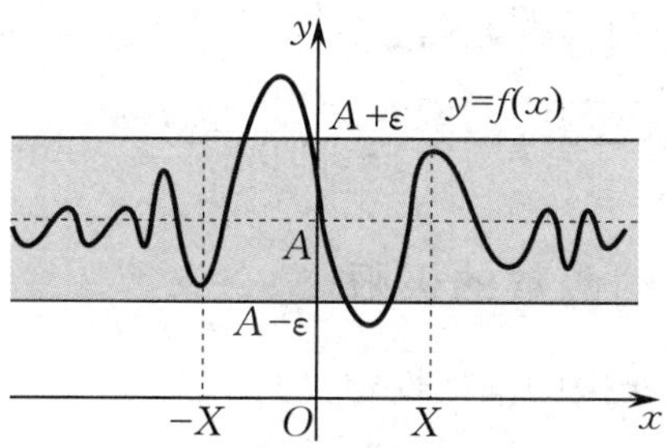

图 2-2

定义 2 如果当 $x>0$ 且 x 无限增大时,对应的函数值 $f(x)$ 无限接近于一个确定的常数 A,那么称**函数 $f(x)$ 当 $x\to+\infty$ 时以 A 为极限**,记作

$$\lim_{x\to+\infty}f(x)=A \quad 或 \quad f(x)\to A \quad (x\to+\infty).$$

定义 3 如果当 $x<0$ 且 $|x|$ 无限增大时,对应的函数值 $f(x)$ 无限接近于一个确定的常数 A,那么称**函数 $f(x)$ 当 $x\to-\infty$ 时以 A 为极限**,记作

$$\lim_{x\to-\infty}f(x)=A \quad 或 \quad f(x)\to A \quad (x\to-\infty).$$

类似地,$\lim\limits_{x\to+\infty}f(x)=A$ 和 $\lim\limits_{x\to-\infty}f(x)=A$ 同样可以使用前述精确定义进行描述,请读者尝试自己给出.

根据上述定义,可得下列定理.

定理 1 $\lim\limits_{x\to\infty}f(x)=A$ **的充要条件是** $\lim\limits_{x\to+\infty}f(x)$ **和** $\lim\limits_{x\to-\infty}f(x)$ **均存在且都等于** A.

例 1 根据函数 $y=\mathrm{e}^x$ 的图形(见图 2-3)判断下列极限是否存在,若存在,写出对应的极限值:

(1) $\lim\limits_{x\to+\infty}\mathrm{e}^x$; (2) $\lim\limits_{x\to-\infty}\mathrm{e}^x$; (3) $\lim\limits_{x\to\infty}\mathrm{e}^x$.

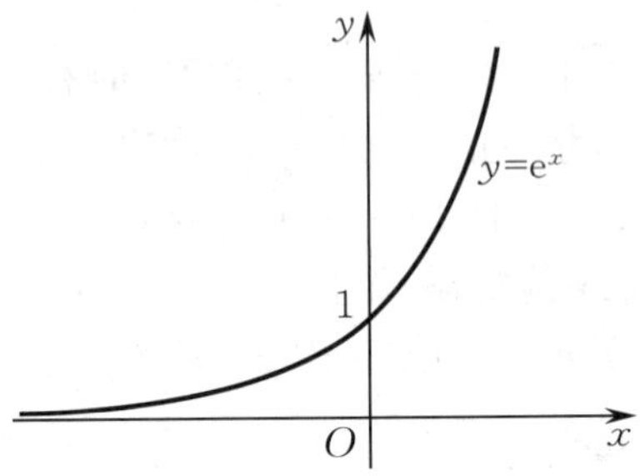

图 2-3

解 根据图 2-3 可得

(1) 当 $x\to+\infty$,e^x 趋于正无穷大,即 $\lim\limits_{x\to+\infty}\mathrm{e}^x$ 不存在.

(2) $\lim\limits_{x\to-\infty}\mathrm{e}^x=0$.

(3) 由(1),(2) 问结论以及定理 1 可知 $\lim\limits_{x\to\infty}\mathrm{e}^x$ 不存在.

例 2 利用极限的定义证明:$\lim\limits_{x\to\infty}\dfrac{\cos x}{x}=0$.

证 对于任意 $\varepsilon>0$,要使得 $\left|\dfrac{\cos x}{x}-0\right|=\left|\dfrac{\cos x}{x}\right|\leqslant\dfrac{1}{|x|}<\varepsilon$,只需 $|x|>\dfrac{1}{\varepsilon}$. 于是,取 $X=\dfrac{1}{\varepsilon}$,则当 $|x|>X$ 时,有 $\left|\dfrac{\cos x}{x}-0\right|<\varepsilon$,即 $\lim\limits_{x\to\infty}\dfrac{\cos x}{x}=0$.

二、自变量趋于有限值时函数的极限($x\to x_0$)

首先给出 $x\to x_0$ 时函数极限的描述性定义.

定义 4 设函数 $f(x)$ 在点 x_0 的某一去心邻域内有定义. 如果在 $x\to x_0$ 的过程中,对应的函数值 $f(x)$ 无限接近于一个确定的常数 A,那么称 A 为**函数 $f(x)$ 当 $x\to x_0$ 时的极限**,记作

$$\lim_{x\to x_0}f(x)=A \quad 或 \quad f(x)\to A \ (x\to x_0).$$

类似于上述介绍的 $x\to\infty$ 时函数 $f(x)$ 的极限定义,"$x\to x_0$"可以使用 $|x-x_0|<\delta$ 来描述,"$f(x)\to A$"可以用 $|f(x)-A|<\varepsilon$ 来刻画. 因而可以得到如下精确定义.

定义 4′ 设函数 $f(x)$ 在点 x_0 的某一去心邻域内有定义. 如果存在常数 A,对于任意给定的正数 ε(无论它多么小),一定存在正数 δ,使得当 x 满足不等式 $0<|x-x_0|<\delta$ 时,恒有 $|f(x)-A|<\varepsilon$,那么称 A 为**函数 $f(x)$ 当 $x\to x_0$ 时的极限**,记作

$$\lim_{x\to x_0}f(x)=A \quad 或 \quad f(x)\to A \ (x\to x_0).$$

注　(1) $\lim\limits_{x\to x_0} f(x)$ 是否存在和函数 $f(x)$ 在点 x_0 处是否有定义及 $f(x_0)$ 的取值大小没有关系.

(2) 对于给定的 $\varepsilon>0$，δ 的取值不唯一.

例如，设函数 $f(x)=\begin{cases}x^2, & x\neq 1,\\ 2, & x=1,\end{cases}$ 通过观察函数图形(见图 2-4)，可知 $\lim\limits_{x\to 1} f(x)=1$，该极限值与 $f(x)$ 在点 $x=1$ 处的函数值 2 无关.

又如，设函数 $f(x)=\dfrac{x^2-4}{x-2}$，虽然 $f(x)$ 在点 $x=2$ 处没有定义，但通过观察函数图形(见图 2-5)，可知 $\lim\limits_{x\to 2} f(x)=4$.

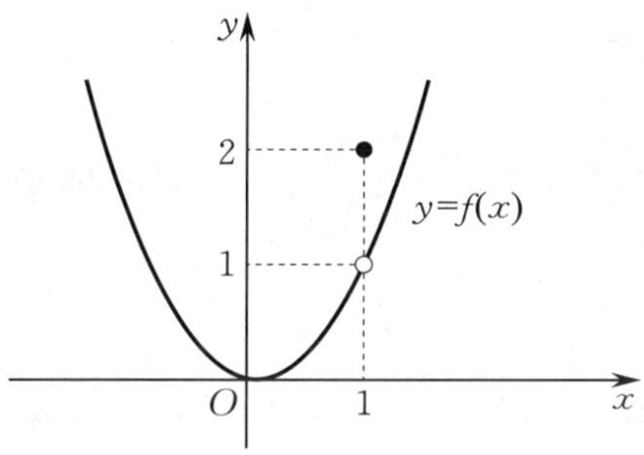

图 2-4

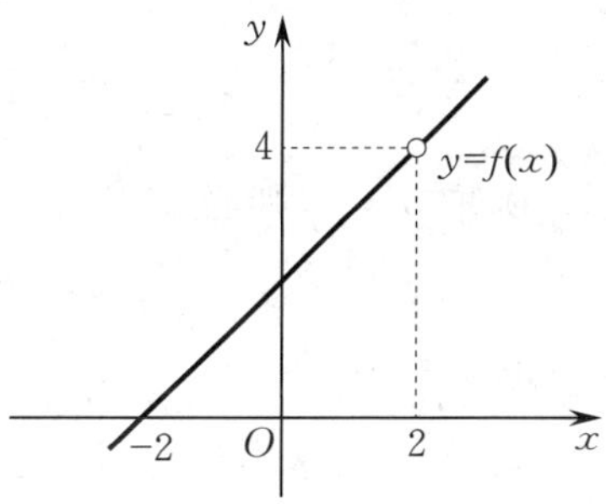

图 2-5

接下来分析函数极限 $\lim\limits_{x\to x_0} f(x)=A$ 的几何意义. 若任意给定一正数 ε，作平行于 x 轴的两条直线 $y=A+\varepsilon$ 和 $y=A-\varepsilon$，则总存在正数 δ，使得在点 x_0 的去心邻域 $\mathring{U}(x_0,\delta)$ 内，函数 $y=f(x)$ 的图形全部落在这两条直线之间(见图 2-6).

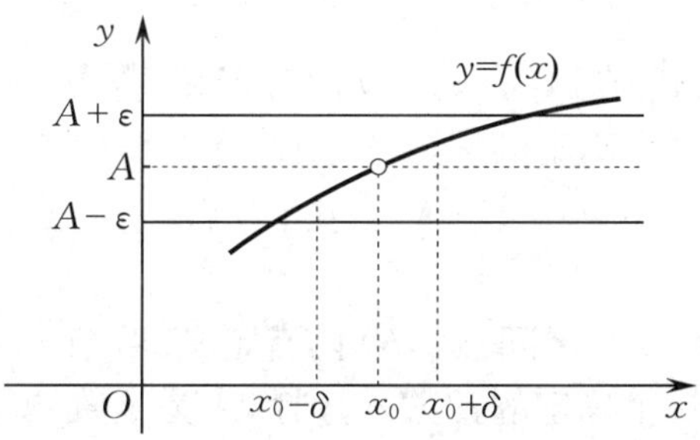

图 2-6

例 3　利用极限的定义证明：$\lim\limits_{x\to x_0} c=c$，其中 c 为常数.

证　因为 $|f(x)-A|=|c-c|=0$，所以对于 $\forall\varepsilon>0$，任取 $\delta>0$，当 $0<|x-x_0|<\delta$ 时，恒有

$$|f(x)-A|=|c-c|=0<\varepsilon,$$

即 $\lim\limits_{x\to x_0} c=c$.

例 4　利用极限的定义证明：$\lim\limits_{x\to 2}\dfrac{x^2-4}{x-2}=4$.

证　当 $x\neq 2$ 时，有

$$\left|\frac{x^2-4}{x-2}-4\right|=|x+2-4|=|x-2|.$$

对于 $\forall\varepsilon>0$,取 $\delta=\varepsilon$,则当 $0<|x-2|<\delta$ 时,恒有

$$\left|\frac{x^2-4}{x-2}-4\right|=|x-2|<\varepsilon,$$

即 $\lim\limits_{x\to 2}\dfrac{x^2-4}{x-2}=4$.

例 5 利用极限的定义证明:$\lim\limits_{x\to x_0}\sin x=\sin x_0$.

证 $|\sin x-\sin x_0|=\left|2\cos\dfrac{x+x_0}{2}\sin\dfrac{x-x_0}{2}\right|\leqslant 2\left|\sin\dfrac{x-x_0}{2}\right|$

$$\leqslant 2\left|\frac{x-x_0}{2}\right|=|x-x_0|,$$

对于 $\forall\varepsilon>0$,取 $\delta=\varepsilon$,则当 $0<|x-x_0|<\delta$ 时,恒有 $|\sin x-\sin x_0|<\varepsilon$,即

$$\lim_{x\to x_0}\sin x=\sin x_0.$$

同理可证 $\lim\limits_{x\to x_0}\cos x=\cos x_0$.

进一步地,逐一对基本初等函数进行考察,可得以下结论:对于所有基本初等函数 $f(x)$,当 x_0 为其定义域内的点时,一定有

$$\lim_{x\to x_0}f(x)=f(x_0).$$

在 $x\to x_0$ 的变化过程中,x 既可以从 x_0 的左侧趋于 x_0,也可以从 x_0 的右侧趋于 x_0. 但是,有时根据实际情况,只需考虑 x 仅从 x_0 的左(右)侧趋于 x_0 的情形,记作 $x\to x_0^-$($x\to x_0^+$),这就引出了左(右)极限的概念.

定义 5 设函数 $f(x)$ 在区间 (a,x_0) 内有定义. 若当 x 从 x_0 的左侧趋于 x_0 时,对应的函数值 $f(x)$ 无限接近于一个确定的常数 A,则称 A 为函数 $f(x)$ 在点 x_0 处的**左极限**,记作

$$\lim_{x\to x_0^-}f(x)=A\quad 或\quad f(x_0^-)=A.$$

定义 6 设函数 $f(x)$ 在区间 (x_0,b) 内有定义. 若当 x 从 x_0 的右侧趋于 x_0 时,对应的函数值 $f(x)$ 无限接近于一个确定的常数 A,则称 A 为函数 $f(x)$ 在点 x_0 处的**右极限**,记作

$$\lim_{x\to x_0^+}f(x)=A\quad 或\quad f(x_0^+)=A.$$

左极限与右极限统称为**单侧极限**. 由函数极限的定义容易证明以下定理.

定理 2 **函数 $f(x)$ 当 $x\to x_0$ 时极限存在的充要条件是 $f(x)$ 在 x_0 处的左极限和右极限都存在且相等,即**

$$\lim_{x\to x_0}f(x)=A\Leftrightarrow\lim_{x\to x_0^-}f(x)=\lim_{x\to x_0^+}f(x)=A.$$

例 6 设函数 $f(x)=\begin{cases}-x+2, & x<0,\\ 1, & x=0,\\ x+2, & x>0,\end{cases}$ 讨论极限 $\lim\limits_{x\to 0}f(x)$.

解 由题设,有

$$\lim_{x\to 0^-} f(x)=\lim_{x\to 0^-}(-x+2)=2,\quad \lim_{x\to 0^+} f(x)=\lim_{x\to 0^+}(x+2)=2.$$

因为 $\lim\limits_{x\to 0^-} f(x)=\lim\limits_{x\to 0^+} f(x)=2$，所以 $\lim\limits_{x\to 0} f(x)=2$.

例 7　设函数 $f(x)=\dfrac{x}{|x|}$，讨论极限 $\lim\limits_{x\to 0} f(x)$.

解　已知 $f(x)=\dfrac{x}{|x|}=\begin{cases}-1, & x<0,\\ 1, & x>0,\end{cases}$ 则

$$\lim_{x\to 0^-} f(x)=\lim_{x\to 0^-}(-1)=-1,\quad \lim_{x\to 0^+} f(x)=\lim_{x\to 0^+}1=1.$$

因为 $\lim\limits_{x\to 0^-} f(x)\neq\lim\limits_{x\to 0^+} f(x)$，所以 $\lim\limits_{x\to 0} f(x)$ 不存在.

三、函数极限的性质

与数列极限类似，函数极限也有一系列性质，如唯一性、有界性等，有兴趣的读者可自行完成下列定理的证明.

下面的内容中将使用到极限符号“$\lim f(x)$”，该符号未标明自变量的变化过程，表示适用于任何一种自变量的变化过程.

定理 3　（唯一性）　**若极限 $\lim f(x)$ 存在，则其值唯一.**

定理 4　（局部有界性）　**如果 $\lim\limits_{x\to x_0} f(x)=A$，那么存在常数 $M>0$ 和 $\delta>0$，使得当 $0<|x-x_0|<\delta$ 时，有 $|f(x)|\leqslant M$.**

类似地，可以得到 $x\to\infty$ 时的情形：如果 $\lim\limits_{x\to\infty} f(x)=A$，那么存在常数 $M>0$ 和 $X>0$，使得当 $|x|>X$ 时，有 $|f(x)|\leqslant M$.

定理 5　（局部保号性）　**如果 $\lim\limits_{x\to x_0} f(x)=A$ 且 $A>0$（或 $A<0$），那么存在常数 $\delta>0$，使得当 $0<|x-x_0|<\delta$ 时，有 $f(x)>0$[或 $f(x)<0$].**

类似地，可以得到 $x\to\infty$ 时的情形：如果 $\lim\limits_{x\to\infty} f(x)=A$ 且 $A>0$（或 $A<0$），那么存在常数 $X>0$，使得当 $|x|>X$ 时，有 $f(x)>0$[或 $f(x)<0$].

习题 2－2

1. 根据函数图形，判断下列极限是否存在，若存在，求出其值：

(1) $\lim\limits_{x\to+\infty}\arctan x$；　　(2) $\lim\limits_{x\to+\infty}\mathrm{e}^{-x}$；

(3) $\lim\limits_{x\to 0^+}\ln x$；　　(4) $\lim\limits_{x\to\frac{\pi}{2}}\sin x$；

(5) $\lim\limits_{x\to 3}(x^2+6)$；　　(6) $\lim\limits_{x\to+\infty}\cos x$.

2. 判断下列论述的正确性：

(1) 函数 $f(x)$ 在点 x_0 处有定义是 $\lim\limits_{x\to x_0} f(x)$ 存在的必要条件；

(2) 函数 $f(x)$ 在点 x_0 处的左极限和右极限都存在是 $f(x)$ 当 $x\to x_0$ 时极限存在的充要条件.

3. 讨论当 $x\to 0$ 时,符号函数 $f(x)=\operatorname{sgn} x=\begin{cases}-1, & x<0,\\ 0, & x=0,\\ 1, & x>0\end{cases}$ 的极限是否存在,若存在,求出其值.

4. 讨论当 $x\to 0$ 时,函数 $f(x)=\begin{cases}1+x, & x<0,\\ 3, & x=0,\\ 1-x^2, & x>0\end{cases}$ 的极限是否存在,若存在,求出其值.

5. 试分析 δ 取值为多少时,在 x 满足 $0<|x-x_0|<\delta$ 时,恒有

$$\left|\frac{x^2-9}{x-3}-6\right|<\varepsilon \quad (\varepsilon>0).$$

6. 根据函数极限的定义证明:

(1) $\lim\limits_{x\to+\infty}\dfrac{1}{x+\cos x}=0$;　　(2) $\lim\limits_{x\to-3}\dfrac{x^2-9}{x^2+9}=0$.

第三节　无穷小与无穷大

无穷小与无穷大是微积分的基础概念,对深入理解与分析函数极限具有重要意义.本节将系统阐述其定义、特性及应用,旨在让读者深刻认识其本质与其在数学推理中发挥的关键作用.

一、无穷小

无穷小起源于对函数极限的深入探究,描述了在自变量的某一变化过程中函数值无限接近于零的现象.它在求解导数、积分等微积分运算中扮演着核心角色,同时也是理解微积分基本原理的关键工具.

1. 无穷小的概念

定义 1　若在自变量的某一变化过程中,函数 $f(x)$ 的极限等于零,即 $\lim f(x)=0$,则称 $f(x)$ 为自变量在该变化过程中的**无穷小量**,简称**无穷小**.

例如,因为 $\lim\limits_{x\to\infty}\dfrac{1}{x^3}=0$,所以函数 $\dfrac{1}{x^3}$ 为 $x\to\infty$ 时的无穷小.又如,因为 $\lim\limits_{x\to 0}\sin x=0$,所以函数 $\sin x$ 为 $x\to 0$ 时的无穷小.类似地,当 $x\to 0$ 时,函数 $\tan x$, $\arcsin x$ 均为无穷小.

注　(1) 任何一个非零常数都不是无穷小;零是可以作为无穷小的唯一常数.

(2) 函数 $f(x)$ 是否为无穷小,与函数自变量的变化趋势相关,不能脱离自变量的变化过程讲无穷小.例如,对于函数 $f(x)=x+1$,因为 $\lim\limits_{x\to-1}f(x)=0$,所以 $f(x)$ 为 $x\to-1$ 时的无穷小;而 $\lim\limits_{x\to 1}f(x)=2$,所以当 $x\to 1$ 时,$f(x)$ 不是无穷小.

2. 无穷小与函数极限之间的关系

下面的定理揭示了无穷小与函数极限之间的关系.

定理 1 **极限 $\lim f(x)=A$ 的充要条件是 $f(x)=A+\alpha(x)$，其中 $\alpha(x)$ 是自变量在该变化过程中的无穷小.**

证 下面仅针对 $x\to x_0$ 时的情形进行证明，自变量的其他变化过程类似可证.

必要性. 若极限 $\lim\limits_{x\to x_0}f(x)=A$，设 $\alpha(x)=f(x)-A$，则对于 $\forall\varepsilon>0$，$\exists\delta>0$，使得当 $0<|x-x_0|<\delta$ 时，恒有 $|f(x)-A|<\varepsilon$，即 $|\alpha(x)-0|<\varepsilon$. 所以根据函数极限的定义可知，$\alpha(x)$ 是 $x\to x_0$ 时的无穷小，并且 $f(x)=A+\alpha(x)$.

充分性. 设当 $x\to x_0$ 时，$\alpha(x)$ 为无穷小，且 $f(x)=A+\alpha(x)$，则 $|f(x)-A|=|\alpha(x)|$. 因为 $\alpha(x)$ 是 $x\to x_0$ 时的无穷小，所以对于 $\forall\varepsilon>0$，$\exists\delta>0$，当 $0<|x-x_0|<\delta$ 时，有 $|\alpha(x)|<\varepsilon$，即 $|f(x)-A|<\varepsilon$，从而证明了当 $x\to x_0$ 时，函数 $f(x)$ 的极限为 A.

3. 无穷小的性质

性质 1 有限个无穷小的代数和仍为无穷小.

证 下面仅针对两个无穷小的和在 $x\to x_0$ 时的情形进行证明，自变量的其他变化过程类似可证.

设 $\alpha(x)$，$\beta(x)$ 是 $x\to x_0$ 时的两个无穷小，同时设 $\gamma(x)=\alpha(x)+\beta(x)$.

对于 $\forall\varepsilon>0$，因为 $\alpha(x)$ 是 $x\to x_0$ 时的无穷小，所以对于 $\frac{\varepsilon}{2}>0$，$\exists\delta_1>0$，使得当 $0<|x-x_0|<\delta_1$ 时，有

$$|\alpha(x)|<\frac{\varepsilon}{2}.$$

同理，对于 $\frac{\varepsilon}{2}>0$，$\exists\delta_2>0$，使得当 $0<|x-x_0|<\delta_2$ 时，有

$$|\beta(x)|<\frac{\varepsilon}{2}.$$

取 $\delta=\min\{\delta_1,\delta_2\}$，则当 $0<|x-x_0|<\delta$ 时，有

$$|\alpha(x)|<\frac{\varepsilon}{2},\quad |\beta(x)|<\frac{\varepsilon}{2}.$$

于是

$$|\gamma(x)|=|\alpha(x)+\beta(x)|\leqslant|\alpha(x)|+|\beta(x)|<\frac{\varepsilon}{2}+\frac{\varepsilon}{2}=\varepsilon,$$

故 $\lim\limits_{x\to x_0}\gamma(x)=0$.

注 性质 1 成立的前提为有限个无穷小的代数和，无限个无穷小的代数和未必为无穷小. 例如，

$$\lim_{n\to\infty}(\underbrace{\frac{1}{n}+\frac{1}{n}+\cdots+\frac{1}{n}}_{n\text{个}})=1.$$

性质 2 有界函数与无穷小的乘积仍为无穷小.

推论 1 常数与无穷小的乘积仍为无穷小.

性质 3 有限个无穷小的乘积仍为无穷小.

例 1 证明:$\lim\limits_{x\to 0}x\sin\dfrac{1}{x}=0$.

证 因为$\lim\limits_{x\to 0}x=0$,所以当 $x\to 0$ 时,x 是无穷小. 又当 $x\neq 0$ 时,$\left|\sin\dfrac{1}{x}\right|\leqslant 1$,所以函数 $\sin\dfrac{1}{x}$ 在点 $x=0$ 的任何去心邻域内都是有界的. 综上所述,根据性质 2 可得

$$\lim_{x\to 0}x\sin\frac{1}{x}=0.$$

函数 $y=x\sin\dfrac{1}{x}$ 的图形如图 2-7 所示,例 1 的结论可以从图形中得到验证.

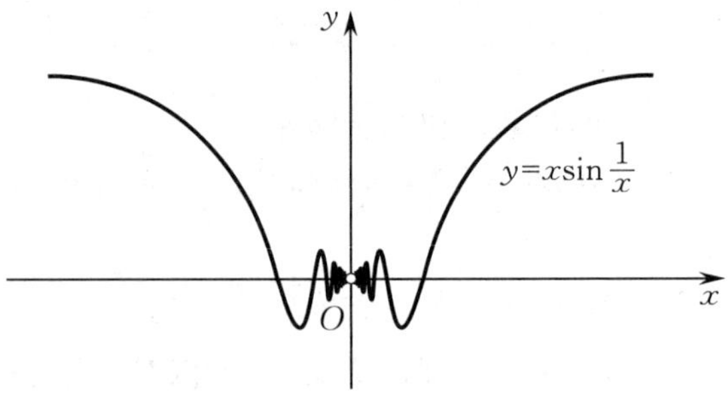

图 2-7

例 2 求极限$\lim\limits_{x\to\infty}\dfrac{\arctan x}{x^4}$.

解 因为$\lim\limits_{x\to\infty}\dfrac{1}{x^4}=0$,所以当 $x\to\infty$ 时,$\dfrac{1}{x^4}$ 是无穷小. 又 $|\arctan x|\leqslant\dfrac{\pi}{2}$,所以函数 $\arctan x$ 在$(-\infty,+\infty)$ 上是有界的. 综上所述,根据性质 2 可得$\lim\limits_{x\to\infty}\dfrac{\arctan x}{x^4}=0$.

二、无穷大

无穷大描述了在自变量的某一变化过程中,函数值趋于正无穷或负无穷的现象,是微积分的理论分析中不可或缺的重要工具.

定义 2 如果在自变量的某一变化过程中,函数 $f(x)$ 的绝对值 $|f(x)|$ 无限增大,则称 $f(x)$ 为自变量在该变化过程中的**无穷大量**,简称**无穷大**,记作

$$\lim f(x)=\infty.$$

注 (1) 无穷大是变量,与很大的常数是有明显区别的,不可混为一谈.

(2) 无穷大包括负无穷大和正无穷大,分别记作 $\lim f(x)=-\infty$,$\lim f(x)=+\infty$.

(3) 虽然使用了极限记号 $\lim f(x)=\infty$ 表示无穷大,但是这并不代表这个极限是存在的. 事实上,在自变量的该变化过程中,$f(x)$ 并没有趋于一个确定的常数,因此 $f(x)$ 的极限不存在. 但为了描述函数的这一性态,可以将其表述为"函数的极限为无穷大".

(4) 在自变量的某一变化过程中,无穷大必定是无界变量,但无界变量不一定是无穷大.

其中原因请读者自行思考.

例如,因为 $\lim\limits_{x\to\left(\frac{\pi}{2}\right)^-}\tan x=+\infty$,所以函数 $\tan x$ 为 $x\to\left(\frac{\pi}{2}\right)^-$ 时的无穷大;因为 $\lim\limits_{x\to-2}\frac{1}{x+2}=\infty$,所以函数 $\frac{1}{x+2}$ 为 $x\to-2$ 时的无穷大;因为 $\lim\limits_{x\to0^+}\ln x=-\infty$,所以函数 $\ln x$ 为 $x\to0^+$ 时的无穷大;因为 $\lim\limits_{x\to+\infty}5^x=+\infty$,所以函数 5^x 为 $x\to+\infty$ 时的无穷大.

根据无穷小和无穷大的定义,可得下面表述两者之间相互关系的结论.

定理 2 **在自变量的某一变化过程中,若 $f(x)$ 为无穷大,则 $\frac{1}{f(x)}$ 为无穷小;反之,若 $f(x)$ 为无穷小,且 $f(x)\neq0$,则 $\frac{1}{f(x)}$ 为无穷大.**

例 3 证明:当 $x\to\frac{\pi}{2}$ 时,$f(x)=\sec x$ 为无穷大.

证 $f(x)=\sec x=\frac{1}{\cos x}$. 因为当 $x\to\frac{\pi}{2}$ 时,$\cos x$ 为无穷小,所以根据定理 2,可得当 $x\to\frac{\pi}{2}$ 时,$f(x)=\sec x$ 为无穷大.

习题 2-3

1. 判断下列命题是否正确:

(1) 有限个无穷大的代数和是无穷大;

(2) 无穷小与无穷小的商为无穷小;

(3) 无穷大与无穷大的商为无穷小.

2. 分别讨论下列函数在自变量的不同变化过程中是无穷小还是无穷大:

(1) 当 $x\to0^+$ 和 $x\to+\infty$ 时,$f(x)=\ln x$;

(2) 当 $x\to-\infty$ 和 $x\to+\infty$ 时,$f(x)=e^{-x}$;

(3) 当 $x\to-\infty$ 和 $x\to+\infty$ 时,$f(x)=\left(\frac{1}{2}\right)^x$.

3. 求下列极限:

(1) $\lim\limits_{x\to0}x\cos^2\frac{1}{x}$;　　(2) $\lim\limits_{n\to\infty}\frac{\sin n^4}{n^2}$;

(3) $\lim\limits_{x\to\infty}\frac{\arctan x}{x}$.

4. 观察函数 $f(x)=x\sin x$,回答下列问题,并说明原因:

(1) 在区间 $(0,+\infty)$ 上 $f(x)$ 是否为有界函数?

(2) 当 $x\to+\infty$ 时 $f(x)$ 是否为无穷大?

第四节　极限的运算法则

本节内容将专注于极限的运算法则，具体涵盖以下两个方面：极限的四则运算法则与复合函数的极限运算法则. 通过运用这些运算法则，我们将实践计算一些函数的极限值. 后面还将深入探索更多求极限的技巧与方法.

一、极限的四则运算法则

定理 1　**若在自变量的同一变化过程中，$\lim f(x)=A$，$\lim g(x)=B$，则**

(1) $\lim[f(x)\pm g(x)]$ **存在，并且**

$$\lim[f(x)\pm g(x)]=\lim f(x)\pm\lim g(x)=A\pm B;$$

(2) $\lim[f(x)\cdot g(x)]$ **存在，并且**

$$\lim[f(x)\cdot g(x)]=\lim f(x)\cdot\lim g(x)=AB;$$

(3) **如果** $B\neq 0$，**则** $\lim\dfrac{f(x)}{g(x)}$ **存在，并且**

$$\lim\frac{f(x)}{g(x)}=\frac{\lim f(x)}{\lim g(x)}=\frac{A}{B}.$$

证　因为 $\lim f(x)=A$，$\lim g(x)=B$，所以由第三节的定理 1，有

$$f(x)=A+\alpha(x),\quad g(x)=B+\beta(x),$$

其中 $\lim\alpha(x)=0$，$\lim\beta(x)=0$. 于是

$$f(x)\pm g(x)=[A+\alpha(x)]\pm[B+\beta(x)]=A\pm B+[\alpha(x)\pm\beta(x)].$$

由第三节的性质 1 可知，$\lim[\alpha(x)\pm\beta(x)]=0$，从而根据第三节的定理 1，可得

$$\lim[f(x)\pm g(x)]=\lim f(x)\pm\lim g(x)=A\pm B.$$

结论(2)和(3)的证明留给读者自行完成.

推论 1　若 $\lim f(x)=A$，c 为常数，则

$$\lim[cf(x)]=c\lim f(x)=cA.$$

推论 2　若在自变量的同一变化过程中，$\lim f_i(x)=A_i\ (i=1,2,\cdots,n)$，$c_i\ (i=1,2,\cdots,n)$ 均为常数，则

$$\lim[c_1f_1(x)+c_2f_2(x)+\cdots+c_nf_n(x)]=c_1A_1+c_2A_2+\cdots+c_nA_n.$$

推论 3　若 $\lim f(x)=A$，n 为正整数，则

$$\lim[f(x)]^n=[\lim f(x)]^n=A^n.$$

例 1　求极限 $\lim\limits_{x\to1}(2x^3-x^2+3x-5)$.

解　$$\begin{aligned}\lim_{x\to1}(2x^3-x^2+3x-5)&=\lim_{x\to1}2x^3-\lim_{x\to1}x^2+\lim_{x\to1}3x-\lim_{x\to1}5\\&=2\lim_{x\to1}x^3-\lim_{x\to1}x^2+3\lim_{x\to1}x-5\\&=2\times1-1+3\times1-5=-1.\end{aligned}$$

一般地，设多项式函数 $P(x)=c_0x^n+c_1x^{n-1}+\cdots+c_n$，则

$$\begin{aligned}\lim_{x\to x_0}P(x)&=\lim_{x\to x_0}(c_0x^n+c_1x^{n-1}+\cdots+c_n)\\&=c_0(\lim_{x\to x_0}x)^n+c_1(\lim_{x\to x_0}x)^{n-1}+\cdots+\lim_{x\to x_0}c_n\\&=c_0x_0^n+c_1x_0^{n-1}+\cdots+c_n=P(x_0),\end{aligned}$$

即当 $P(x)$ 为多项式函数时,有

$$\lim_{x\to x_0}P(x)=P(x_0).$$

例 2　求极限 $\lim\limits_{x\to 2}\dfrac{x^3-1}{x+5}$.

解　根据定理 1 的结论(3),可得

$$\lim_{x\to 2}\frac{x^3-1}{x+5}=\frac{\lim\limits_{x\to 2}(x^3-1)}{\lim\limits_{x\to 2}(x+5)}=\frac{8-1}{2+5}=1.$$

两个多项式函数 $Q(x)$ 和 $P(x)$ 的商称为**有理函数**. 当 $P(x_0)\neq 0$ 时,有

$$\lim_{x\to x_0}\frac{Q(x)}{P(x)}=\frac{\lim\limits_{x\to x_0}Q(x)}{\lim\limits_{x\to x_0}P(x)}=\frac{Q(x_0)}{P(x_0)}.$$

应当注意,当 $P(x_0)=0$ 时,上述等式不成立,需要采用其他方法来求极限 $\lim\limits_{x\to x_0}\dfrac{Q(x)}{P(x)}$.

例 3　求极限 $\lim\limits_{x\to -1}\dfrac{x^2+5x+4}{x+1}$.

解　首先通过观察可得,当 $x\to -1$ 时,分子和分母的极限均为零,根据定理 1 的结论(3)成立的前提条件,此时不能使用商的极限运算法则. 因此,考虑约去分子和分母共同的零因子 $x+1$ 以后,再求极限:

$$\lim_{x\to -1}\frac{x^2+5x+4}{x+1}=\lim_{x\to -1}\frac{(x+1)(x+4)}{x+1}=\lim_{x\to -1}(x+4)=3.$$

例 4　求极限 $\lim\limits_{x\to 2}\dfrac{x^3-8}{(x-2)^2}$.

解　因为

$$\lim_{x\to 2}\frac{(x-2)^2}{x^3-8}=\lim_{x\to 2}\frac{(x-2)^2}{(x-2)(x^2+2x+4)}=\lim_{x\to 2}\frac{x-2}{x^2+2x+4}=\frac{0}{12}=0,$$

所以由第三节的定理 2,可得

$$\lim_{x\to 2}\frac{x^3-8}{(x-2)^2}=\infty.$$

例 5　求极限 $\lim\limits_{x\to 12}\dfrac{\sqrt{x-3}-3}{x-12}$.

解

$$\begin{aligned}\lim_{x\to 12}\frac{\sqrt{x-3}-3}{x-12}&=\lim_{x\to 12}\frac{(\sqrt{x-3}-3)(\sqrt{x-3}+3)}{(x-12)(\sqrt{x-3}+3)}\\&=\lim_{x\to 12}\frac{x-12}{(x-12)(\sqrt{x-3}+3)}\end{aligned}$$

$$=\lim_{x\to 12}\frac{1}{\sqrt{x-3}+3}=\frac{1}{6}.$$

例 6 求极限$\lim\limits_{x\to 1}\left(\frac{1}{1-x}-\frac{3}{1-x^3}\right)$.

解 $\lim\limits_{x\to 1}\left(\frac{1}{1-x}-\frac{3}{1-x^3}\right)=\lim\limits_{x\to 1}\frac{1+x+x^2-3}{1-x^3}=\lim\limits_{x\to 1}\frac{x^2+x-2}{(1-x)(1+x+x^2)}$

$$=\lim_{x\to 1}\frac{(x-1)(x+2)}{(1-x)(1+x+x^2)}=\lim_{x\to 1}\left(-\frac{x+2}{1+x+x^2}\right)=-1.$$

前面我们探讨了当$x\to x_0$时的极限计算问题,接下来分析当$x\to\infty$时的极限计算问题.

例 7 求极限$\lim\limits_{x\to\infty}\frac{x^2+2x+1}{3x^2-x-2}$.

解 $\lim\limits_{x\to\infty}\frac{x^2+2x+1}{3x^2-x-2}=\lim\limits_{x\to\infty}\frac{1+\frac{2}{x}+\frac{1}{x^2}}{3-\frac{1}{x}-\frac{2}{x^2}}=\frac{\lim\limits_{x\to\infty}1+\lim\limits_{x\to\infty}\frac{2}{x}+\lim\limits_{x\to\infty}\frac{1}{x^2}}{\lim\limits_{x\to\infty}3-\lim\limits_{x\to\infty}\frac{1}{x}-\lim\limits_{x\to\infty}\frac{2}{x^2}}=\frac{1}{3}.$

例 8 求极限$\lim\limits_{x\to\infty}\frac{3x^2-2x}{5x^4+x^3+x-6}$.

解 $\lim\limits_{x\to\infty}\frac{3x^2-2x}{5x^4+x^3+x-6}=\lim\limits_{x\to\infty}\frac{\frac{3}{x^2}-\frac{2}{x^3}}{5+\frac{1}{x}+\frac{1}{x^3}-\frac{6}{x^4}}$

$$=\frac{\lim\limits_{x\to\infty}\frac{3}{x^2}-\lim\limits_{x\to\infty}\frac{2}{x^3}}{\lim\limits_{x\to\infty}5+\lim\limits_{x\to\infty}\frac{1}{x}+\lim\limits_{x\to\infty}\frac{1}{x^3}-\lim\limits_{x\to\infty}\frac{6}{x^4}}=\frac{0}{5}=0.$$

例 9 求极限 $\lim\limits_{x\to\infty}\frac{5x^4+x^3+x-6}{3x^2-2x}$.

解 根据例 8 的计算结果及第三节的定理 2,可得

$$\lim_{x\to\infty}\frac{5x^4+x^3+x-6}{3x^2-2x}=\infty.$$

一般地,设$a_0\neq 0$且$b_0\neq 0$,m和n为非负整数,则有

$$\lim_{x\to\infty}\frac{a_0x^m+a_1x^{m-1}+\cdots+a_m}{b_0x^n+b_1x^{n-1}+\cdots+b_n}=\begin{cases}\frac{a_0}{b_0}, & m=n,\\ 0, & m<n,\\ \infty, & m>n.\end{cases}$$

例 10 求极限$\lim\limits_{n\to\infty}\frac{5^n-3^n-2}{7^n+1}$.

解 $\lim\limits_{n\to\infty}\frac{5^n-3^n-2}{7^n+1}=\lim\limits_{n\to\infty}\frac{\left(\frac{5}{7}\right)^n-\left(\frac{3}{7}\right)^n-2\left(\frac{1}{7}\right)^n}{1+\left(\frac{1}{7}\right)^n}=\frac{0}{1}=0.$

例 11 求极限 $\lim\limits_{x\to+\infty}(\sqrt{x^2+3x}-x)$.

解 $$\lim_{x\to+\infty}(\sqrt{x^2+3x}-x)=\lim_{x\to+\infty}\frac{(\sqrt{x^2+3x}-x)(\sqrt{x^2+3x}+x)}{\sqrt{x^2+3x}+x}$$

$$=\lim_{x\to+\infty}\frac{3x}{\sqrt{x^2+3x}+x}$$

$$=\lim_{x\to+\infty}\frac{3}{\sqrt{1+\frac{3}{x}}+1}=\frac{3}{2}.$$

二、复合函数的极限运算法则

定理 2 **设函数 $y=f[\varphi(x)]$ 由函数 $y=f(u)$ 与 $u=\varphi(x)$ 复合而成，$f[\varphi(x)]$ 在点 x_0 的某一去心邻域内有定义. 如果 $\lim\limits_{x\to x_0}\varphi(x)=u_0$，$\lim\limits_{u\to u_0}f(u)=A$，且在点 x_0 的某一去心邻域内有 $\varphi(x)\neq u_0$，则**

$$\lim_{x\to x_0}f[\varphi(x)]=\lim_{u\to u_0}f(u)=A. \tag{2-5}$$

注 (1) 定理 2 表明，在函数 $y=f(u)$ 与 $u=\varphi(x)$ 满足定理前提条件的情况下，通过令 $u=\varphi(x)$，可以将 $\lim\limits_{x\to x_0}f[\varphi(x)]$ 的计算转化为 $\lim\limits_{u\to u_0}f(u)$ 的计算，即运用换元的方法计算极限.

(2) 将定理 2 中的 $\lim\limits_{x\to x_0}\varphi(x)=u_0$ 换成 $\lim\limits_{x\to x_0}\varphi(x)=\infty$ 或 $\lim\limits_{x\to\infty}\varphi(x)=\infty$，$\lim\limits_{u\to u_0}f(u)=A$ 换成 $\lim\limits_{u\to\infty}f(u)=A$，可以得到类似的定理.

例 12 求极限 $\lim\limits_{x\to e^3}\cos(\ln x)$.

解 因为

$$\lim_{x\to e^3}\ln x=3,\quad \lim_{u\to 3}\cos u=\cos 3,$$

所以由定理 2 可得 $\lim\limits_{x\to e^3}\cos(\ln x)=\cos 3$.

例 13 求极限 $\lim\limits_{x\to 5}\sqrt{\dfrac{x-5}{x^2-25}}$.

解 因为

$$\lim_{x\to 5}\frac{x-5}{x^2-25}=\lim_{x\to 5}\frac{1}{x+5}=\frac{1}{10},\quad \lim_{u\to\frac{1}{10}}\sqrt{u}=\sqrt{\frac{1}{10}},$$

所以由定理 2 可得

$$\lim_{x\to 5}\sqrt{\frac{x-5}{x^2-25}}=\sqrt{\frac{1}{10}}=\frac{\sqrt{10}}{10}.$$

习题 2-4

1. 判断下列极限的计算是否正确,如果不正确,请说明错误的原因,并写出正确的计算过程与结果:

(1) $\lim\limits_{n\to\infty}\left(\dfrac{1}{n^2}+\dfrac{2}{n^2}+\cdots+\dfrac{n}{n^2}\right)=\lim\limits_{n\to\infty}\dfrac{1}{n^2}+\lim\limits_{n\to\infty}\dfrac{2}{n^2}+\cdots+\lim\limits_{n\to\infty}\dfrac{n}{n^2}$

$=0+0+\cdots+0=0$;

(2) $\lim\limits_{x\to\infty}\dfrac{1}{x^4}\sin x=\lim\limits_{x\to\infty}\dfrac{1}{x^4}\cdot\lim\limits_{x\to\infty}\sin x=0\cdot\lim\limits_{x\to\infty}\sin x=0$.

2. 求下列函数的极限:

(1) $\lim\limits_{x\to 2}\dfrac{x^2-x+1}{x-1}$;

(2) $\lim\limits_{x\to 1}\dfrac{x^2+x-2}{x^2-1}$;

(3) $\lim\limits_{x\to -1}\left(\dfrac{1}{x+1}-\dfrac{3}{x^3+1}\right)$;

(4) $\lim\limits_{x\to 0}\dfrac{\sqrt{4+x^2}-2}{x}$;

(5) $\lim\limits_{x\to +\infty}(\sqrt{x^2+x}-x)$;

(6) $\lim\limits_{x\to\infty}\dfrac{x^2+x-1}{5x^2+2x-3}$;

(7) $\lim\limits_{x\to\infty}\dfrac{x^2-x-1}{x^4-7}$;

(8) $\lim\limits_{x\to\infty}\dfrac{x-2\cos x}{x+2\cos x}$;

(9) $\lim\limits_{x\to a}\dfrac{\sin x-\sin a}{\sin(x-a)}$;

(10) $\lim\limits_{x\to\infty}\dfrac{(3x-1)^{15}(5x+7)^{25}}{(7x+1)^{40}}$.

3. 求下列极限:

(1) $\lim\limits_{n\to\infty}\left[\dfrac{1}{1\times 2}+\dfrac{1}{2\times 3}+\cdots+\dfrac{1}{n(n+1)}\right]$;

(2) $\lim\limits_{n\to\infty}\dfrac{7^n+(-5)^n}{7^{n+1}+(-5)^{n+1}}$;

(3) $\lim\limits_{n\to\infty}\left(\dfrac{1}{3}+\dfrac{1}{15}+\cdots+\dfrac{1}{4n^2-1}\right)$;

(4) $\lim\limits_{n\to\infty}\dfrac{(n+1)(n+3)(n+5)}{3n^3}$.

4. 已知极限 $\lim\limits_{x\to -\infty}(x+\sqrt{\alpha x^2+\beta x-2})=1$,求常数 α 和 β 的值.

5. 已知极限 $\lim\limits_{x\to\infty}\left(\dfrac{x^2}{x+1}+\alpha x+\beta\right)=2$,求常数 α 和 β 的值.

第五节 极限存在准则和两个重要极限

一、极限存在准则

接下来介绍极限存在的两个判定准则:夹逼准则和单调有界准则.

定理 1 (数列极限的夹逼准则) 如果数列 $\{y_n\}$,$\{z_n\}$ 及 $\{x_n\}$ 满足以下两个条件:

(1) $y_n \leqslant x_n \leqslant z_n (n=1,2,\cdots)$;

(2) $\lim\limits_{n\to\infty} y_n = \lim\limits_{n\to\infty} z_n = A$,

则数列$\{x_n\}$的极限存在,且$\lim\limits_{n\to\infty} x_n = A$.

例 1　求极限 $\lim\limits_{n\to\infty} \dfrac{\cos n^2}{n^2}$.

解　由于

$$0 \leqslant \left|\frac{\cos n^2}{n^2}\right| \leqslant \frac{1}{n^2},$$

并且$\lim\limits_{n\to\infty} 0 = 0$,$\lim\limits_{n\to\infty} \dfrac{1}{n^2} = 0$,因此根据夹逼准则可得 $\lim\limits_{n\to\infty} \left|\dfrac{\cos n^2}{n^2}\right| = 0$,从而 $\lim\limits_{n\to\infty} \dfrac{\cos n^2}{n^2} = 0$.

例 2　求极限 $\lim\limits_{n\to\infty} \dfrac{2^n}{n!}$.

解　由于

$$0 \leqslant \frac{2^n}{n!} = \frac{2\times 2\times 2\times\cdots\times 2}{1\times 2\times 3\times\cdots\times n} \leqslant 2\times 1\times 1\times\cdots\times\frac{2}{n} = \frac{4}{n},$$

并且 $\lim\limits_{n\to\infty} 0 = 0$,$\lim\limits_{n\to\infty} \dfrac{4}{n} = 0$,因此根据夹逼准则可得$\lim\limits_{n\to\infty} \dfrac{2^n}{n!} = 0$.

类似可得函数极限的夹逼准则.

定理 2　**(函数极限的夹逼准则)　如果函数$f(x)$,$g(x)$,$h(x)$在点x_0的某一去心邻域内有定义,且满足以下两个条件:**

(1) $g(x) \leqslant f(x) \leqslant h(x)$;

(2) $\lim\limits_{x\to x_0} g(x) = \lim\limits_{x\to x_0} h(x) = A$,

则$\lim\limits_{x\to x_0} f(x)$存在,且$\lim\limits_{x\to x_0} f(x) = A$.

将上述准则中的$x\to x_0$换成自变量的其他变化过程,结论依然成立.

若数列$\{x_n\}$中$x_n < x_{n+1}$(或$x_n > x_{n+1}$),则称$\{x_n\}$为单调数列;若存在常数$M>0$,使得$|x_n| \leqslant M$,则称$\{x_n\}$为有界数列.

定理 3　**(单调有界准则)　单调有界数列必有极限.**

例 3　设$a_n = \dfrac{1}{1^2} + \dfrac{1}{2^2} + \cdots + \dfrac{1}{n^2}$,证明:数列$\{a_n\}$的极限存在.

证　易知$a_n < a_{n+1}$,则数列$\{a_n\}$为单调数列. 又当$n>1$时,有

$$\begin{aligned}|a_n| &= \frac{1}{1^2} + \frac{1}{2^2} + \cdots + \frac{1}{n^2} \leqslant 1 + \frac{1}{1\cdot 2} + \frac{1}{2\cdot 3} + \cdots + \frac{1}{n(n-1)} \\ &= 1 + \left(1-\frac{1}{2}\right) + \left(\frac{1}{2}-\frac{1}{3}\right) + \cdots + \left(\frac{1}{n-1}-\frac{1}{n}\right) \\ &= 2 - \frac{1}{n} < 2,\end{aligned}$$

$|a_1| = 1 < 2$,所以数列$\{a_n\}$有界. 于是由单调有界准则可得数列$\{a_n\}$的极限存在.

与数列极限遵循的单调有界准则相对应,函数极限也存在类似的准则,但这个准则根据自

变量变化过程的不同($x\to-\infty, x\to+\infty, x\to x_0^-, x\to x_0^+$)而有所差异. 我们以 $x\to x_0^-$ 的情况为例,来阐述这一相应的准则.

定理 4 **设函数 $f(x)$ 在区间 (a, x_0) 内有定义且单调有界,则 $f(x)$ 在点 x_0 处的左极限 $f(x_0^-)$ 必定存在.**

二、两个重要极限

接下来介绍应用极限存在准则得到的重要结论 —— 两个重要极限.

1. 第一个重要极限 $\lim\limits_{x\to0}\dfrac{\sin x}{x}=1$

通过观察不难发现,函数 $\dfrac{\sin x}{x}$ 对一切 $x\neq0$ 均有定义. 在图 2-8 所示的单位圆中,设圆心角 $\angle AOB=x\left(0<x<\dfrac{\pi}{2}\right)$,点 B 处的切线与 OA 的延长线相交于点 D, $AC\perp OB$,垂足为点 C,则可得 $S_{\triangle AOB}<S_{扇形AOB}<S_{\triangle DOB}$,即

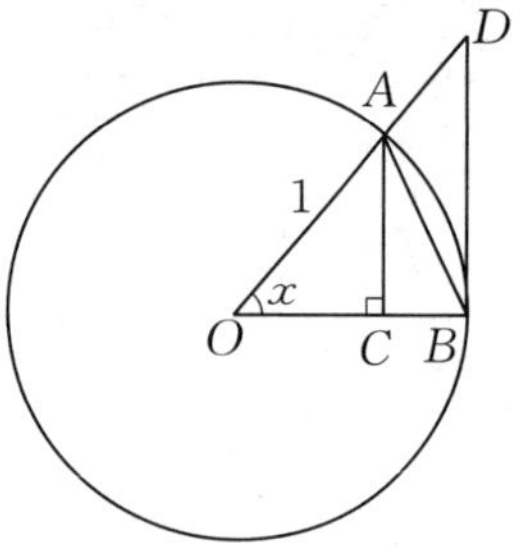

图 2-8

$$\frac{1}{2}\sin x<\frac{1}{2}x<\frac{1}{2}\tan x,$$

从而

$$\sin x<x<\tan x.$$

上述不等式各边同时除以 $\sin x\left(0<x<\dfrac{\pi}{2}\right)$,可得

$$1<\frac{x}{\sin x}<\frac{1}{\cos x},$$

即

$$\cos x<\frac{\sin x}{x}<1.$$

因为 $\lim\limits_{x\to0^+}\cos x=\lim\limits_{x\to0^+}1=1$,所以由夹逼准则可得 $\lim\limits_{x\to0^+}\dfrac{\sin x}{x}=1$.

当 $-\dfrac{\pi}{2}<x<0$ 时,令 $x=-t$,则

$$\lim_{x\to0^-}\frac{\sin x}{x}=\lim_{t\to0^+}\frac{\sin(-t)}{-t}=\lim_{t\to0^+}\frac{\sin t}{t}=1.$$

综上, $\lim\limits_{x\to0^+}\dfrac{\sin x}{x}=\lim\limits_{x\to0^-}\dfrac{\sin x}{x}=1$,所以

$$\lim_{x\to0}\frac{\sin x}{x}=1.$$

这就是第一个重要极限公式,它的推广形式为

$$\lim_{f(x)\to0}\frac{\sin f(x)}{f(x)}=1,$$

其中自变量 x 的变化过程可以是使得 $f(x)\to0$ 的任何一种变化过程.

例 4　求极限 $\lim\limits_{x\to 0}\dfrac{\sin 7x}{\sin 9x}$.

解　$\lim\limits_{x\to 0}\dfrac{\sin 7x}{\sin 9x}=\lim\limits_{x\to 0}\dfrac{7\cdot\dfrac{\sin 7x}{7x}}{9\cdot\dfrac{\sin 9x}{9x}}=\dfrac{7}{9}\lim\limits_{x\to 0}\dfrac{\dfrac{\sin 7x}{7x}}{\dfrac{\sin 9x}{9x}}=\dfrac{7}{9}$.

例 5　求极限 $\lim\limits_{x\to 0}\dfrac{\tan x}{x}$.

解　根据 $\tan x=\dfrac{\sin x}{\cos x}$ 和第一个重要极限公式,可得

$$\lim_{x\to 0}\frac{\tan x}{x}=\lim_{x\to 0}\frac{\frac{\sin x}{\cos x}}{x}=\lim_{x\to 0}\left(\frac{1}{\cos x}\cdot\frac{\sin x}{x}\right)$$
$$=\lim_{x\to 0}\frac{1}{\cos x}\cdot\lim_{x\to 0}\frac{\sin x}{x}=1.$$

例 6　求极限 $\lim\limits_{x\to 0}\dfrac{1-\cos x}{x^2}$.

解　根据倍角公式 $\cos x=1-2\sin^2\dfrac{x}{2}$ 和第一个重要极限公式,可得

$$\lim_{x\to 0}\frac{1-\cos x}{x^2}=\lim_{x\to 0}\frac{2\sin^2\frac{x}{2}}{4\left(\frac{x}{2}\right)^2}=\frac{1}{2}\lim_{x\to 0}\left(\frac{\sin\frac{x}{2}}{\frac{x}{2}}\right)^2=\frac{1}{2}\times 1^2=\frac{1}{2}.$$

例 7　求极限 $\lim\limits_{x\to 0}\dfrac{\arctan x}{x}$.

解　设 $t=\arctan x$,则当 $x\to 0$ 时,有 $t\to 0$,从而结合例 5 的结论,可得

$$\lim_{x\to 0}\frac{\arctan x}{x}=\lim_{t\to 0}\frac{t}{\tan t}=\lim_{t\to 0}\frac{1}{\frac{\tan t}{t}}=1.$$

例 8　求极限 $\lim\limits_{x\to 3\pi}\dfrac{\sin x}{x-3\pi}$.

解　令 $t=x-3\pi$,则当 $x\to 3\pi$ 时,$t\to 0$,所以

$$\lim_{x\to 3\pi}\frac{\sin x}{x-3\pi}=\lim_{t\to 0}\frac{\sin(t+3\pi)}{t}=\lim_{t\to 0}\frac{-\sin t}{t}=-1.$$

2. 第二个重要极限 $\lim\limits_{x\to\infty}\left(1+\dfrac{1}{x}\right)^x=\mathrm{e}$

接下来分析第二个重要极限 $\lim\limits_{x\to\infty}\left(1+\dfrac{1}{x}\right)^x=\mathrm{e}$.

首先,分析 x 在正整数集上取值的情况,令 $x\in\mathbf{N}^*$,记为 n. 设 $a_n=\left(1+\dfrac{1}{n}\right)^n$,列出 a_n 的取值(见表 2-1),并观察当 $n\to\infty$ 时 a_n 的变化趋势.

表 2-1

n	1	10	10^2	10^3	10^4	10^5	10^6	…
a_n	2	2.593 742	2.704 814	2.716 924	2.718 146	2.718 268	2.718 280	…

通过观察表 2-1 发现，当 n 无限增大时，$a_n=\left(1+\frac{1}{n}\right)^n$ 的取值无限接近于一个确定的常数 2.718 28⋯. 下面使用单调有界准则，对上述观察结果进行证明.

证 第一步，证明数列 $\left\{a_n=\left(1+\frac{1^{n}}{n}\right)\right\}$ 为单调数列. 由二项式定理，有

$$
\begin{aligned}
a_n&=\left(1+\frac{1}{n}\right)^n\\
&=1+\frac{n}{1!}\cdot\frac{1}{n}+\frac{n(n-1)}{2!}\cdot\frac{1}{n^2}+\frac{n(n-1)(n-2)}{3!}\cdot\frac{1}{n^3}+\cdots\\
&\quad+\frac{n(n-1)(n-2)\cdots(n-n+1)}{n!}\cdot\frac{1}{n^n}\\
&=1+1+\frac{1}{2!}\left(1-\frac{1}{n}\right)+\frac{1}{3!}\left(1-\frac{1}{n}\right)\left(1-\frac{2}{n}\right)+\cdots\\
&\quad+\frac{1}{n!}\left(1-\frac{1}{n}\right)\left(1-\frac{2}{n}\right)\cdots\left(1-\frac{n-1}{n}\right).
\end{aligned}
$$

故

$$
\begin{aligned}
a_{n+1}=&1+1+\frac{1}{2!}\left(1-\frac{1}{n+1}\right)+\frac{1}{3!}\left(1-\frac{1}{n+1}\right)\left(1-\frac{2}{n+1}\right)+\cdots\\
&+\frac{1}{n!}\left(1-\frac{1}{n+1}\right)\left(1-\frac{2}{n+1}\right)\cdots\left(1-\frac{n-1}{n+1}\right)\\
&+\frac{1}{(n+1)!}\left(1-\frac{1}{n+1}\right)\left(1-\frac{2}{n+1}\right)\cdots\left(1-\frac{n}{n+1}\right).
\end{aligned}
$$

通过比较 a_n 和 a_{n+1} 的表达式，不难发现 $a_n<a_{n+1}(n=1,2,\cdots)$，所以数列 $\{a_n\}$ 为单调递增数列.

第二步，证明数列 $\{a_n\}$ 为有界数列. 由 a_n 的展开式，可得

$$
\begin{aligned}
a_n&=1+1+\frac{1}{2!}\left(1-\frac{1}{n}\right)+\frac{1}{3!}\left(1-\frac{1}{n}\right)\left(1-\frac{2}{n}\right)+\cdots\\
&\quad+\frac{1}{n!}\left(1-\frac{1}{n}\right)\left(1-\frac{2}{n}\right)\cdots\left(1-\frac{n-1}{n}\right)\\
&\leqslant 1+\left(1+\frac{1}{2!}+\frac{1}{3!}+\cdots+\frac{1}{n!}\right)\\
&\leqslant 1+\left(1+\frac{1}{2}+\frac{1}{2^2}+\cdots+\frac{1}{2^{n-1}}\right)\\
&=1+\frac{1-\frac{1}{2^n}}{1-\frac{1}{2}}=3-\frac{1}{2^{n-1}}<3,
\end{aligned}
$$

且显然 $a_n > 0$，从而数列 $\{a_n\}$ 为有界数列.

综上所述，根据单调有界准则，可知 $\lim\limits_{n\to\infty}\left(1+\dfrac{1}{n}\right)^n$ 存在. 常用英文字母 e 表示该极限值，这里的常数 $\mathrm{e}=2.718\ 28\cdots$ 是一个无理数. 实际上，我们熟悉的基本初等函数中的指数函数 $y=\mathrm{e}^x$ 和自然对数函数 $y=\ln x$ 中的 e 就是这个无理数.

可以证明，将上述数列的极限拓展到函数极限当 $x\to+\infty$ 或 $x\to-\infty$ 的情况，相应的结论依然成立，即

$$\lim_{x\to\infty}\left(1+\frac{1}{x}\right)^x=\mathrm{e}.$$

设 $t=\dfrac{1}{x}$，则当 $x\to\infty$ 时，$t\to 0$，故上述极限可以等价地记为

$$\lim_{x\to\infty}\left(1+\frac{1}{x}\right)^x=\lim_{t\to 0}(1+t)^{\frac{1}{t}}=\mathrm{e}.$$

综上所述，得到以下两个公式：

$$\lim_{x\to\infty}\left(1+\frac{1}{x}\right)^x=\mathrm{e},\quad \lim_{x\to 0}(1+x)^{\frac{1}{x}}=\mathrm{e},$$

这就是第二个重要极限公式. 第二个重要极限公式的推广形式为

$$\lim_{f(x)\to 0}[1+f(x)]^{\frac{1}{f(x)}}=\mathrm{e},$$

其中自变量 x 的变化过程可以是使得 $f(x)\to 0$ 的任何一种变化过程.

例 9　求极限 $\lim\limits_{x\to\infty}\left(1+\dfrac{7}{x}\right)^x$.

解　$$\lim_{x\to\infty}\left(1+\frac{7}{x}\right)^x=\lim_{x\to\infty}\left[\left(1+\frac{1}{\frac{x}{7}}\right)^{\frac{x}{7}}\right]^7=\mathrm{e}^7.$$

例 10　求极限 $\lim\limits_{x\to\infty}\left(1-\dfrac{1}{x}\right)^{5x}$.

解　令 $t=-x$，则当 $x\to\infty$ 时，$t\to\infty$. 于是

$$\lim_{x\to\infty}\left(1-\frac{1}{x}\right)^{5x}=\lim_{t\to\infty}\left(1+\frac{1}{t}\right)^{-5t}=\lim_{t\to\infty}\left[\left(1+\frac{1}{t}\right)^t\right]^{-5}=\mathrm{e}^{-5}.$$

例 11　求极限 $\lim\limits_{x\to\infty}\left(1+\dfrac{1}{x-5}\right)^x$.

解　$$\begin{aligned}\lim_{x\to\infty}\left(1+\frac{1}{x-5}\right)^x&=\lim_{x\to\infty}\left[\left(1+\frac{1}{x-5}\right)^{x-5}\cdot\left(1+\frac{1}{x-5}\right)^5\right]\\&=\lim_{x\to\infty}\left(1+\frac{1}{x-5}\right)^{x-5}\cdot\lim_{x\to\infty}\left(1+\frac{1}{x-5}\right)^5=\mathrm{e}\cdot 1=\mathrm{e}.\end{aligned}$$

例 12　求极限 $\lim\limits_{x\to\infty}\left(\dfrac{x^2+3}{x^2+1}\right)^{x^2}$.

解　$$\lim_{x\to\infty}\left(\frac{x^2+3}{x^2+1}\right)^{x^2}=\lim_{x\to\infty}\left(1+\frac{2}{x^2+1}\right)^{2\cdot\frac{x^2+1}{2}-1}$$

$$=\lim_{x\to\infty}\left\{\left[\left(1+\frac{2}{x^2+1}\right)^{\frac{x^2+1}{2}}\right]^2\cdot\left(1+\frac{2}{x^2+1}\right)^{-1}\right\}$$
$$=e^2\cdot 1=e^2.$$

例 13 求极限$\lim\limits_{x\to 0}\dfrac{\ln(1+x)}{x}$.

解 考虑到 $\dfrac{\ln(1+x)}{x}=\ln(1+x)^{\frac{1}{x}}$,不妨令 $t=(1+x)^{\frac{1}{x}}$,则当 $x\to 0$ 时,有

$$t\to\lim_{x\to 0}(1+x)^{\frac{1}{x}}=e.$$

于是

$$\lim_{x\to 0}\frac{\ln(1+x)}{x}=\lim_{t\to e}\ln t=\ln e=1.$$

例 14 求极限 $\lim\limits_{x\to 0}\dfrac{e^x-1}{x}$.

解 令 $t=e^x-1$,则 $x=\ln(1+t)$,且当 $x\to 0$ 时,$t\to 0$. 于是

$$\lim_{x\to 0}\frac{e^x-1}{x}=\lim_{t\to 0}\frac{t}{\ln(1+t)},$$

从而由例 13 的计算结果,可得

$$\lim_{x\to 0}\frac{e^x-1}{x}=1.$$

三、第二个重要极限的应用 —— 连续复利问题

接下来分两种情况介绍复利的计算问题.

1. 每年计息一次

设初始本金为 A_0,年利率为 r,则一年后的本金加利息之和为

$$A_1=A_0(1+r);$$

两年后的本金加利息之和为

$$A_2=A_1(1+r)=A_0(1+r)^2;$$

$$\cdots\cdots$$

k 年后的本金加利息之和为

$$A_k=A_0(1+r)^k. \tag{2-6}$$

2. 每年计息 n 次

设初始本金为 B_0,一年内共计息 n 次,年利率为 r,则每期的利率均为$\dfrac{r}{n}$,可得一年后的本金加利息之和为

$$B_1=B_0\left(1+\frac{r}{n}\right)^n;$$

两年后的本金加利息之和为

$$B_2=B_1\left(1+\frac{r}{n}\right)^n=B_0\left(1+\frac{r}{n}\right)^{2n};$$

$$\cdots\cdots$$

k 年后的本金加利息之和为

$$B_k = B_0\left(1+\frac{r}{n}\right)^{kn}. \tag{2-7}$$

一般地,将式(2-7)称为 k 年后本金加利息之和的**离散复利公式**,B_0 称为**现在值**或**现值**,B_k 称为**将来值**或**终值**.特别地,当 $n\to\infty$ 时,称该计息方式为按**连续复利**计算,即表示利息随时计入本金.此时 k 年后的本金加利息之和为

$$B_k = \lim_{n\to\infty} B_0\left(1+\frac{r}{n}\right)^{kn} = \lim_{n\to\infty} B_0\left[\left(1+\frac{1}{\frac{n}{r}}\right)^{\frac{n}{r}}\right]^{rk} = B_0 \mathrm{e}^{rk}. \tag{2-8}$$

在已知 B_0 的条件下求 B_k,称为复利问题;反之,在已知 B_k 的条件下求 B_0,则称为贴现问题,此时年利率 r 又称为**贴现率**.

例 15　一名投资者现有 10 000 元,他计划购买某种投资产品,产品的年利率为4.0%.按复利方式,针对下列不同的计息方式计算 10 年后的本金加利息之和:

(1) 每年计息一次;

(2) 每年计息四次;

(3) 按连续复利计算.

解　(1) 由式(2-6)可得

$$A_{10} = 10\,000\times(1+0.04)^{10}\text{ 元}\approx 14\,802\text{ 元}.$$

(2) 由式(2-7)可得

$$B_{10} = 10\,000\times\left(1+\frac{0.04}{4}\right)^{10\times 4}\text{ 元}\approx 14\,889\text{ 元}.$$

(3) 由式(2-8)可得

$$B_{10} = 10\,000\times \mathrm{e}^{0.04\times 10}\text{ 元}\approx 14\,918\text{ 元}.$$

习题 2-5

1. 利用夹逼准则求极限 $\lim\limits_{n\to\infty}\sqrt[n]{c_1^n+c_2^n+\cdots+c_l^n}$,其中 l 为正整数,$c_1,c_2,\cdots,c_l$ 为正实数.

2. 利用夹逼准则求极限 $\lim\limits_{n\to\infty}\left(\dfrac{1}{\sqrt{n^2+1}}+\dfrac{1}{\sqrt{n^2+2}}+\cdots+\dfrac{1}{\sqrt{n^2+n}}\right)$.

3. 利用夹逼准则求极限 $\lim\limits_{n\to\infty}(3^n+8^n)^{\frac{1}{n}}$.

4. 使用单调有界准则证明:数列 $\left\{x_n=\dfrac{1}{3+1}+\dfrac{1}{3^2+1}+\cdots+\dfrac{1}{3^n+1}\right\}$ 的极限存在.

5. 求下列极限:

(1) $\lim\limits_{x\to 0}\dfrac{\sin 6x}{\sin 8x}$;　　　　(2) $\lim\limits_{x\to 0}\dfrac{\arctan 3x}{7x}$;

(3) $\lim\limits_{x\to 0}\dfrac{x-2\sin x}{x+5\sin x}$；

(4) $\lim\limits_{x\to 0^+}\sqrt{x}\cot\sqrt{x}$；

(5) $\lim\limits_{n\to\infty}5^n\sin\dfrac{7}{5^n}$；

(6) $\lim\limits_{x\to 0}\dfrac{\tan 3x\cdot\cos 7x}{\sin 5x}$；

(7) $\lim\limits_{x\to c}\dfrac{\sin x-\sin c}{c-x}$；

(8) $\lim\limits_{x\to 0}\dfrac{\sin 5x}{\ln(1+x)}$.

6. 求下列极限：

(1) $\lim\limits_{x\to 0}(1+7x)^{\frac{1}{x}}$；

(2) $\lim\limits_{x\to\infty}\left(\dfrac{x+2}{x+1}\right)^{2x+1}$；

(3) $\lim\limits_{x\to 0}(1-4x^3)^{\frac{1}{x^3}}$；

(4) $\lim\limits_{x\to\infty}\left(1-\dfrac{5}{x}\right)^{\frac{x}{5}-2}$.

7. 一名投资者准备使用10 000元本金购买某种投资产品，该产品以复利方式计息，年利率为6.0%，针对下列不同的计息方式计算8年后的本金加利息之和：

(1) 每年计息一次；

(2) 每年计息五次；

(3) 按连续复利计算.

第六节　无穷小的比较

一、无穷小比较的概念

在自变量的同一变化过程中，不同无穷小趋于零的速度存在差异，因此探究这些无穷小趋于零速度的快慢变得尤为重要. 通过这一研究，我们可以更深刻地理解函数的极限，并揭示无穷小趋于零的内在规律和特性.

例如，当 $x\to 0$ 时，$x^2,x^4,2x^4,x^6$ 都是无穷小，而它们趋于零的速度显然是不一样的. 通过观察以下三个极限，可以判断不同的无穷小趋于零的速度快慢：

$$\lim_{x\to 0}\frac{x^2}{x^4}=\infty,\quad \lim_{x\to 0}\frac{2x^4}{x^4}=2,\quad \lim_{x\to 0}\frac{x^6}{x^4}=0.$$

以上结果说明，当 $x\to 0$ 时，x^2 较 x^4 而言趋于零的速度会慢一些；$2x^4$ 较 x^4 而言趋于零的速度快慢程度是差不多的；x^6 较 x^4 而言趋于零的速度会快一些.

为了比较无穷小趋于零的快慢程度，接下来介绍以下定义.

定义 1　设 $\alpha(x)$ 与 $\beta(x)$ 是自变量在同一变化过程中的两个无穷小，其中 $\alpha(x)\neq 0$.

(1) 如果 $\lim\dfrac{\beta(x)}{\alpha(x)}=0$，则称 $\beta(x)$ 是 $\alpha(x)$ 的**高阶无穷小**，记作 $\beta(x)=o[\alpha(x)]$；

(2) 如果 $\lim\dfrac{\beta(x)}{\alpha(x)}=\infty$，则称 $\beta(x)$ 是 $\alpha(x)$ 的**低阶无穷小**；

(3) 如果 $\lim\dfrac{\beta(x)}{\alpha(x)}=C$（$C\neq 0$ 为常数），则称 $\beta(x)$ 与 $\alpha(x)$ 是**同阶无穷小**.

特别地，当 $C=1$ 时，称 $\beta(x)$ 与 $\alpha(x)$ 是**等价无穷小**，记作 $\beta(x)\sim\alpha(x)$.

例如，因为 $\lim\limits_{x\to2}\dfrac{x^2-x-2}{(x-2)^2}=\lim\limits_{x\to2}\dfrac{(x-2)(x+1)}{(x-2)^2}=\lim\limits_{x\to2}\dfrac{x+1}{x-2}=\lim\limits_{x\to2}\dfrac{1}{\dfrac{x-2}{x+1}}=\infty$，所以当 $x\to2$ 时，x^2-x-2 是 $(x-2)^2$ 的低阶无穷小；因为 $\lim\limits_{x\to0}\dfrac{x^3}{x}=0$，$\lim\limits_{x\to0}\dfrac{5x^5}{x}=0$，所以当 $x\to0$ 时，x^3 和 $5x^5$ 均为 x 的高阶无穷小，即 $x^3=o(x)$，$5x^5=o(x)$；因为 $\lim\limits_{x\to0}\dfrac{\sin x}{x}=1$，$\lim\limits_{x\to0}\dfrac{\tan x}{x}=1$，所以当 $x\to0$ 时，$\sin x$ 和 $\tan x$ 均为 x 的等价无穷小.

当 $x\to0$ 时，有以下常用的等价无穷小：

$$\sin x\sim x,\quad \tan x\sim x,\quad 1-\cos x\sim\frac{1}{2}x^2,\quad \arcsin x\sim x,\quad \arctan x\sim x,$$

$$(1+x)^\alpha-1\sim\alpha x\ (\alpha\ 为常数),\quad \ln(1+x)\sim x,\quad e^x-1\sim x.$$

请读者熟记以上公式.

二、等价无穷小的性质及应用

定理 1　**设在自变量的同一变化过程中，$\alpha(x)$，$\alpha'(x)$，$\beta(x)$，$\beta'(x)$ 均为无穷小，且 $\alpha(x)\sim\alpha'(x)$，$\beta(x)\sim\beta'(x)$.**

(1) **如果** $\lim\dfrac{\beta'(x)}{\alpha'(x)}$ **存在，则** $\lim\dfrac{\beta(x)}{\alpha(x)}=\lim\dfrac{\beta'(x)}{\alpha'(x)}$；

(2) **如果** $\lim[\alpha'(x)\cdot\beta'(x)]$ **存在，则** $\lim[\alpha(x)\cdot\beta(x)]=\lim[\alpha'(x)\cdot\beta'(x)]$.

证　(1)
$$\lim\frac{\beta(x)}{\alpha(x)}=\lim\left[\frac{\beta(x)}{\beta'(x)}\cdot\frac{\beta'(x)}{\alpha'(x)}\cdot\frac{\alpha'(x)}{\alpha(x)}\right]$$
$$=\lim\frac{\beta(x)}{\beta'(x)}\cdot\lim\frac{\beta'(x)}{\alpha'(x)}\cdot\lim\frac{\alpha'(x)}{\alpha(x)}=\lim\frac{\beta'(x)}{\alpha'(x)}.$$

(2)
$$\lim[\alpha(x)\cdot\beta(x)]=\lim\left\{\frac{\alpha(x)}{\alpha'(x)}\cdot[\alpha'(x)\cdot\beta'(x)]\cdot\frac{\beta(x)}{\beta'(x)}\right\}$$
$$=\lim\frac{\alpha(x)}{\alpha'(x)}\cdot\lim[\alpha'(x)\cdot\beta'(x)]\cdot\lim\frac{\beta(x)}{\beta'(x)}$$
$$=\lim[\alpha'(x)\cdot\beta'(x)].$$

定理 1 表明，在乘除运算式求极限的过程中，无穷小可以用其等价无穷小进行代换. 需要注意的是，在加减运算式求极限的过程中，无穷小是不可以用其等价无穷小进行代换的.

例 1　求极限 $\lim\limits_{x\to0}\dfrac{\sin5x}{\arctan4x}$.

解　因为当 $x\to0$ 时，$\sin5x\sim5x$，$\arctan4x\sim4x$，所以

$$\lim_{x\to0}\frac{\sin5x}{\arctan4x}=\lim_{x\to0}\frac{5x}{4x}=\frac{5}{4}.$$

例 2　求极限 $\lim\limits_{x\to0}\dfrac{1-\cos x}{\tan3x\cdot\arcsin2x}$.

解 因为当 $x\to 0$ 时，$1-\cos x\sim \frac{1}{2}x^2$，$\tan 3x\sim 3x$，$\arcsin 2x\sim 2x$，所以

$$\lim_{x\to 0}\frac{1-\cos x}{\tan 3x\cdot \arcsin 2x}=\lim_{x\to 0}\frac{\frac{1}{2}x^2}{3x\cdot 2x}=\frac{1}{12}.$$

例 3 求极限 $\lim\limits_{x\to 0}\dfrac{\ln(1+2x^2)}{\sqrt{1+x^2}-1}$.

解 因为当 $x\to 0$ 时，$\ln(1+2x^2)\sim 2x^2$，$\sqrt{1+x^2}-1\sim \frac{1}{2}x^2$，所以

$$\lim_{x\to 0}\frac{\ln(1+2x^2)}{\sqrt{1+x^2}-1}=\lim_{x\to 0}\frac{2x^2}{\frac{1}{2}x^2}=4.$$

例 4 求极限 $\lim\limits_{x\to 0}\dfrac{\sin x-\tan x}{2(e^{x^3}-1)}$.

解 因为

$$\sin x-\tan x=(\cos x-1)\tan x=-(1-\cos x)\tan x,$$

又当 $x\to 0$ 时，$1-\cos x\sim \frac{1}{2}x^2$，$\tan x\sim x$，$e^{x^3}-1\sim x^3$，所以

$$\lim_{x\to 0}\frac{\sin x-\tan x}{2(e^{x^3}-1)}=\lim_{x\to 0}\frac{-(1-\cos x)\tan x}{2(e^{x^3}-1)}=-\lim_{x\to 0}\frac{\frac{1}{2}x^2\cdot x}{2x^3}=-\frac{1}{4}.$$

例 5 求极限 $\lim\limits_{x\to 1}\dfrac{\ln x}{\arctan(1-x)}$.

解 令 $1-x=t$，则当 $x\to 1$ 时，$t\to 0$. 于是

$$\lim_{x\to 1}\frac{\ln x}{\arctan(1-x)}=\lim_{t\to 0}\frac{\ln(1-t)}{\arctan t}=\lim_{t\to 0}\frac{-t}{t}=-1.$$

习题 2-6

1. 当 $x\to 0$ 时，将下列无穷小与 x 比较，试确定哪些是 x 的高阶无穷小，哪些是同阶无穷小，哪些是等价无穷小：

(1) x^5+x^2；　　(2) $e^{2x}-1$；

(3) $x+x^2\cos\frac{1}{x^3}$；　　(4) $x^2+\sin x$.

2. 利用等价无穷小的性质，求下列极限：

(1) $\lim\limits_{x\to 0}\dfrac{\sin^2 2x}{\arctan 3x\cdot \arcsin x}$；　　(2) $\lim\limits_{x\to 0}\dfrac{\sqrt{1+x^2}-1}{x\ln(1-x)}$；

(3) $\lim\limits_{x\to 0}\dfrac{e^{2x}-1}{\tan 4x}$；　　(4) $\lim\limits_{x\to 0}\dfrac{1-\cos 4x}{x^2}$；

(5) $\lim\limits_{x\to 0}\dfrac{\ln(1+2x^3)}{(e^x-1)\sin x^2}$；　　(6) $\lim\limits_{x\to\infty}\left[x^2\left(1-\cos\dfrac{1}{x}\right)\right]$；

(7) $\lim\limits_{x\to 0}\dfrac{\sqrt{1+x\sin x}-1}{1-\cos x}$.

3. 证明：当 $x\to 0$ 时，$\sqrt{1+x^2}-\sqrt{1-x^2}\sim x^2$.

4. 证明：当 $x\to 0$ 时，$e^{\sin 2x}-e^{\sin x}\sim x$.

第七节　函数的连续性

一、函数连续性的概念

在现实生活中，我们可以观察到许多连续变化的现象，如河流的持续流淌、树木的逐渐生长及气温的缓慢上升等. 这些变化都遵循一个规律：当一个因素(自变量)发生微小变化时，另一个相关因素(因变量)也会随之发生细微的变化. 例如，时间的细微推移会导致气温的微小波动.

在数学领域，这种变化规律被抽象化并定义为函数的连续性. 函数的连续性描述了函数值如何随着自变量的变化而平滑地过渡，而不会出现突然的跳跃或断裂. 本节将深入探索函数的连续性这一概念，揭示其内在的数学奥秘.

首先介绍增量的概念.

定义 1　设变量 v 从它的一个初值 v_1 变化到终值 v_2，则称终值与初值的差 v_2-v_1 为变量 v 的**增量**，记作 Δv，即

$$\Delta v=v_2-v_1.$$

注　(1) 增量 Δv 可以为正的、负的或零.

(2) 符号 Δv 是一个整体记号，不可分割.

设函数 $y=f(x)$ 在点 x_0 的某一邻域内有定义，当自变量 x 从 x_0 变化到 x 时，相应的函数值从 $f(x_0)$ 变化到 $f(x)$，则称 $x-x_0$ 为自变量的增量，记为 Δx，即 $\Delta x=x-x_0$；称 $f(x)-f(x_0)$ 为函数的增量，记为 Δy，即 $\Delta y=f(x)-f(x_0)$.

在介绍了增量的概念以后，下面给出函数连续的定义.

定义 2　设函数 $y=f(x)$ 在点 x_0 的某一邻域内有定义. 若

$$\lim_{\Delta x\to 0}\Delta y=0,\quad 即\quad \lim_{\Delta x\to 0}[f(x_0+\Delta x)-f(x_0)]=0,$$

则称函数 $y=f(x)$ 在点 x_0 处**连续**.

在定义 2 中，令 $x_0+\Delta x=x$，则当 $\Delta x\to 0$ 时，有 $x\to x_0$，且 $\Delta y=f(x_0+\Delta x)-f(x_0)=f(x)-f(x_0)$，即 $f(x)=\Delta y+f(x_0)$. 可见 $\Delta y\to 0$ 就等价于 $f(x)\to f(x_0)(\Delta x\to 0)$，从而得到定义 3.

定义 3　设函数 $y=f(x)$ 在点 x_0 的某一邻域内有定义. 如果当 $x\to x_0$ 时 $f(x)$ 的极限存在，并且有

$$\lim_{x\to x_0} f(x)=f(x_0),$$

则称函数 $y=f(x)$ 在点 x_0 处**连续**.

注 函数 $f(x)$ 在点 x_0 处连续是一个局部性的概念,它包含了以下三个条件:

(1) $f(x)$ 在点 x_0 的某一邻域内有定义;

(2) $\lim\limits_{x\to x_0} f(x)$ 存在;

(3) $\lim\limits_{x\to x_0} f(x)$ 等于函数值 $f(x_0)$.

鉴于函数的连续性是利用极限来定义的,且极限本身可细分为左极限与右极限,故函数的连续性也可从左连续和右连续两个角度分别进行探讨.

定义 4 如果函数 $f(x)$ 在点 x_0 处的左极限存在且等于 $f(x_0)$,即

$$\lim_{x\to x_0^-} f(x)=f(x_0),$$

则称 $f(x)$ 在点 x_0 处**左连续**;如果函数 $f(x)$ 在点 x_0 处的右极限存在且等于 $f(x_0)$,即

$$\lim_{x\to x_0^+} f(x)=f(x_0),$$

则称 $f(x)$ 在点 x_0 处**右连续**.

函数在某点处的左侧连续性和右侧连续性统称为**单侧连续性**.

根据函数的连续性及单侧连续性的概念,可以得到以下结论.

定理 1 **函数 $f(x)$ 在点 x_0 处连续的充要条件是 $f(x)$ 在该点处既左连续又右连续,即**

$$f(x)\ \textbf{在点}\ x_0\ \textbf{处连续} \Leftrightarrow f(x_0)=\lim_{x\to x_0^-} f(x)=\lim_{x\to x_0^+} f(x).$$

例 1 讨论函数 $f(x)=\begin{cases} e^{\frac{1}{x}}, & x<0, \\ 0, & x=0, \\ x^2\cos\dfrac{1}{x}, & x>0 \end{cases}$ 在点 $x=0$ 处的连续性.

解 由已知条件可得

$$f(0)=0,\quad \lim_{x\to 0^-} f(x)=\lim_{x\to 0^-} e^{\frac{1}{x}}=0.$$

又由 $\lim\limits_{x\to 0^+} x^2=0$ 且 $\left|\cos\dfrac{1}{x}\right|\leqslant 1(x\neq 0)$,可得 $\lim\limits_{x\to 0^+} f(x)=\lim\limits_{x\to 0^+} x^2\cos\dfrac{1}{x}=0$. 于是

$$\lim_{x\to 0^-} f(x)=\lim_{x\to 0^+} f(x)=f(0)=0,$$

由定理 1 可知,函数 $f(x)$ 在点 $x=0$ 处连续.

例 2 已知函数 $f(x)=\begin{cases} b+\cos x, & x<0, \\ a-3, & x=0, \\ \dfrac{\sin x^2}{x^2}+3, & x>0 \end{cases}$ 在点 $x=0$ 处连续,求常数 a,b 的值.

解 由题设可得

$$f(0)=a-3,$$
$$\lim_{x\to 0^-} f(x)=\lim_{x\to 0^-}(b+\cos x)=b+1,$$
$$\lim_{x\to 0^+} f(x)=\lim_{x\to 0^+}\left(\frac{\sin x^2}{x^2}+3\right)=4.$$

因为函数 $f(x)$ 在点 $x=0$ 处连续，所以

$$\lim_{x\to 0^-} f(x)=\lim_{x\to 0^+} f(x)=f(0),\quad 即\quad b+1=4=a-3,$$

从而可得 $a=7,b=3$.

定义 5　如果函数 $f(x)$ 在开区间 (a,b) 内每一点处都连续，则称 $f(x)$ **在开区间** (a,b) **内连续**. 如果函数 $f(x)$ 在开区间 (a,b) 内连续，并且在左端点处右连续，在右端点处左连续，则称 $f(x)$ **在闭区间** $[a,b]$ **上连续**. 函数的全体连续点所构成的区间称为**函数的连续区间**.

函数在其连续区间上的图形为一条连绵而不间断的曲线.

例 3　证明：函数 $f(x)=\sin x$ 在 $(-\infty,+\infty)$ 上连续.

证　设 x_0 为 $(-\infty,+\infty)$ 上的任意一点，当 x_0 有增量 Δx 时，对应的函数的增量为 $\Delta y=\sin(x_0+\Delta x)-\sin x_0$. 由三角公式知

$$\sin(x_0+\Delta x)-\sin x_0=2\sin\frac{\Delta x}{2}\cos\left(x_0+\frac{\Delta x}{2}\right),$$

从而

$$0\leqslant|\Delta y|\leqslant\left|2\sin\frac{\Delta x}{2}\right|\leqslant|\Delta x|.$$

因此，当 $\Delta x\to 0$ 时，由夹逼准则可得 $\Delta y\to 0$，则函数 $f(x)$ 在点 x_0 处连续. 于是由点 x_0 的任意性可知，函数 $f(x)$ 在 $(-\infty,+\infty)$ 上连续.

例 4　证明：函数 $f(x)=x^2+6x-5$ 在 $(-\infty,+\infty)$ 上连续.

证　设 x_0 为 $(-\infty,+\infty)$ 上的任意一点，则

$$\lim_{x\to x_0} f(x)=\lim_{x\to x_0}(x^2+6x-5)=x_0^2+6x_0-5=f(x_0),$$

所以函数 $f(x)$ 在点 x_0 处连续. 于是由点 x_0 的任意性可知，函数 $f(x)$ 在 $(-\infty,+\infty)$ 上连续.

例 5　设函数 $f(x)=\begin{cases}x^2+1, & 0<x\leqslant 1,\\ 3-x, & 1<x<5,\end{cases}$ 讨论 $f(x)$ 在区间 $(0,5)$ 内的连续性.

解　显然，函数 $f(x)$ 在 $(0,1)$ 和 $(1,5)$ 内连续. 又由

$$\lim_{x\to 1^-} f(x)=\lim_{x\to 1^-}(x^2+1)=2,\quad \lim_{x\to 1^+} f(x)=\lim_{x\to 1^+}(3-x)=2,\quad f(1)=2,$$

可得函数 $f(x)$ 在点 $x=1$ 处连续，所以 $f(x)$ 在 $(0,5)$ 内连续.

二、函数的间断点

定义 6　设函数 $f(x)$ 在点 x_0 的某一去心邻域内有定义. 如果函数 $f(x)$ 符合下列三种情形之一：

(1) $f(x)$ 在点 x_0 处没有定义；

(2) $f(x)$ 在点 x_0 处有定义,但 $\lim\limits_{x \to x_0} f(x)$ 不存在;

(3) $f(x)$ 在点 x_0 处有定义,且 $\lim\limits_{x \to x_0} f(x)$ 存在,但 $\lim\limits_{x \to x_0} f(x) \neq f(x_0)$,

则称 $f(x)$ 在点 x_0 处**不连续或间断**,x_0 称为 $f(x)$ 的**不连续点或间断点**.

根据间断点形成的不同原因,可以将其分为两大类:第一类间断点和第二类间断点.

1. 第一类间断点

定义 7 如果 x_0 为函数 $f(x)$ 的间断点,且 $\lim\limits_{x \to x_0^-} f(x)$ 和 $\lim\limits_{x \to x_0^+} f(x)$ 都存在,则称 x_0 为 $f(x)$ 的**第一类间断点**.

可对第一类间断点进一步进行细化分类:对于函数 $f(x)$ 的第一类间断点 x_0,若 $\lim\limits_{x \to x_0^-} f(x) = \lim\limits_{x \to x_0^+} f(x)$,则称 x_0 为 $f(x)$ 的**可去间断点**;若 $\lim\limits_{x \to x_0^-} f(x) \neq \lim\limits_{x \to x_0^+} f(x)$,则称 x_0 为 $f(x)$ 的**跳跃间断点**.

例 6 讨论函数 $f(x) = \begin{cases} x+3, & x<0, \\ 1, & x=0, \\ 3-x, & x>0 \end{cases}$ 在点 $x=0$ 处的连续性.

解 由题设可得

$$\lim_{x \to 0^-} f(x) = \lim_{x \to 0^-} (x+3) = 3, \quad \lim_{x \to 0^+} f(x) = \lim_{x \to 0^+} (3-x) = 3.$$

因为 $\lim\limits_{x \to 0^-} f(x) = \lim\limits_{x \to 0^+} f(x) = 3$,所以 $\lim\limits_{x \to 0} f(x) = 3$. 而 $f(0)=1$,$\lim\limits_{x \to 0} f(x) \neq f(0)$,因此函数 $f(x)$ 在点 $x=0$ 处间断,且 $x=0$ 属于第一类间断点中的可去间断点.

函数 $f(x)$ 的图形如图 2-9 所示.

注 改变或者补充可去间断点处函数的定义,即可使得函数在该点处连续. 例如,在例 6 中将点 $x=0$ 处的函数值重新定义为 $f(0)=3$,则函数 $f(x)$ 在点 $x=0$ 处连续.

例 7 讨论函数 $f(x) = \begin{cases} x-3, & x<0, \\ 1, & x=0, \\ x+3, & x>0 \end{cases}$ 在点 $x=0$ 处的连续性.

解 由题设可得

$$\lim_{x \to 0^-} f(x) = \lim_{x \to 0^-} (x-3) = -3, \quad \lim_{x \to 0^+} f(x) = \lim_{x \to 0^+} (x+3) = 3.$$

因为 $\lim\limits_{x \to 0^-} f(x) \neq \lim\limits_{x \to 0^+} f(x)$,所以函数 $f(x)$ 在点 $x=0$ 处间断,且 $x=0$ 属于第一类间断点中的跳跃间断点.

函数 $f(x)$ 的图形如图 2-10 所示.

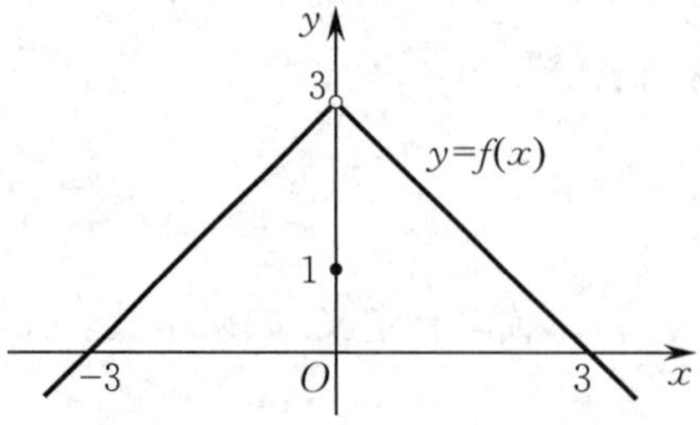

图 2-9

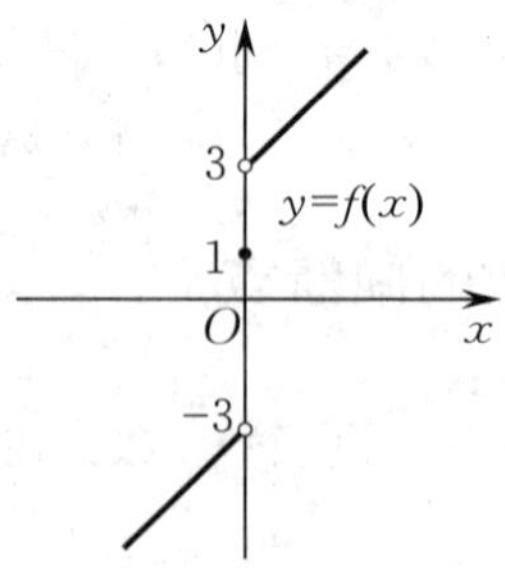

图 2-10

例 8　讨论函数 $f(x)=\begin{cases}\dfrac{e^{\frac{1}{x}}-1}{e^{\frac{1}{x}}+1}, & x\neq 0,\\ 1, & x=0\end{cases}$ 在点 $x=0$ 处的连续性.

解　令 $t=\dfrac{1}{x}$,则当 $x\to 0^-$ 时,$t\to-\infty$;当 $x\to 0^+$ 时,$t\to+\infty$,因而

$$\lim_{x\to 0^-}f(x)=\lim_{x\to 0^-}\frac{e^{\frac{1}{x}}-1}{e^{\frac{1}{x}}+1}=\lim_{t\to-\infty}\frac{e^t-1}{e^t+1}=-1,$$

$$\lim_{x\to 0^+}f(x)=\lim_{t\to+\infty}\frac{e^t-1}{e^t+1}=\lim_{t\to+\infty}\frac{1-\dfrac{1}{e^t}}{1+\dfrac{1}{e^t}}=1.$$

因为 $\lim\limits_{x\to 0^-}f(x)\neq\lim\limits_{x\to 0^+}f(x)$,所以函数 $f(x)$ 在点 $x=0$ 处间断,且 $x=0$ 属于第一类间断点中的跳跃间断点.

2. 第二类间断点

定义 8　如果 x_0 为函数 $f(x)$ 的间断点,且 $\lim\limits_{x\to x_0^-}f(x)$ 和 $\lim\limits_{x\to x_0^+}f(x)$ 中至少有一个不存在,则称 x_0 为 $f(x)$ 的**第二类间断点**.

例 9　讨论函数 $f(x)=\begin{cases}\dfrac{1}{x}, & x<0,\\ x^2, & x\geqslant 0\end{cases}$ 在点 $x=0$ 处的连续性.

解　由题设可得

$$\lim_{x\to 0^-}f(x)=\lim_{x\to 0^-}\frac{1}{x}=-\infty,\quad \lim_{x\to 0^+}f(x)=\lim_{x\to 0^+}x^2=0.$$

因为函数 $f(x)$ 在点 $x=0$ 处的左极限不存在,所以 $f(x)$ 在点 $x=0$ 处间断,且 $x=0$ 是 $f(x)$ 的第二类间断点. 同时,因为 $\lim\limits_{x\to 0^-}f(x)=-\infty$,所以称 $x=0$ 为函数 $f(x)$ 的**无穷间断点**.

函数 $f(x)$ 的图形如图 2 - 11 所示.

例 10　讨论函数 $f(x)=\begin{cases}\sin\dfrac{1}{x}, & x\neq 0,\\ 0, & x=0\end{cases}$ 在点 $x=0$ 处的连续性.

解　虽然函数 $f(x)$ 在点 $x=0$ 处有定义,但当 $x\to 0$ 时,$\sin\dfrac{1}{x}$ 的值在 -1 与 1 之间来回振荡,使得 $\lim\limits_{x\to 0}\sin\dfrac{1}{x}$ 不存在,所以 $f(x)$ 在点 $x=0$ 处间断,且 $x=0$ 是 $f(x)$ 的第二类间断点,称 $x=0$ 为 $f(x)$ 的**振荡间断点**.

函数 $f(x)$ 的图形如图 2 - 12 所示.

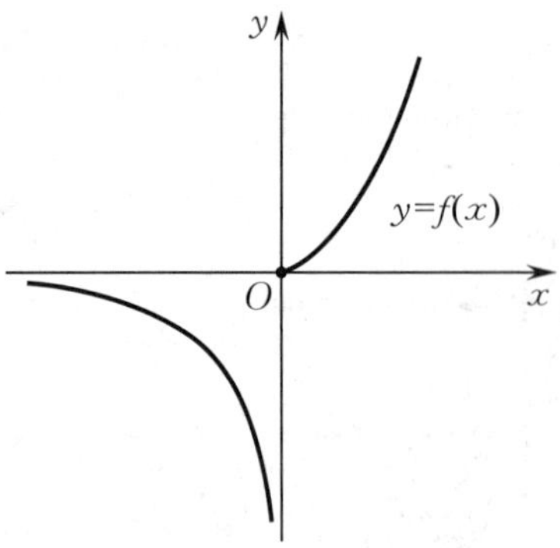

图 2 - 11

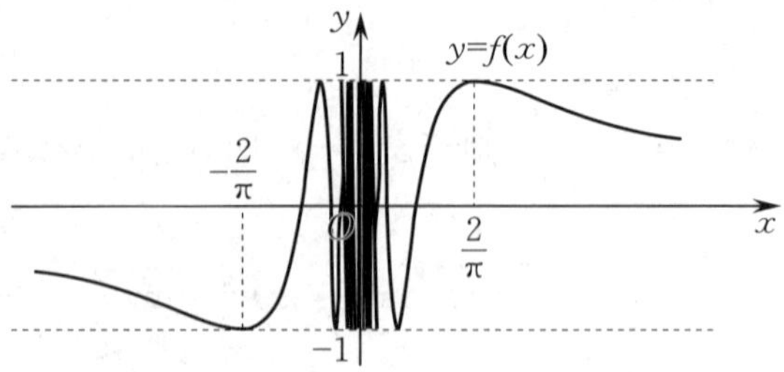

图 2 - 12

三、连续函数的基本性质

1. 四则运算的连续性

定理 2 **设函数 $f(x)$ 和 $g(x)$ 在点 x_0 处连续，则 $f(x) \pm g(x)$，$f(x)g(x)$ 及 $\frac{f(x)}{g(x)}[g(x_0) \neq 0]$ 都在点 x_0 处连续.**

定理 2 可由函数在点 x_0 处连续的定义及极限的四则运算法则证明，请读者自行思考完成.

例 11 因为函数 $y = \sin x$ 和 $y = \cos x$ 在区间$(-\infty, +\infty)$上是连续的，所以函数 $\sec x$，$\csc x$，$\tan x$，$\cot x$ 在各自的定义域内也是连续的.

2. 反函数与复合函数的连续性

定理 3 **(反函数的连续性)　如果函数 $y = f(x)$ 在某一区间 I_x 上单调递增(递减)且连续，则它的反函数 $x = f^{-1}(y)$ 也在相应的区间 $I_y = \{y \mid y = f(x), x \in I_x\}$ 上单调递增(递减)且连续.**

例 12 由于函数 $y = \cos x$ 在区间$[0, \pi]$上单调递减且连续，因此它的反函数 $y = \arccos x$ 在区间$[-1, 1]$上也单调递减且连续，如图 2 - 13 所示.

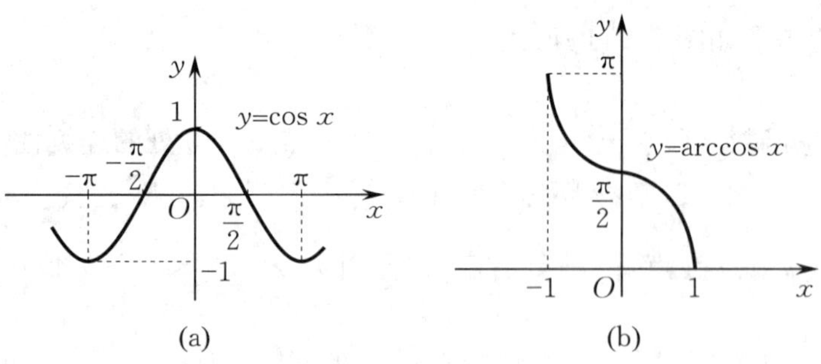

图 2 - 13

同理可知，反三角函数 $\arcsin x$，$\arccos x$，$\arctan x$，$\operatorname{arccot} x$ 在它们的定义域内都是连续的.

定理 4　**设函数 $u=g(x)$ 当 $x\to x_0$ 时的极限存在且等于 u_0，即**

$$\lim_{x\to x_0}g(x)=u_0,$$

同时函数 $y=f(u)$ 在点 $u=u_0$ 处连续，则复合函数 $y=f[g(x)]$ 当 $x\to x_0$ 时的极限存在且等于 $f(u_0)$，即

$$\lim_{x\to x_0}f[g(x)]=\lim_{u\to u_0}f(u)=f(u_0)=f[\lim_{x\to x_0}g(x)]. \tag{2-9}$$

注　(1) 根据式(2-9)可知，在定理 4 的前提条件下，计算 $f[g(x)]$ 的极限时，函数符号 f 与极限符号 $\lim\limits_{x\to x_0}$ 可以交换次序.

(2) 在定理 4 的前提条件下，令 $u=g(x)$，做变量代换，则可将 $\lim\limits_{x\to x_0}f[g(x)]$ 的计算转化为 $\lim\limits_{u\to u_0}f(u)$ 的计算，其中 $u_0=\lim\limits_{x\to x_0}g(x)$.

(3) 将定理 4 中的 $x\to x_0$ 换成 $x\to\infty$，可以得到类似的结论.

例 13　求极限 $\lim\limits_{x\to 5}\cos\dfrac{x-5}{x^2-25}$.

解　函数 $y=\cos\dfrac{x-5}{x^2-25}$ 可看作是由函数 $y=\cos u$ 与 $u=\dfrac{x-5}{x^2-25}$ 复合而成的. 因为 $\lim\limits_{x\to 5}\dfrac{x-5}{x^2-25}=\dfrac{1}{10}$，而函数 $y=\cos u$ 在点 $u=\dfrac{1}{10}$ 处连续，所以

$$\lim_{x\to 5}\cos\frac{x-5}{x^2-25}=\cos\left(\lim_{x\to 5}\frac{x-5}{x^2-25}\right)=\cos\frac{1}{10}.$$

由定理 4 可推得以下定理.

定理 5　(**复合函数的连续性**)　**设函数 $u=g(x)$ 在点 $x=x_0$ 处连续，并且 $g(x_0)=u_0$，同时函数 $y=f(u)$ 在点 $u=u_0$ 处连续，则复合函数 $y=f[g(x)]$ 在点 $x=x_0$ 处也连续.**

例 14　讨论函数 $y=\cos x^3$ 的连续性.

解　函数 $y=\cos x^3$ 可以看作是由函数 $y=\cos u$ 及 $u=x^3$ 复合而成的. 因为函数 $y=\cos u$ 和 $u=x^3$ 在 $(-\infty,+\infty)$ 上都是连续的，所以根据定理 5，函数 $y=\cos x^3$ 在 $(-\infty,+\infty)$ 上也是连续的.

四、初等函数的连续性

在本章的第二节中已经得到：对于所有基本初等函数 $f(x)$，当 x_0 为其定义域内的点时，一定有 $\lim\limits_{x\to x_0}f(x)=f(x_0)$. 结合函数连续的定义，可得以下定理.

定理 6　**基本初等函数在其定义域内都是连续的.**

初等函数由基本初等函数经过有限次的四则运算或有限次的复合运算而成，由函数连续的定义和运算法则及复合函数的连续性，可得以下定理.

定理 7　**一切初等函数在其定义区间内都是连续的.**

注　(1) 初等函数的连续区间即为该函数的定义区间.

(2) 当 x_0 为初等函数 $f(x)$ 的定义区间内的任意一点时，有 $\lim\limits_{x\to x_0}f(x)=f(x_0)$.

例 15 求下列函数的极限:

(1) $\lim\limits_{x\to 0}\sqrt{x^3-4x^2+x+2}$; (2) $\lim\limits_{x\to 0}\dfrac{x^3+\arctan x+1}{2x^4+\ln(1+x)+3}$;

(3) $\lim\limits_{x\to 1^-}\dfrac{\ln(4-3x)+\arctan x}{\arcsin x}$.

解 (1) $\lim\limits_{x\to 0}\sqrt{x^3-4x^2+x+2}=\sqrt{0-0+0+2}=\sqrt{2}$.

(2) $\lim\limits_{x\to 0}\dfrac{x^3+\arctan x+1}{2x^4+\ln(1+x)+3}=\dfrac{0+0+1}{0+0+3}=\dfrac{1}{3}$.

(3) $\lim\limits_{x\to 1^-}\dfrac{\ln(4-3x)+\arctan x}{\arcsin x}=\dfrac{0+\dfrac{\pi}{4}}{\dfrac{\pi}{2}}=\dfrac{1}{2}$.

对于幂指函数 $\alpha(x)^{\beta(x)}$ $[\alpha(x)>0]$,如果极限 $\lim\alpha(x)=A>0$,$\lim\beta(x)=B$,考虑到

$$\lim[\beta(x)\ln\alpha(x)]=\lim\beta(x)\cdot\lim\ln\alpha(x)=B\ln A,$$

则有

$$\lim\alpha(x)^{\beta(x)}=\lim e^{\beta(x)\ln\alpha(x)}=e^{\lim[\beta(x)\ln\alpha(x)]}=e^{B\ln A}=A^B. \tag{2-10}$$

例 16 求极限 $\lim\limits_{x\to 0}\left(\dfrac{e^{2x}-1}{x}\right)^{3+2x}$.

解 因为

$$\lim_{x\to 0}\frac{e^{2x}-1}{x}=\lim_{x\to 0}\frac{2x}{x}=2,\quad \lim_{x\to 0}(3+2x)=3,$$

所以由式(2-10)可得$\lim\limits_{x\to 0}\left(\dfrac{e^{2x}-1}{x}\right)^{3+2x}=2^3=8$.

例 17 求极限 $\lim\limits_{x\to 0}(1+2x)^{\frac{1}{\sin x}}$.

解 因为

$$\lim_{x\to 0}(1+2x)^{\frac{1}{\sin x}}=\lim_{x\to 0}\left[(1+2x)^{\frac{1}{2x}}\right]^{\frac{2x}{\sin x}},$$

其中

$$\lim_{x\to 0}(1+2x)^{\frac{1}{2x}}=e,\quad \lim_{x\to 0}\frac{2x}{\sin x}=2\lim_{x\to 0}\frac{x}{\sin x}=2,$$

所以由式(2-10)可得 $\lim\limits_{x\to 0}(1+2x)^{\frac{1}{\sin x}}=e^2$.

习题 2-7

1. 讨论函数 $f(x)=\begin{cases}-3x^2+1, & x\leqslant 0,\\ e^x, & x>0\end{cases}$ 的连续性.

2. 讨论函数 $f(x)=\begin{cases} e^{\frac{1}{x}}, & x<0, \\ 0, & x=0, \\ 10x^2\sin\dfrac{1}{x}, & x>0 \end{cases}$ 在点 $x=0$ 处的连续性.

3. 指出下列函数在哪些点处间断,并说明间断点的类型:

(1) $f(x)=\dfrac{x}{\sin \pi x}$;　　(2) $f(x)=\dfrac{x^2-4x-5}{x^2-2x-3}$;

(3) $f(x)=\begin{cases} \ln(1+x), & -1<x\leqslant 0, \\ 2x+1, & x>0; \end{cases}$　　(4) $f(x)=\begin{cases} \dfrac{1}{1+e^{\frac{1}{x}}}, & x\neq 0, \\ 0, & x=0. \end{cases}$

4. 已知函数 $f(x)=\begin{cases} \dfrac{\ln(1-5x)}{bx}, & x<0, \\ 2, & x=0, \\ \dfrac{e^{ax}-1}{x}, & x>0 \end{cases}$ 在点 $x=0$ 处连续,求常数 a,b 的值.

5. 求下列极限:

(1) $\lim\limits_{x\to 3}\dfrac{\ln(2+x)}{2x^2+1}$;　　(2) $\lim\limits_{x\to 1}(2+3x)^{\frac{3x+1}{3x-1}}$;

(3) $\lim\limits_{x\to 4}\dfrac{\sqrt{1+2x}-3}{\sqrt{x}-2}$;　　(4) $\lim\limits_{x\to\infty}\sin\left[\ln\left(1+\dfrac{x-1}{3x^2}\right)\right]$;

(5) $\lim\limits_{x\to 0}(\cos x)^{\frac{4}{\arctan x^2}}$;　　(6) $\lim\limits_{x\to -1}\arccos\sqrt{2-x^2}$.

6. 讨论函数 $f(x)=\lim\limits_{n\to\infty}\dfrac{e^{nx}-1}{e^{nx}+1}$ 是否存在间断点,如果存在,说明间断点的类型.

第八节　闭区间上连续函数的性质

闭区间上的连续函数展现出多种重要的性质,这些性质的数学证明过程颇为复杂,并且依赖于实数理论. 因此,本书将以定理的形式阐述这些性质,并省略证明过程.

一、最值定理

定义 1　设函数 $f(x)$ 在区间 I 上有定义. 如果存在 $x_0\in I$,使得对于任意 $x\in I$,都有

$$f(x)\leqslant f(x_0)\quad [f(x)\geqslant f(x_0)],$$

则称 x_0 为函数 $f(x)$ 的**最大(小)值点**,称 $f(x_0)$ 为 $f(x)$ 在区间 I 上的**最大(小)值**.

定理 1　**(最大值和最小值定理)　在闭区间上连续的函数在该区间上一定能取得最大值和最小值.**

推论 1(有界性定理) 在闭区间上连续的函数在该区间上一定有界.

注 (1) 如果函数在某开区间内连续,或者函数在某闭区间上有间断点,那么函数在该区间上不一定可以取得最值,也不一定有界,即前提条件中的"闭区间"和"连续"两者都不可或缺.

(2) 在闭区间上连续的函数,其最大值和最小值分别构成了函数在该区间上的一个上界和下界.

例如,函数 $f(x)=\dfrac{1}{x^2}$ 在开区间 $(0,1)$ 内连续,且当 $x\to 0^+$ 时,$f(x)\to+\infty$,因此 $f(x)$ 在开区间 $(0,1)$ 内无界,并且不存在最大值和最小值.

又如,函数 $g(x)=\begin{cases}-x+3, & 0\leqslant x<2,\\ 2, & x=2,\\ -x+6, & 2<x\leqslant 4\end{cases}$ 在闭区间 $[0,4]$ 上有间断点 $x=2$,此时 $g(x)$ 在闭区间 $[0,4]$ 上有界,但是不存在最大值和最小值(见图 2-14).

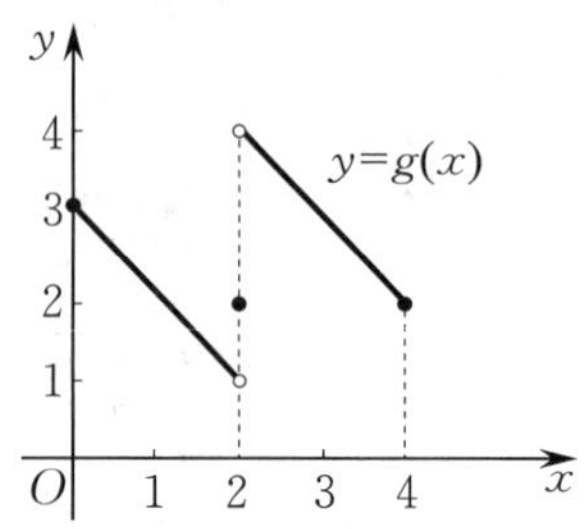

图 2-14

二、零点定理与介值定理

定义 2 如果点 x_0 使得 $f(x_0)=0$,则称 x_0 为函数 $f(x)$ 的零点.

定理 2 (零点定理) **设函数 $f(x)$ 在闭区间 $[a,b]$ 上连续,且 $f(a)$ 与 $f(b)$ 异号 $[f(a)\cdot f(b)<0]$,那么在开区间 (a,b) 内至少存在一点 ξ,使得**

$$f(\xi)=0\quad(a<\xi<b).$$

零点定理的几何意义为:如果函数 $f(x)$ 在闭区间 $[a,b]$ 上连续,且 $f(a)$ 与 $f(b)$ 异号,则该函数的图形在开区间 (a,b) 内至少会穿过 x 轴一次,即至少会与 x 轴有一个交点 $x=\xi$ $(a<\xi<b)$(见图 2-15).

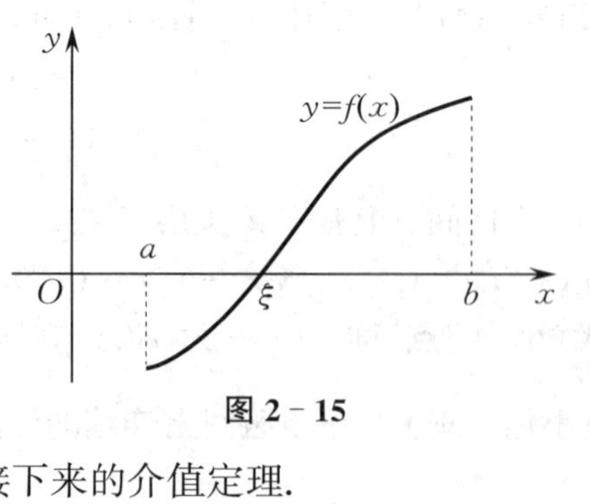

图 2-15

根据零点定理可以证明接下来的介值定理.

定理 3（介值定理）　**设函数 $f(x)$ 在闭区间 $[a,b]$ 上连续，两个端点处的函数值 $f(a)=M, f(b)=N$，且 $M\neq N$. 若 K 为介于常数 M 与 N 之间的任意常数，则在开区间 (a,b) 内至少存在一点 ξ，使得**

$$f(\xi)=K \quad (a<\xi<b).$$

介值定理的几何意义为：在闭区间 $[a,b]$ 上连续的曲线 $y=f(x)$ 与直线 $y=K$ 至少有一个交点，这里 K 是介于两个端点处的函数值 $f(a)$ 与 $f(b)$ 之间的任意常数（见图 2-16）.

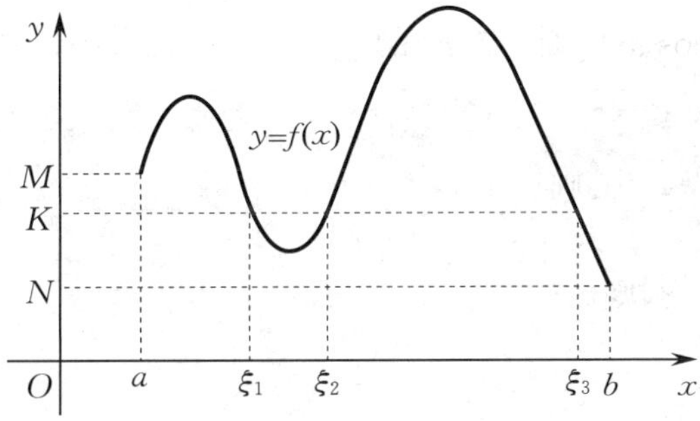

图 2-16

例 1　证明：方程 $x^3-4x+2=0$ 在开区间 $(0,1)$ 内至少有一个实数根.

证　设函数 $F(x)=x^3-4x+2$，显然 $F(x)$ 在闭区间 $[0,1]$ 上连续. 又

$$F(0)=2>0, \quad F(1)=-1<0,$$

则由零点定理可知，至少存在一点 $\xi\in(0,1)$，使得 $F(\xi)=0$，即方程 $x^3-4x+2=0$ 在开区间 $(0,1)$ 内至少有一个实数根 $x=\xi$.

例 2　已知函数 $g(x)$ 在闭区间 $[a,b]$ 上连续，并且满足 $g(a)>a, g(b)<b$，证明：至少存在一点 $\eta\in(a,b)$，使得 $g(\eta)=\eta$.

证　设函数 $F(x)=g(x)-x$，显然 $F(x)$ 在闭区间 $[a,b]$ 上连续. 又

$$F(a)=g(a)-a>0, \quad F(b)=g(b)-b<0,$$

则由零点定理可知，至少存在一点 $\eta\in(a,b)$，使得 $F(\eta)=0$，即 $g(\eta)=\eta$.

习题 2-8

1. 证明：方程 $x^3-5x+2=0$ 在开区间 $(0,1)$ 内至少有一个实数根.
2. 证明：方程 $x^3+3x^2-x-1=0$ 正好有三个实数根.
3. 设函数 $g(x)$ 在闭区间 $[a,b]$ 上连续，$a<x_1<x_2<\cdots<x_n<b$，证明：至少存在一点 $\xi\in[x_1,x_n]$，使得

$$g(\xi)=\frac{g(x_1)+g(x_2)+\cdots+g(x_n)}{n}.$$

4. 设函数 $g(x)$ 在闭区间 $[0,2a]$ 上连续，且 $g(0)=g(2a)$，证明：至少存在一点 $\xi\in[0,a]$，使得

$$g(\xi)=g(\xi+a).$$

总复习题二

(A)

一、填空题

1. 当 $x \to 0$ 时,$(1-\cos x)^2$ 是 $\tan x^2$ 的__________无穷小(填"高阶""低阶"或"同阶").

2. 已知当 $x \to 0$ 时,$\sqrt{1-x}-\sqrt{1+x} \sim \alpha x$,则 $\alpha=$__________.

3. 设 $\lim\limits_{x \to 2} \dfrac{x^2+\alpha x+\beta}{x-2}=10$,则 $\alpha=$__________,$\beta=$__________.

4. 设 $\lim\limits_{x \to \infty}\left(\dfrac{x+2c}{x-c}\right)^x=8$,则 $c=$__________.

二、解答题

1. 求下列极限:

(1) $\lim\limits_{x \to 0} \dfrac{2x+5\ln(1+x)}{9x-\ln(1+x)}$;

(2) $\lim\limits_{x \to \infty}\left(x\sin\dfrac{2}{x}+\dfrac{\sin x}{x}\right)$;

(3) $\lim\limits_{x \to +\infty} x(\sqrt{x^2+1}-x)$;

(4) $\lim\limits_{x \to 0}\left(\dfrac{a^x+b^x+c^x}{3}\right)^{\frac{1}{x}}(a>0,a \neq 1;b>0,b \neq 1;c>0,c \neq 1)$;

(5) $\lim\limits_{x \to a} \dfrac{\ln x-\ln a}{x-a}(a>0)$;

(6) $\lim\limits_{n \to \infty}\{n[\ln(n+2)-\ln n]\}$;

(7) $\lim\limits_{x \to 0} \dfrac{\sin x-\tan x}{\mathrm{e}^{x^3}-1}$;

(8) $\lim\limits_{x \to +\infty}(\sin\sqrt{x+1}-\sin\sqrt{x})$;

(9) $\lim\limits_{x \to 0} \dfrac{\sqrt{1+\tan x}-\sqrt{1+\sin x}}{\sin x^3}$;

(10) $\lim\limits_{n \to \infty}\left(1+\dfrac{1}{2}+\dfrac{1}{4}+\cdots+\dfrac{1}{2^n}\right)$.

2. 已知极限 $\lim\limits_{x \to 0}\left(\dfrac{3x^3-x+5}{x^2-1}-\alpha x-\beta\right)=0$,求常数 α 和 β 的值.

3. 已知极限 $\lim\limits_{n \to \infty}\left(\dfrac{n^2}{n+1}+\alpha n+\beta\right)=5$,求常数 α 和 β 的值.

4. 若函数 $f(x)=\dfrac{x-b}{(x-1)(x-a)}$ 具有可去间断点 $x=1$ 及无穷间断点 $x=0$,求常数 a 和 b 的值.

5. 讨论函数

$$f(x)=\begin{cases}\dfrac{\ln(1+x)}{x}, & -1<x<0,\\ 1, & x=0,\\ \dfrac{2(\sqrt{1+x}-1)}{\sin x}, & 0<x<1\end{cases}$$

在点 $x=0$ 处的连续性.

6. 讨论函数 $f(x)=\begin{cases}\dfrac{5-e^{\frac{1}{x}}}{5+e^{\frac{1}{x}}}, & x\neq 0,\\ -1, & x=0\end{cases}$ 在点 $x=0$ 处的连续性.

7. 求函数 $f(x)=\lim\limits_{n\to\infty}\dfrac{x^{2n+1}+x}{x^{2n+1}-x^{n-1}+1}$ 的间断点,并说明其类型.

8. 证明:方程 $x^3-9x=1$ 正好有三个实数根.

9. 证明:方程 $\dfrac{1}{x-1}=-\dfrac{1}{x-2}-\dfrac{1}{x-3}$ 在区间(1,2)和(2,3)内各有一个实数根.

(B)

1. 设数列 $\{x_n\}$ 满足:

$$0<x_1<\frac{1}{2},\quad x_{n+1}=x_n(1-2x_n),\quad n=1,2,\cdots.$$

(1) 证明:$\{x_n\}$ 单调递减,且 $0<x_n<\dfrac{1}{2}$,$n=1,2,\cdots$;

(2) 证明 $\lim\limits_{n\to\infty}x_n$ 存在,并求其值.

2. 设函数 $f(x)>0$ 且在闭区间 $[a,b]$ 上连续,证明:对于任意 $x_1,x_2\in[a,b]$ $(x_1<x_2)$,一定存在一点 $\xi\in[x_1,x_2]$,使得

$$f(\xi)=\sqrt{f(x_1)f(x_2)}.$$

3. 一艘轮船于早晨8:00从港口A出发,沿着一条既定的航线驶向港口B,当天晚上8:00到达港口B;第二天早晨8:00再从港口B出发,沿着前一天的航线原路返回,晚上8:00回到港口A. 利用介值定理证明:在这两天的某一相同时刻,轮船会经过航线上的同一地点.

4. 设函数 $f(x)$ 连续,且满足

$$\lim_{x\to 0}f(x)\left[\frac{f(x)-1}{x}-\frac{\sin x}{x^2}\right]=2,$$

求 $f(0)$.

5. 若极限 $\lim\limits_{x\to 0}\left(\dfrac{1-\tan x}{1+\tan x}\right)^{\frac{1}{\sin kx}}=e$,求常数 k 的值.

第三章 导数与微分

在现实生活中,往往会遇到以下两类数学问题:一类是研究函数相对于自变量的变化率问题;另一类是研究当自变量发生微小变化时,函数在局部范围内的近似替代问题.前者涉及导数的知识,后者涉及微分的知识,导数和微分是微分学中的两个基本概念.本章主要讨论函数的导数与微分的概念及其计算方法.

第一节　导数的概念

一、两个实例

1. 切线斜率

如图 3-1 所示，给定平面曲线 $L: y=f(x)$ 及其上一点 $P_0(x_0, y_0)$，下面求曲线 L 在点 P_0 处的切线斜率.

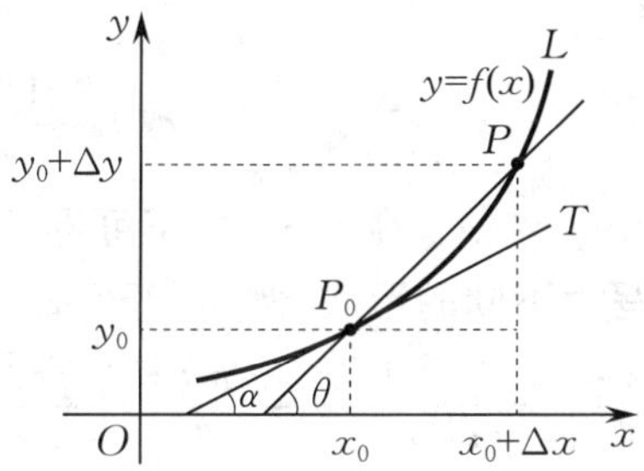

图 3-1

在点 P_0 附近另取曲线 L 上一点 $P(x_0+\Delta x, y_0+\Delta y)$，当点 P 沿着曲线 L 趋于点 P_0 时 $(\Delta x \to 0)$，割线 P_0P 所趋近的极限位置 P_0T 即为曲线 L 在点 P_0 处的切线. 设割线 P_0P 的倾斜角为 θ，则割线 P_0P 的斜率为

$$\tan\theta=\frac{\Delta y}{\Delta x}=\frac{f(x_0+\Delta x)-f(x_0)}{\Delta x}.$$

设切线 P_0T 的倾斜角为 α，则切线 P_0T 的斜率 k 就是割线 P_0P 的斜率的极限(若存在的话)，即

$$k=\tan\alpha=\lim_{\Delta x\to 0}\frac{\Delta y}{\Delta x}=\lim_{\Delta x\to 0}\frac{f(x_0+\Delta x)-f(x_0)}{\Delta x}. \tag{3-1}$$

2. 瞬时速度

设某质点沿直线做变速运动，质点所经过的路程 s 是时间 t 的函数：$s=s(t)$，下面求该质点在时刻 t_0 的瞬时速度.

当时间从 t_0 变到 $t_0+\Delta t$ 时，质点在这段时间间隔 Δt 内经过的路程为 $s(t_0+\Delta t)-s(t_0)$，则质点在这段时间间隔内的平均速度为

$$\bar{v}=\frac{\Delta s}{\Delta t}=\frac{s(t_0+\Delta t)-s(t_0)}{\Delta t}.$$

由于 Δt 越小，平均速度 $\bar{v}$ 就与质点在时刻 t_0 的瞬时速度越接近，因此当 $\Delta t \to 0$ 时，平均速度 $\bar{v}$ 的极限(若存在的话) 就是质点在时刻 t_0 的瞬时速度，即

$$v(t_0)=\lim_{\Delta t\to 0}\frac{\Delta s}{\Delta t}=\lim_{\Delta t\to 0}\frac{s(t_0+\Delta t)-s(t_0)}{\Delta t}. \tag{3-2}$$

上述两个实例有一个共同的特点：所求值都可以用因变量的增量与自变量的增量的比值

在自变量的增量趋于零时的极限来表示. 这个特定的极限就是导数.

二、导数的定义

定义 1 设函数 $y=f(x)$ 在点 x_0 的某一邻域 $U(x_0)$ 内有定义,当自变量 x 在点 x_0 处取得增量 $\Delta x\,[\Delta x\neq 0, x_0+\Delta x\in U(x_0)]$ 时,因变量 y 取得相应的增量

$$\Delta y=f(x_0+\Delta x)-f(x_0).$$

若极限

$$\lim_{\Delta x\to 0}\frac{\Delta y}{\Delta x}=\lim_{\Delta x\to 0}\frac{f(x_0+\Delta x)-f(x_0)}{\Delta x} \tag{3-3}$$

存在,则称函数 $y=f(x)$ 在点 x_0 处**可导**,称 x_0 为 $y=f(x)$ 的**可导点**,并称这个极限值为 $y=f(x)$ 在点 x_0 处的**导数**,记为

$$f'(x_0),\quad y'\Big|_{x=x_0},\quad \frac{\mathrm{d}y}{\mathrm{d}x}\Big|_{x=x_0}\quad 或\quad \frac{\mathrm{d}f(x)}{\mathrm{d}x}\Big|_{x=x_0}.$$

若极限(3-3)不存在,则称函数 $y=f(x)$ 在点 x_0 处**不可导**,称 x_0 为 $y=f(x)$ 的**不可导点**.

导数的定义式(3-3)也可写为不同的形式. 例如,若令 $h=\Delta x$,则式(3-3)可改写为

$$f'(x_0)=\lim_{h\to 0}\frac{f(x_0+h)-f(x_0)}{h}; \tag{3-4}$$

若令 $x=x_0+\Delta x$,则式(3-3)可改写为

$$f'(x_0)=\lim_{x\to x_0}\frac{f(x)-f(x_0)}{x-x_0}. \tag{3-5}$$

如果函数 $y=f(x)$ 在开区间 (a,b) 内的每一点处都可导,则称 $y=f(x)$ **在开区间 (a,b) 内可导**. 此时,对于任意 $x\in(a,b)$,都对应着函数 $f(x)$ 的一个确定的导数值 $f'(x)$,这就构成了一个定义在开区间 (a,b) 内的新函数,称这个新函数为 $y=f(x)$ 的**导函数**,记为

$$f'(x),\quad y',\quad \frac{\mathrm{d}y}{\mathrm{d}x}\quad 或\quad \frac{\mathrm{d}f(x)}{\mathrm{d}x}.$$

在式(3-3)与式(3-4)中将 x_0 换成 x,即得导函数的定义式

$$f'(x)=\lim_{\Delta x\to 0}\frac{f(x+\Delta x)-f(x)}{\Delta x}$$

与

$$f'(x)=\lim_{h\to 0}\frac{f(x+h)-f(x)}{h}.$$

$f'(x_0)$ 是函数 $y=f(x)$ 在点 x_0 处的导数,也是导函数 $f'(x)$ 在点 x_0 处的函数值.

在不致引起混淆的情况下,导函数通常简称为导数.

求函数 $y=f(x)$ 的导数的一般步骤如下:

(1) 求增量:给自变量 x 一个增量 Δx,求出因变量的增量 Δy;

(2) 求比值:写出两增量比值的表达式 $\dfrac{\Delta y}{\Delta x}$;

(3) 求极限:求 $\lim\limits_{\Delta x\to 0}\dfrac{\Delta y}{\Delta x}$.

三、用定义求导数

下面根据导数的定义求一些简单函数的导数.

例 1　求函数 $f(x)=C$（C 为常数）的导数,并求该函数在点 $x=1$ 处的导数.

解　因

$$f'(x)=\lim_{\Delta x\to 0}\frac{f(x+\Delta x)-f(x)}{\Delta x}=\lim_{\Delta x\to 0}\frac{C-C}{\Delta x}=0,$$

故 $(C)'=0$,从而 $(C)'\Big|_{x=1}=0$.

例 2　求函数 $f(x)=x^n(n\in\mathbf{N}^*)$ 的导数,并求该函数在点 $x=1$ 处的导数.

解　因

$$\begin{aligned}f'(x)&=\lim_{h\to 0}\frac{f(x+h)-f(x)}{h}=\lim_{h\to 0}\frac{(x+h)^n-x^n}{h}\\&=\lim_{h\to 0}\left[nx^{n-1}+\frac{n(n-1)}{2!}x^{n-2}h+\cdots+h^{n-1}\right]=nx^{n-1},\end{aligned}$$

故 $(x^n)'=nx^{n-1}$,从而 $(x^n)'\Big|_{x=1}=n$.

更一般地,有

$$(x^\alpha)'=\alpha x^{\alpha-1}\quad(\alpha\in\mathbf{R}).$$

例如,$(\sqrt{x})'=\frac{1}{2}x^{\frac{1}{2}-1}=\frac{1}{2\sqrt{x}}$,$\left(\frac{1}{x}\right)'=-x^{-1-1}=-\frac{1}{x^2}$.

例 3　求函数 $f(x)=\sin x$ 的导数,并求该函数在点 $x=1$ 处的导数.

解　因

$$\begin{aligned}f'(x)&=\lim_{\Delta x\to 0}\frac{f(x+\Delta x)-f(x)}{\Delta x}=\lim_{\Delta x\to 0}\frac{\sin(x+\Delta x)-\sin x}{\Delta x}\\&=\lim_{\Delta x\to 0}\frac{2\cos\left(x+\frac{\Delta x}{2}\right)\sin\frac{\Delta x}{2}}{\Delta x}=\lim_{\Delta x\to 0}\left[\cos\left(x+\frac{\Delta x}{2}\right)\cdot\lim_{\Delta x\to 0}\frac{\sin\frac{\Delta x}{2}}{\frac{\Delta x}{2}}\right]=\cos x,\end{aligned}$$

故 $(\sin x)'=\cos x$,从而 $(\sin x)'\Big|_{x=1}=\cos 1$.

类似地,可以求出

$$(\cos x)'=-\sin x.$$

例 4　求函数 $f(x)=\log_a x(a>0,a\neq 1)$ 的导数,并求该函数在点 $x=1$ 处的导数.

解　因

$$\begin{aligned}f'(x)&=\lim_{h\to 0}\frac{f(x+h)-f(x)}{h}=\lim_{h\to 0}\frac{\log_a(x+h)-\log_a x}{h}=\lim_{h\to 0}\left(\frac{1}{h}\log_a\frac{x+h}{x}\right)\\&=\lim_{h\to 0}\left[\frac{1}{h}\log_a\left(1+\frac{h}{x}\right)\right]=\lim_{h\to 0}\left[\frac{1}{x}\log_a\left(1+\frac{h}{x}\right)^{\frac{x}{h}}\right]=\frac{1}{x}\log_a \mathrm{e}=\frac{1}{x\ln a},\end{aligned}$$

故 $(\log_a x)'=\frac{1}{x\ln a}$,从而 $(\log_a x)'\Big|_{x=1}=\frac{1}{\ln a}$.

特别地,当 $a=\mathrm{e}$ 时,有

$$(\ln x)'=\frac{1}{x}.$$

例 5 求函数 $f(x)=a^x(a>0,a\neq 1)$ 的导数,并求该函数在点 $x=1$ 处的导数.

解 由导数的定义,有

$$f'(x)=\lim_{h\to 0}\frac{f(x+h)-f(x)}{h}=\lim_{h\to 0}\frac{a^{x+h}-a^x}{h}=a^x\lim_{h\to 0}\frac{a^h-1}{h}.$$

令 $t=a^h-1$,则 $h=\log_a(1+t)$,且当 $h\to 0$ 时,有 $t\to 0$. 于是

$$\begin{aligned}f'(x)&=a^x\lim_{h\to 0}\frac{a^h-1}{h}=a^x\lim_{t\to 0}\frac{t}{\log_a(1+t)}\\&=a^x\lim_{t\to 0}\frac{1}{\log_a(1+t)^{\frac{1}{t}}}=a^x\cdot\frac{1}{\log_a \mathrm{e}}=a^x\ln a,\end{aligned}$$

故 $(a^x)'=a^x\ln a$,从而 $(a^x)'\Big|_{x=1}=a\ln a$.

特别地,当 $a=\mathrm{e}$ 时,有

$$(\mathrm{e}^x)'=\mathrm{e}^x.$$

四、函数的可导性与连续性的关系

由导数的定义可知,若函数 $y=f(x)$ 在点 x_0 处可导,则极限 $\lim\limits_{\Delta x\to 0}\frac{\Delta y}{\Delta x}$ 存在,且

$$f'(x_0)=\lim_{\Delta x\to 0}\frac{\Delta y}{\Delta x}.$$

根据函数极限与无穷小的关系,有

$$\frac{\Delta y}{\Delta x}=f'(x_0)+\tau,$$

其中 $\lim\limits_{\Delta x\to 0}\tau=0$. 于是

$$\Delta y=f'(x_0)\Delta x+\tau\Delta x,$$

从而

$$\lim_{\Delta x\to 0}\Delta y=0,$$

即函数 $y=f(x)$ 在点 x_0 处连续.

反之,如果函数 $y=f(x)$ 在点 x_0 处连续,则它在点 x_0 处不一定可导.

因此,连续是可导的必要非充分条件.

例 6 考察函数 $f(x)=\sqrt[3]{x}$ 在点 $x=0$ 处的连续性与可导性.

解 因初等函数 $f(x)=\sqrt[3]{x}$ 的定义域为 $(-\infty,+\infty)$,故其在点 $x=0$ 处连续. 又因

$$\lim_{h\to 0}\frac{f(0+h)-f(0)}{h}=\lim_{h\to 0}\frac{\sqrt[3]{h}-0}{h}=\lim_{h\to 0}\frac{1}{h^{\frac{2}{3}}}=+\infty,$$

故函数 $f(x)=\sqrt[3]{x}$ 在点 $x=0$ 处不可导.

五、单侧导数

根据函数 $y=f(x)$ 在点 x_0 处的导数的定义可知，导数

$$f'(x_0)=\lim_{\Delta x\to 0}\frac{f(x_0+\Delta x)-f(x_0)}{\Delta x}$$

是一个极限. 而极限存在的充要条件是左、右极限都存在且相等，故函数 $y=f(x)$ 在点 x_0 处可导的充要条件是其左、右极限

$$\lim_{\Delta x\to 0^-}\frac{f(x_0+\Delta x)-f(x_0)}{\Delta x}\quad 和 \quad \lim_{\Delta x\to 0^+}\frac{f(x_0+\Delta x)-f(x_0)}{\Delta x}$$

都存在且相等. 这两个极限分别称为函数 $y=f(x)$ 在点 x_0 处的**左导数**和**右导数**，分别记为 $f'_-(x_0)$ 和 $f'_+(x_0)$，即

$$f'_-(x_0)=\lim_{\Delta x\to 0^-}\frac{f(x_0+\Delta x)-f(x_0)}{\Delta x},$$

$$f'_+(x_0)=\lim_{\Delta x\to 0^+}\frac{f(x_0+\Delta x)-f(x_0)}{\Delta x}.$$

因此，函数 $y=f(x)$ 在点 x_0 处可导的充要条件是其左导数 $f'_-(x_0)$ 和右导数 $f'_+(x_0)$ 都存在且相等.

左导数和右导数统称为**单侧导数**.

若函数 $y=f(x)$ 在开区间 (a,b) 内可导，且 $f'_+(a)$ 和 $f'_-(b)$ 都存在，则称 $y=f(x)$ **在闭区间** $[a,b]$ **上可导**.

例 7　考察函数 $f(x)=|x|$ 在点 $x=0$ 处的连续性与可导性.

解　因初等函数 $f(x)=|x|$ 的定义域为 $(-\infty,+\infty)$，故其在点 $x=0$ 处连续. 又因

$$f'_-(0)=\lim_{\Delta x\to 0^-}\frac{f(0+\Delta x)-f(0)}{\Delta x}=\lim_{\Delta x\to 0^-}\frac{-\Delta x-0}{\Delta x}=-1,$$

$$f'_+(0)=\lim_{\Delta x\to 0^+}\frac{f(0+\Delta x)-f(0)}{\Delta x}=\lim_{\Delta x\to 0^+}\frac{\Delta x-0}{\Delta x}=1,$$

则 $f'_-(0)\neq f'_+(0)$，故函数 $f(x)=|x|$ 在点 $x=0$ 处不可导.

例 8　考察函数 $f(x)=\begin{cases}x\sin\dfrac{1}{x}, & x\neq 0,\\ 0, & x=0\end{cases}$ 在点 $x=0$ 处的连续性与可导性.

解　因 $\lim\limits_{x\to 0}f(x)=\lim\limits_{x\to 0}x\sin\dfrac{1}{x}=0=f(0)$，故函数 $f(x)$ 在点 $x=0$ 处连续. 又因

$$\lim_{h\to 0}\frac{f(0+h)-f(0)}{h}=\lim_{h\to 0}\frac{h\sin\dfrac{1}{h}-0}{h}=\lim_{h\to 0}\sin\frac{1}{h},$$

该极限不存在，故函数 $f(x)$ 在点 $x=0$ 处不可导.

例 9　若函数 $f(x)=\begin{cases}x^2, & x\geqslant 1,\\ ax+b, & x<1\end{cases}$ 在点 $x=1$ 处连续且可导，求常数 a,b 的值.

解　要使函数 $f(x)$ 在点 $x=1$ 处连续，则 $f(x)$ 在点 $x=1$ 处的左、右极限均应存在且都等于 $f(1)$. 而

$$\lim_{x\to 1^-} f(x) = \lim_{x\to 1^-}(ax+b) = a+b,$$
$$\lim_{x\to 1^+} f(x) = \lim_{x\to 1^+} x^2 = 1,$$

故有

$$a+b=1=f(1).$$

要使函数 $f(x)$ 在点 $x=1$ 处可导,则 $f(x)$ 在点 $x=1$ 处的左、右导数均应存在且相等. 而

$$f'_-(1) = \lim_{x\to 1^-}\frac{f(x)-f(1)}{x-1} = \lim_{x\to 1^-}\frac{ax+b-(a+b)}{x-1} = a,$$
$$f'_+(1) = \lim_{x\to 1^+}\frac{f(x)-f(1)}{x-1} = \lim_{x\to 1^+}\frac{x^2-1}{x-1} = \lim_{x\to 1^+}(x+1) = 2,$$

故有 $a=2$,从而 $b=1-a=-1$.

六、导数的几何意义

由前面关于切线斜率的讨论及导数的定义可知,函数 $y=f(x)$ 在其上一点 x_0 处的导数 $f'(x_0)$ 在几何上表示曲线 $y=f(x)$ 在该点处的切线斜率,即

$$f'(x_0)=\tan\alpha,$$

其中 α 为切线的倾斜角.

当 $f'(x_0)$ 存在时,根据直线的点斜式方程,可得曲线 $y=f(x)$ 在点 $P_0(x_0,y_0)$ 处的切线方程为

$$y-y_0=f'(x_0)(x-x_0).$$

当 $f'(x_0)=\infty$ 时,曲线 $y=f(x)$ 在点 $P_0(x_0,y_0)$ 处具有垂直于 x 轴的切线 $x=x_0$.

过切点 $P_0(x_0,y_0)$ 且与切线垂直的直线称为曲线 $y=f(x)$ 在点 $P_0(x_0,y_0)$ 处的**法线**. 若 $f'(x_0)\neq 0$,则法线的斜率为 $-\dfrac{1}{f'(x_0)}$,法线方程为

$$y-y_0=-\frac{1}{f'(x_0)}(x-x_0).$$

例 10 求曲线 $y=\sqrt{x}$ 在点 $\left(\frac{1}{4},\frac{1}{2}\right)$ 处的切线方程和法线方程.

解 根据导数的几何意义知,所求切线的斜率为

$$k_1 = y'\Big|_{x=\frac{1}{4}} = \frac{1}{2\sqrt{x}}\Big|_{x=\frac{1}{4}} = 1,$$

所求法线的斜率为

$$k_2=-\frac{1}{k_1}=-1.$$

故所求切线方程为

$$y-\frac{1}{2}=1\cdot\left(x-\frac{1}{4}\right),\quad 即\quad 4x-4y+1=0,$$

所求法线方程为

$$y-\frac{1}{2}=-1\cdot\left(x-\frac{1}{4}\right),\quad 即\quad 4x+4y-3=0.$$

例 11　求曲线 $y=\ln x$ 在点$(\mathrm{e},1)$处的切线与 y 轴的交点.

解　根据导数的几何意义知,所求切线斜率为

$$k=y'\Big|_{x=\mathrm{e}}=\frac{1}{x}\Big|_{x=\mathrm{e}}=\frac{1}{\mathrm{e}},$$

故所求切线方程为

$$y-1=\frac{1}{\mathrm{e}}\cdot(x-\mathrm{e}),\quad 即\quad y=\frac{1}{\mathrm{e}}x.$$

在切线方程中,令 $x=0$,得 $y=0$,故曲线 $y=\ln x$ 在点$(\mathrm{e},1)$处的切线与 y 轴的交点为$(0,0)$.

习题 3-1

1. 设某车间生产 x 件商品的总成本函数(单位:元)为

$$C(x)=2\,000+100x-0.1x^2,$$

总成本函数的导数 $C'(x)$ 在经济学中称为**边际成本**.

(1) 求商品件数从 $x=100$ 到 $x=101$ 时,自变量的增量 Δx;

(2) 求商品件数从 $x=100$ 到 $x=101$ 时,因变量的增量 ΔC;

(3) 求生产 100 件商品时的边际成本 $C'(100)$;

(4) 比较(2)与(3)问中的数值大小,试说明边际成本的实际意义.

2. 设函数 $f(x)=5x^2$,试根据导数的定义求 $f'(-1)$.

3. 根据导数的定义,证明:

(1) $(\cos x)'=-\sin x$;　　(2) $(\mathrm{e}^x)'=\mathrm{e}^x$.

4. 求下列函数的导数:

(1) $y=x^3$;　　(2) $y=\sqrt[5]{x^3}$;

(3) $y=x^{1.3}$;　　(4) $y=\lg x$;

(5) $y=\cos 1$.

5. 已知 $f'(x_0)=-2$,求下列极限:

(1) $\lim\limits_{\Delta x\to 0}\dfrac{f(x_0-\Delta x)-f(x_0)}{\Delta x}$;　　(2) $\lim\limits_{h\to 0}\dfrac{f(x_0+h)-f(x_0-2h)}{h}$.

6. 已知 $f(0)=0, f'(0)=2$,求极限 $\lim\limits_{x\to 0}\dfrac{f(3x)}{x}$.

7. 设函数 $f(x)$ 在点 $x=0$ 处连续,且 $\lim\limits_{x\to 0}\dfrac{f(x)-1}{x}=-1$,试问:$f(x)$ 在点 $x=0$ 处是否可导?若可导,求出 $f'(0)$.

8. 考察下列函数在点 $x=0$ 处的连续性与可导性,若可导,求出 $y'\Big|_{x=0}$:

(1) $y=|\sin x|$;　　(2) $y=\begin{cases}\sin x, & x<0,\\ x, & x\geqslant 0;\end{cases}$

(3) $y=\begin{cases}\sin x, & x<0,\\ \sqrt{x}, & x\geqslant 0;\end{cases}$　　(4) $y=\begin{cases}x^2\sin\dfrac{1}{x}, & x\neq 0,\\ 0, & x=0.\end{cases}$

9. 设函数 $f(x)=\begin{cases}-x, & x<0, \\ x^2, & x\geqslant 0,\end{cases}$ 求 $f'_-(0)$, $f'_+(0)$ 和 $f'(0)$.

10. 求曲线 $y=\sin x$ 在点 $\left(\dfrac{\pi}{6},\dfrac{1}{2}\right)$ 处的切线方程和法线方程.

11. 求曲线 $y=\mathrm{e}^x$ 在点 $(0,1)$ 处的切线与 x 轴的交点.

第二节　导数的运算法则与基本初等函数的导数公式

根据导数的定义可以求得一些简单函数的导数,但对于较为复杂的函数,仅通过定义来求它们的导数往往很困难. 为此,本节将讨论函数求导的运算法则和基本初等函数的导数公式. 借助这些运算法则和导数公式,就能解决一些常见初等函数的求导问题.

一、导数的四则运算法则

定理 1　**设函数 $u=u(x)$ 及 $v=v(x)$ 在点 x 处均可导,则它们的和、差、积、商(除分母为零的点外)在点 x 处都可导,且**

(1) $[u(x)\pm v(x)]'=u'(x)\pm v'(x)$;

(2) $[u(x)v(x)]'=u'(x)v(x)+u(x)v'(x)$;

(3) $\left[\dfrac{u(x)}{v(x)}\right]'=\dfrac{u'(x)v(x)-u(x)v'(x)}{v^2(x)}[v(x)\neq 0]$.

证　(1)
$$\begin{aligned}[u(x)\pm v(x)]'&=\lim_{h\to 0}\frac{[u(x+h)\pm v(x+h)]-[u(x)\pm v(x)]}{h}\\&=\lim_{h\to 0}\frac{u(x+h)-u(x)}{h}\pm\lim_{h\to 0}\frac{v(x+h)-v(x)}{h}\\&=u'(x)\pm v'(x).\end{aligned}$$

(2)
$$\begin{aligned}[u(x)v(x)]'&=\lim_{h\to 0}\frac{u(x+h)v(x+h)-u(x)v(x)}{h}\\&=\lim_{h\to 0}\left[\frac{u(x+h)-u(x)}{h}\cdot v(x+h)+u(x)\cdot\frac{v(x+h)-v(x)}{h}\right]\\&=\lim_{h\to 0}\frac{u(x+h)-u(x)}{h}\cdot\lim_{h\to 0}v(x+h)+u(x)\cdot\lim_{h\to 0}\frac{v(x+h)-v(x)}{h}\\&=u'(x)v(x)+u(x)v'(x).\end{aligned}$$

(3)
$$\begin{aligned}\left[\frac{u(x)}{v(x)}\right]'&=\lim_{h\to 0}\frac{\dfrac{u(x+h)}{v(x+h)}-\dfrac{u(x)}{v(x)}}{h}=\lim_{h\to 0}\frac{u(x+h)v(x)-u(x)v(x+h)}{v(x+h)v(x)h}\\&=\lim_{h\to 0}\frac{[u(x+h)-u(x)]\,v(x)-u(x)\,[v(x+h)-v(x)]}{v(x+h)v(x)h}\\&=\lim_{h\to 0}\frac{\dfrac{u(x+h)-u(x)}{h}\cdot v(x)-u(x)\cdot\dfrac{v(x+h)-v(x)}{h}}{v(x+h)v(x)}\end{aligned}$$

$$=\frac{u'(x)v(x)-u(x)v'(x)}{v^2(x)}.$$

注　定理 1 的结论可以简写为以下形式：

(1) $(u\pm v)'=u'\pm v'$；

(2) $(uv)'=u'v+uv'$，特别地，若 $v=C$（C 为常数），则 $(Cu)'=Cu'$；

(3) $\left(\frac{u}{v}\right)'=\frac{u'v-uv'}{v^2}(v\neq 0)$.

定理 1 中的法则(1) 和(2) 可以推广到任意有限个可导函数的情形. 例如，

$$(u_1\pm u_2\pm u_3)'=u_1'\pm u_2'\pm u_3',$$
$$(u_1u_2u_3)'=u_1'u_2u_3+u_1u_2'u_3+u_1u_2u_3'.$$

例 1　设函数 $f(x)=x^3-\cos x+\ln x-\mathrm{e}^x-5$，求 $f'(x)$.

解　$f'(x)=(x^3)'-(\cos x)'+(\ln x)'-(\mathrm{e}^x)'-(5)'=3x^2+\sin x+\frac{1}{x}-\mathrm{e}^x$.

例 2　设函数 $f(x)=4\sqrt{x}\cos x$，求 $f'(x)$ 及 $f'\left(\frac{\pi}{2}\right)$.

解　$f'(x)=(4\sqrt{x}\cos x)'=4(\sqrt{x}\cos x)'=4\left[(\sqrt{x})'\cdot\cos x+\sqrt{x}\cdot(\cos x)'\right]$

$$=4\left[\frac{1}{2\sqrt{x}}\cos x+\sqrt{x}(-\sin x)\right]=\frac{2}{\sqrt{x}}\cos x-4\sqrt{x}\sin x,$$

于是

$$f'\left(\frac{\pi}{2}\right)=\left(\frac{2}{\sqrt{x}}\cos x-4\sqrt{x}\sin x\right)\Big|_{x=\frac{\pi}{2}}=\frac{2}{\sqrt{\frac{\pi}{2}}}\cos\frac{\pi}{2}-4\sqrt{\frac{\pi}{2}}\sin\frac{\pi}{2}=-2\sqrt{2\pi}.$$

例 3　设函数 $f(x)=\mathrm{e}^x(\sin x-\cos x)$，求 $f'(x)$.

解　$f'(x)=\left[\mathrm{e}^x(\sin x-\cos x)\right]'=(\mathrm{e}^x)'\cdot(\sin x-\cos x)+\mathrm{e}^x\cdot(\sin x-\cos x)'$

$$=\mathrm{e}^x(\sin x-\cos x)+\mathrm{e}^x(\cos x+\sin x)=2\mathrm{e}^x\sin x.$$

例 4　设函数 $f(x)=\tan x$，求 $f'(x)$.

解　$f'(x)=\left(\frac{\sin x}{\cos x}\right)'=\frac{(\sin x)'\cdot\cos x-\sin x\cdot(\cos x)'}{\cos^2 x}$

$$=\frac{\cos x\cos x-\sin x(-\sin x)}{\cos^2 x}=\frac{\cos^2 x+\sin^2 x}{\cos^2 x}$$

$$=\frac{1}{\cos^2 x}=\sec^2 x,$$

即

$$(\tan x)'=\frac{1}{\cos^2 x}=\sec^2 x.$$

类似地，可求得

$$(\cot x)'=-\frac{1}{\sin^2 x}=-\csc^2 x.$$

例 5　设函数 $f(x)=\sec x$，求 $f'(x)$.

解 $f'(x)=\left(\dfrac{1}{\cos x}\right)'=\dfrac{(1)'\cdot\cos x-1\cdot(\cos x)'}{\cos^2 x}=\dfrac{\sin x}{\cos^2 x}=\sec x\tan x$,

即

$$(\sec x)'=\sec x\tan x.$$

类似地,可求得

$$(\csc x)'=-\csc x\cot x.$$

二、复合函数的求导法则

定理 2 (链式法则) **设函数 $u=g(x)$ 在点 x 处可导,而函数 $y=f(u)$ 在对应点 $u=g(x)$ 处可导,则复合函数 $y=f[g(x)]$ 在点 x 处可导,且**

$$\frac{\mathrm{d}y}{\mathrm{d}x}=f'(u)g'(x) \quad \text{或} \quad \frac{\mathrm{d}y}{\mathrm{d}x}=\frac{\mathrm{d}y}{\mathrm{d}u}\cdot\frac{\mathrm{d}u}{\mathrm{d}x}.$$

证 由于函数 $y=f(u)$ 在点 u 处可导,故

$$\lim_{\Delta u\to 0}\frac{\Delta y}{\Delta u}=\frac{\mathrm{d}y}{\mathrm{d}u}$$

存在.根据函数极限与无穷小的关系,有

$$\frac{\Delta y}{\Delta u}=\frac{\mathrm{d}y}{\mathrm{d}u}+\alpha,$$

其中 $\lim\limits_{\Delta u\to 0}\alpha=0$.

当 $\Delta u\neq 0$ 时,$\Delta y=\dfrac{\mathrm{d}y}{\mathrm{d}u}\cdot\Delta u+\alpha\Delta u$.

当 $\Delta u=0$ 时,$\Delta y=0$,$\dfrac{\mathrm{d}y}{\mathrm{d}u}\cdot\Delta u+\alpha\Delta u=0$,故有 $\Delta y=\dfrac{\mathrm{d}y}{\mathrm{d}u}\cdot\Delta u+\alpha\Delta u$.

综上所述,无论 Δu 是否为零,都有

$$\Delta y=\frac{\mathrm{d}y}{\mathrm{d}u}\cdot\Delta u+\alpha\Delta u,$$

从而

$$\frac{\Delta y}{\Delta x}=\frac{\mathrm{d}y}{\mathrm{d}u}\cdot\frac{\Delta u}{\Delta x}+\alpha\cdot\frac{\Delta u}{\Delta x}.$$

又因函数 $u=g(x)$ 在点 x 处可导,故它在点 x 处连续,则当 $\Delta x\to 0$ 时,有 $\Delta u\to 0$. 因此

$$\frac{\mathrm{d}y}{\mathrm{d}x}=\lim_{\Delta x\to 0}\frac{\Delta y}{\Delta x}=\frac{\mathrm{d}y}{\mathrm{d}u}\cdot\lim_{\Delta x\to 0}\frac{\Delta u}{\Delta x}+\lim_{\Delta u\to 0}\alpha\cdot\lim_{\Delta x\to 0}\frac{\Delta u}{\Delta x}=\frac{\mathrm{d}y}{\mathrm{d}u}\cdot\frac{\mathrm{d}u}{\mathrm{d}x},$$

即

$$\frac{\mathrm{d}y}{\mathrm{d}x}=\frac{\mathrm{d}y}{\mathrm{d}u}\cdot\frac{\mathrm{d}u}{\mathrm{d}x}.$$

在应用复合函数的求导法则时,首先要分析所给函数是由哪些函数复合而成的,然后利用复合函数的链式法则求所给函数的导数.

例 6 设函数 $y=\cos\dfrac{1}{x}$,求 $\dfrac{\mathrm{d}y}{\mathrm{d}x}$.

解 函数 $y=\cos\dfrac{1}{x}$ 可看作是由函数 $y=\cos u$,$u=\dfrac{1}{x}$ 复合而成的,因此

$$\frac{\mathrm{d}y}{\mathrm{d}x}=\frac{\mathrm{d}y}{\mathrm{d}u}\cdot\frac{\mathrm{d}u}{\mathrm{d}x}=(-\sin u)\cdot\left(-\frac{1}{x^2}\right)=\frac{1}{x^2}\sin\frac{1}{x}.$$

例 7　设函数 $y=\mathrm{e}^{x^2}$，求$\frac{\mathrm{d}y}{\mathrm{d}x}$.

解　函数 $y=\mathrm{e}^{x^2}$ 可看作是由函数 $y=\mathrm{e}^u$，$u=x^2$ 复合而成的，因此

$$\frac{\mathrm{d}y}{\mathrm{d}x}=\frac{\mathrm{d}y}{\mathrm{d}u}\cdot\frac{\mathrm{d}u}{\mathrm{d}x}=\mathrm{e}^u\cdot(2x)=2x\mathrm{e}^{x^2}.$$

例 8　设函数 $y=\ln(\sin x)$，求$\frac{\mathrm{d}y}{\mathrm{d}x}$.

解　函数 $y=\ln(\sin x)$ 可看作是由函数 $y=\ln u$，$u=\sin x$ 复合而成的，因此

$$\frac{\mathrm{d}y}{\mathrm{d}x}=\frac{\mathrm{d}y}{\mathrm{d}u}\cdot\frac{\mathrm{d}u}{\mathrm{d}x}=\frac{1}{u}\cdot\cos x=\cot x.$$

对复合函数的分解比较熟悉后，就不必再写出中间变量，可以直接按照复合的前后顺序层层求导，直接写出最后的求导结果.

例 9　设函数 $y=\cos(\ln x)$，求$\frac{\mathrm{d}y}{\mathrm{d}x}$.

解　$\frac{\mathrm{d}y}{\mathrm{d}x}=-\sin(\ln x)\cdot\frac{1}{x}=-\frac{\sin(\ln x)}{x}.$

复合函数的链式法则可以推广到多个中间变量的情形. 例如，设函数 $y=f(u)$，$u=g(v)$ 与 $v=h(x)$ 在相应点处均可导，则复合函数 $y=f\{g[h(x)]\}$ 也可导，且

$$\frac{\mathrm{d}y}{\mathrm{d}x}=\frac{\mathrm{d}y}{\mathrm{d}u}\cdot\frac{\mathrm{d}u}{\mathrm{d}v}\cdot\frac{\mathrm{d}v}{\mathrm{d}x}.$$

例 10　设函数 $y=\mathrm{e}^{\sin(2x-3)}$，求$\frac{\mathrm{d}y}{\mathrm{d}x}$.

解　$\frac{\mathrm{d}y}{\mathrm{d}x}=\mathrm{e}^{\sin(2x-3)}\cdot\cos(2x-3)\cdot 2=2\mathrm{e}^{\sin(2x-3)}\cos(2x-3).$

例 11　设函数 $y=\ln(\cos^3\sqrt{x})$，求$\frac{\mathrm{d}y}{\mathrm{d}x}$.

解　$\frac{\mathrm{d}y}{\mathrm{d}x}=\frac{1}{\cos^3\sqrt{x}}\cdot(3\cos^2\sqrt{x})\cdot(-\sin\sqrt{x})\cdot\frac{1}{2\sqrt{x}}=-\frac{3\sqrt{x}\tan\sqrt{x}}{2x}.$

例 12　设函数 $y=\ln[\ln(\ln x)]$，求$\frac{\mathrm{d}y}{\mathrm{d}x}$.

解　$\frac{\mathrm{d}y}{\mathrm{d}x}=\frac{1}{\ln(\ln x)}\cdot\frac{1}{\ln x}\cdot\frac{1}{x}=\frac{1}{x\ln x\cdot\ln(\ln x)}.$

三、反函数的求导法则

定理 3　**设函数 $x=g(y)$ 在区间 I_y 上单调、可导，且 $g'(y)\neq 0$，则其反函数 $y=f(x)$ 在相应的区间 $I_x=\{x\,|\,x=g(y),y\in I_y\}$ 上也单调、可导，且**

$$f'(x)=\frac{1}{g'(y)}\quad\text{或}\quad\frac{\mathrm{d}y}{\mathrm{d}x}=\frac{1}{\frac{\mathrm{d}x}{\mathrm{d}y}}.$$

证 因函数 $x=g(y)$ 在区间 I_y 上单调、连续(由可导可知),故其反函数 $y=f(x)$ 存在,且在相应的区间 $I_x=\{x\,|\,x=g(y),y\in I_y\}$ 上也单调、连续.

下面考察函数 $y=f(x)$ 在区间 $I_x=\{x\,|\,x=g(y),y\in I_y\}$ 上的可导性.

任取 $x\in I_x$,给自变量 x 一个增量 $\Delta x(\Delta x\neq 0,x+\Delta x\in I_x)$,则由函数 $y=f(x)$ 在区间 I_x 上的单调性知

$$\Delta y=f(x+\Delta x)-f(x)\neq 0,$$

于是

$$\frac{\Delta y}{\Delta x}=\frac{1}{\frac{\Delta x}{\Delta y}}.$$

又由函数 $y=f(x)$ 在区间 I_x 上的连续性知

$$\lim_{\Delta x\to 0}\Delta y=0,$$

从而

$$f'(x)=\lim_{\Delta x\to 0}\frac{\Delta y}{\Delta x}=\lim_{\Delta y\to 0}\frac{1}{\frac{\Delta x}{\Delta y}}=\frac{1}{g'(y)}.$$

定理 3 说明:反函数的导数等于其原来函数导数的倒数.

例 13 设函数 $y=\arcsin x$,求 y'.

解 因函数 $x=\sin y$ 在区间 $\left(-\frac{\pi}{2},\frac{\pi}{2}\right)$ 内单调、可导,且 $(\sin y)'=\cos y>0$,故在对应的区间 $(-1,1)$ 内,有

$$y'=(\arcsin x)'=\frac{1}{(\sin y)'}=\frac{1}{\cos y}=\frac{1}{\sqrt{1-\sin^2 y}}=\frac{1}{\sqrt{1-x^2}},$$

即

$$(\arcsin x)'=\frac{1}{\sqrt{1-x^2}}.$$

类似地,可求得

$$(\arccos x)'=-\frac{1}{\sqrt{1-x^2}},$$

$$(\arctan x)'=\frac{1}{1+x^2},$$

$$(\operatorname{arccot} x)'=-\frac{1}{1+x^2}.$$

四、基本初等函数的导数公式

为方便读者查阅,下面将常用的基本初等函数的导数公式列出:

(1) $(C)'=0$(C 为常数);

(2) $(x^\alpha)'=\alpha x^{\alpha-1}$($\alpha$ 为实数);

(3) $(a^x)'=a^x\ln a\,(a>0,a\neq 1)$;

(4) $(\mathrm{e}^x)'=\mathrm{e}^x$;

(5) $(\log_a x)'=\frac{1}{x\ln a}(a>0,a\neq 1)$;

(6) $(\ln x)'=\frac{1}{x}$;

(7) $(\sin x)'=\cos x$;

(8) $(\cos x)'=-\sin x$;

(9) $(\tan x)'=\frac{1}{\cos^2 x}=\sec^2 x$;

(10) $(\cot x)'=-\frac{1}{\sin^2 x}=-\csc^2 x$;

(11) $(\sec x)'=\sec x\tan x$;

(12) $(\csc x)'=-\csc x\cot x$;

(13) $(\arcsin x)'=\frac{1}{\sqrt{1-x^2}}$;

(14) $(\arccos x)'=-\frac{1}{\sqrt{1-x^2}}$;

(15) $(\arctan x)'=\frac{1}{1+x^2}$;

(16) $(\text{arccot}\, x)'=-\frac{1}{1+x^2}$.

例 14 设函数 $f(x)=\arctan\frac{x+1}{x-1}$,求 $f'(x)$.

解
$$f'(x)=\left(\arctan\frac{x+1}{x-1}\right)'=\frac{1}{1+\left(\frac{x+1}{x-1}\right)^2}\cdot\left(\frac{x+1}{x-1}\right)'$$
$$=\frac{(x-1)^2}{(x-1)^2+(x+1)^2}\cdot\frac{(x+1)'\cdot(x-1)-(x+1)\cdot(x-1)'}{(x-1)^2}$$
$$=\frac{1}{2x^2+2}\cdot(-2)=-\frac{1}{x^2+1}.$$

例 15 设函数 $f(x)=x\arcsin\frac{x}{2}+\sqrt{4-x^2}$,求 $f'(x)$.

解
$$f'(x)=\left(x\arcsin\frac{x}{2}+\sqrt{4-x^2}\right)'=\left(x\arcsin\frac{x}{2}\right)'+(\sqrt{4-x^2})'$$
$$=x'\cdot\arcsin\frac{x}{2}+x\cdot\left(\arcsin\frac{x}{2}\right)'+\frac{1}{2\sqrt{4-x^2}}\cdot(4-x^2)'$$
$$=\arcsin\frac{x}{2}+x\cdot\frac{1}{\sqrt{1-\left(\frac{x}{2}\right)^2}}\cdot\left(\frac{x}{2}\right)'+\frac{1}{2\sqrt{4-x^2}}\cdot(-2x)$$
$$=\arcsin\frac{x}{2}+\frac{x}{\sqrt{4-x^2}}-\frac{x}{\sqrt{4-x^2}}=\arcsin\frac{x}{2}.$$

例 16 求函数 $y=f(\sin^2 x)+f(\cos^2 x)$ 的导数$\frac{\mathrm{d}y}{\mathrm{d}x}$,其中函数 $f(x)$ 可导.

解
$$\frac{\mathrm{d}y}{\mathrm{d}x}=[f(\sin^2 x)+f(\cos^2 x)]'=f'(\sin^2 x)\cdot(\sin^2 x)'+f'(\cos^2 x)\cdot(\cos^2 x)'$$
$$=f'(\sin^2 x)\cdot(2\sin x)\cdot(\sin x)'+f'(\cos^2 x)\cdot(2\cos x)\cdot(\cos x)'$$
$$=2\sin x\cos x[f'(\sin^2 x)-f'(\cos^2 x)]$$
$$=\sin 2x[f'(\sin^2 x)-f'(\cos^2 x)].$$

例 17 设 $f'(x)$ 存在,求函数 $y=\ln|f(x)|[f(x)\neq 0]$ 的导数.

解 当 $f(x)>0$ 时,$y=\ln f(x)$,则
$$y'=[\ln f(x)]'=\frac{1}{f(x)}f'(x)=\frac{f'(x)}{f(x)};$$
当 $f(x)<0$ 时,$y=\ln[-f(x)]$,则

$$y' = \frac{1}{-f(x)}[-f(x)]' = \frac{f'(x)}{f(x)}.$$

综上可知，$y' = \dfrac{f'(x)}{f(x)}$.

习题 3-2

1. 求下列函数在给定点处的导数：

(1) $y = x^2 + \dfrac{1}{x}, x = 1$；

(2) $y = \sin x + \cos x, x = \dfrac{\pi}{3}$ 和 $x = \dfrac{\pi}{4}$；

(3) $y = x\sin x - 2\cos x, x = \dfrac{\pi}{4}$；

(4) $y = \dfrac{\sqrt{x} - 1}{\sqrt{x} + 1}, x = 4$；

(5) $y = x^2 \ln x, x = \mathrm{e}$.

2. 求下列函数的导数$\dfrac{\mathrm{d}y}{\mathrm{d}x}$：

(1) $y = x - \sqrt[3]{x} + 2$；

(2) $y = x^2 - \dfrac{3}{x^3} - \dfrac{2}{x^5} + 7$；

(3) $y = 3x^5 - 4\log_2 x - 2\mathrm{e}^x$；

(4) $y = \cos x - 3\tan x + 2\sec x$；

(5) $y = 3^x \ln x$；

(6) $y = 2\mathrm{e}^x \sin x$；

(7) $y = x^2 \ln x \cdot \sin x$；

(8) $y = \dfrac{\mathrm{e}^x}{x^3} - 2^x$；

(9) $y = \dfrac{1 + \cos x}{1 + \sin x}$；

(10) $y = \dfrac{x\sin x + \cos x}{x\cos x - \sin x}$.

3. 求下列函数的导数$\dfrac{\mathrm{d}y}{\mathrm{d}x}$：

(1) $y = (3x - 1)^2$；

(2) $y = \sin(5 - 2x)$；

(3) $y = 1 - 3\log_2 4x$；

(4) $y = -\cos^2 x$；

(5) $y = \ln(x^3 + 2)$；

(6) $y = \arctan(\ln x)$；

(7) $y = \sqrt{a^2 - x^2}$；

(8) $y = \ln(\sqrt{a^2 + x^2} - x)$；

(9) $y = \sin^n x \cdot \cos nx$；

(10) $y = \mathrm{e}^{-2\arcsin^3 x}$；

(11) $y = \sqrt{x + \sqrt{x}}$；

(12) $y = \dfrac{\sqrt{1+x} - \sqrt{1-x}}{\sqrt{1+x} + \sqrt{1-x}}$.

4. 求函数 $y = \sqrt{f^2(x) + g^2(x)}$ 的导数$\dfrac{\mathrm{d}y}{\mathrm{d}x}$，其中函数 $f(x)$ 和 $g(x)$ 可导，且 $f^2(x) + g^2(x) \neq 0$.

5. 求函数 $y=\dfrac{f(\mathrm{e}^x)}{\mathrm{e}^{f(x)}}$ 的导数$\dfrac{\mathrm{d}y}{\mathrm{d}x}$，其中函数 $f(x)$ 可导.

第三节　隐函数与参变量函数的导数

一、隐函数的导数

对于形如 $y=f(x)$ 的显函数，可以用前面介绍的方法求其导数. 但由于并不是所有的隐函数都能够化为显函数，因此下面将讨论不需要将隐函数化为显函数，而直接求隐函数的导数的方法.

设 $y=y(x)$ 是由方程 $F(x,y)=0$ 所确定的隐函数，利用导数的运算法则，对方程 $F(x,y)=0$ 的两边同时关于自变量 x 求导，在求导的过程中，要始终视 y 为 x 的函数，从而可得到含有导数$\dfrac{\mathrm{d}y}{\mathrm{d}x}$ 的方程，最后解出$\dfrac{\mathrm{d}y}{\mathrm{d}x}$. 这种求导方法称为**隐函数的求导法则**.

例 1　求由方程 $x\mathrm{e}^y-y+1=0$ 所确定的隐函数 $y=y(x)$ 的导数$\dfrac{\mathrm{d}y}{\mathrm{d}x}$.

解　对方程 $x\mathrm{e}^y-y+1=0$ 的两边同时关于自变量 x 求导，得

$$\mathrm{e}^y+x\mathrm{e}^y\cdot\frac{\mathrm{d}y}{\mathrm{d}x}-\frac{\mathrm{d}y}{\mathrm{d}x}=0,$$

解得

$$\frac{\mathrm{d}y}{\mathrm{d}x}=\frac{\mathrm{e}^y}{1-x\mathrm{e}^y}\quad(1-x\mathrm{e}^y\neq 0).$$

例 2　求由方程 $xy-\mathrm{e}^{x+y}=0$ 所确定的隐函数 $y=y(x)$ 的导数$\dfrac{\mathrm{d}y}{\mathrm{d}x}$.

解　对方程 $xy-\mathrm{e}^{x+y}=0$ 的两边同时关于自变量 x 求导，得

$$y+x\cdot\frac{\mathrm{d}y}{\mathrm{d}x}-\mathrm{e}^{x+y}\left(1+\frac{\mathrm{d}y}{\mathrm{d}x}\right)=0,$$

解得

$$\frac{\mathrm{d}y}{\mathrm{d}x}=\frac{\mathrm{e}^{x+y}-y}{x-\mathrm{e}^{x+y}}\quad(x-\mathrm{e}^{x+y}\neq 0).$$

例 3　求由方程 $x^3+3xy+y^3=5$ 所确定的曲线 $y=y(x)$ 在点(1,1)处的切线方程和法线方程.

解　对方程 $x^3+3xy+y^3=5$ 的两边同时关于自变量 x 求导，得

$$3x^2+3y+3x\cdot\frac{\mathrm{d}y}{\mathrm{d}x}+3y^2\cdot\frac{\mathrm{d}y}{\mathrm{d}x}=0,$$

解得

$$\frac{\mathrm{d}y}{\mathrm{d}x}=-\frac{x^2+y}{x+y^2}\quad(x+y^2\neq 0).$$

在点(1,1)处,有$\left.\frac{\mathrm{d}y}{\mathrm{d}x}\right|_{(1,1)}=-1$,故所求切线方程为

$$y-1=-1\cdot(x-1),\quad 即\quad x+y-2=0,$$

所求法线方程为

$$y-1=1\cdot(x-1),\quad 即\quad y=x.$$

二、对数求导法

对具有特殊形式的函数 $y=y(x)$,如函数 $y=x^{\sin x}$,$y=\frac{\sqrt{x+2}(3-x)^4}{(x+1)^5}$ 等,可以使用**对数求导法**来求其导数.这种方法需要先对函数 $y=y(x)$ 的两边同时取自然对数,再利用隐函数的求导法则来求导数$\frac{\mathrm{d}y}{\mathrm{d}x}$.

例 4 设函数 $y=x^{\sin x}(x>0)$,求$\frac{\mathrm{d}y}{\mathrm{d}x}$.

解 先对函数 $y=x^{\sin x}$ 的两边同时取自然对数,得

$$\ln y=\sin x\cdot\ln x.$$

再对上式的两边同时关于自变量 x 求导,得

$$\frac{1}{y}\cdot\frac{\mathrm{d}y}{\mathrm{d}x}=\cos x\cdot\ln x+\sin x\cdot\frac{1}{x},$$

解得

$$\frac{\mathrm{d}y}{\mathrm{d}x}=x^{\sin x}\left(\cos x\cdot\ln x+\frac{\sin x}{x}\right).$$

例 5 设函数 $y=\frac{\sqrt{x+2}(3-x)^4}{(x+1)^5}(-1<x<3)$,求$\frac{\mathrm{d}y}{\mathrm{d}x}$.

解 先对函数 $y=\frac{\sqrt{x+2}(3-x)^4}{(x+1)^5}$ 的两边同时取自然对数,得

$$\ln y=\ln\sqrt{x+2}+\ln(3-x)^4-\ln(x+1)^5,$$

即

$$\ln y=\frac{1}{2}\ln(x+2)+4\ln(3-x)-5\ln(x+1).$$

再对上式的两边同时关于自变量 x 求导,得

$$\frac{1}{y}\cdot\frac{\mathrm{d}y}{\mathrm{d}x}=\frac{1}{2(x+2)}-\frac{4}{3-x}-\frac{5}{x+1},$$

解得

$$\frac{\mathrm{d}y}{\mathrm{d}x}=\frac{\sqrt{x+2}(3-x)^4}{(x+1)^5}\left[\frac{1}{2(x+2)}-\frac{4}{3-x}-\frac{5}{x+1}\right].$$

三、参变量函数的导数

参变量函数是指由参数方程

$$\begin{cases} x=\varphi(t), \\ y=\psi(t) \end{cases}$$

所确定的 y 与 x 之间的函数 $y=y(x)$.

设函数 $x=\varphi(t)$，$y=\psi(t)$ 都可导，且 $\varphi'(t)\neq 0$. 若 $x=\varphi(t)$ 具有单调、连续的反函数 $t=\varphi^{-1}(x)$，且该反函数能与 $y=\psi(t)$ 构成一个关于 x 的复合函数 $y=\psi[\varphi^{-1}(x)]$，则由复合函数的求导法则及反函数的求导法则知，参变量函数的求导公式为

$$\frac{\mathrm{d}y}{\mathrm{d}x}=\frac{\psi'(t)}{\varphi'(t)} \quad 或 \quad \frac{\mathrm{d}y}{\mathrm{d}x}=\frac{\dfrac{\mathrm{d}\psi}{\mathrm{d}t}}{\dfrac{\mathrm{d}\varphi}{\mathrm{d}t}}.$$

例 6　求由参数方程 $\begin{cases} x=t-t^2, \\ y=1-t^2 \end{cases}$ 所确定的函数 $y=y(x)$ 的导数 $\dfrac{\mathrm{d}y}{\mathrm{d}x}$.

解　由参变量函数的求导公式，得

$$\frac{\mathrm{d}y}{\mathrm{d}x}=\frac{y'(t)}{x'(t)}=\frac{-2t}{1-2t}=\frac{2t}{2t-1} \quad \left(t\neq\frac{1}{2}\right).$$

例 7　求由参数方程 $\begin{cases} x=\mathrm{e}^t\sin t, \\ y=\mathrm{e}^t\cos t \end{cases}$ 所确定的曲线 $y=y(x)$ 在 $t=\dfrac{\pi}{2}$ 相应点处的切线方程.

解　由参变量函数的求导公式，得

$$\frac{\mathrm{d}y}{\mathrm{d}x}=\frac{y'(t)}{x'(t)}=\frac{\mathrm{e}^t\cos t-\mathrm{e}^t\sin t}{\mathrm{e}^t\sin t+\mathrm{e}^t\cos t}=\frac{\cos t-\sin t}{\sin t+\cos t} \quad (\sin t+\cos t\neq 0).$$

当 $t=\dfrac{\pi}{2}$ 时，有

$$x=(\mathrm{e}^t\sin t)\Big|_{t=\frac{\pi}{2}}=\mathrm{e}^{\frac{\pi}{2}}, \quad y=(\mathrm{e}^t\cos t)\Big|_{t=\frac{\pi}{2}}=0,$$

$$\frac{\mathrm{d}y}{\mathrm{d}x}\Big|_{t=\frac{\pi}{2}}=\frac{\cos\dfrac{\pi}{2}-\sin\dfrac{\pi}{2}}{\sin\dfrac{\pi}{2}+\cos\dfrac{\pi}{2}}=\frac{0-1}{1+0}=-1,$$

故所求切线方程为

$$y-0=-1\cdot(x-\mathrm{e}^{\frac{\pi}{2}}), \quad 即 \quad x+y-\mathrm{e}^{\frac{\pi}{2}}=0.$$

习题 3-3

1. 求由下列方程所确定的隐函数 $y=y(x)$ 的导数 $\dfrac{\mathrm{d}y}{\mathrm{d}x}$：

(1) $x^2-xy+y^2-2=0$；　　(2) $y\sin x+\cos(x-y)=0$；

(3) $xy+\mathrm{e}^{-x}-\mathrm{e}^{-y}=0$；　　(4) $\sin y+x\mathrm{e}^y=0$；

(5) $\arctan\dfrac{y}{x}=\ln\sqrt{x^2+y^2}$.

2. 用对数求导法求下列函数的导数$\frac{\mathrm{d}y}{\mathrm{d}x}$：

(1) $y=x^x+x^a+a^x(a>0,a\neq 1)$； (2) $y=\left(\frac{x}{x+1}\right)^x$；

(3) $y=\mathrm{e}^{x^2}\sqrt{\frac{(x-1)(x-2)}{x-3}}$； (4) $y=\sqrt[5]{\frac{x-5}{\sqrt[5]{x^2+2}}}$；

(5) $y=\sqrt{x\sin x\sqrt{1-\mathrm{e}^x}}$.

3. 求由方程$x^3-3xy+y^3=3$所确定的曲线$y=y(x)$在点(1,2)处的切线方程和法线方程.

4. 求由参数方程$\begin{cases}x=t-\arctan t,\\ y=\ln(1+t^2)\end{cases}$所确定的函数$y=y(x)$的导数$\frac{\mathrm{d}y}{\mathrm{d}x}$.

5. 求由参数方程$\begin{cases}x=\mathrm{e}^t(1-\cos t),\\ y=\mathrm{e}^t(1+\sin t)\end{cases}$所确定的函数$y=y(x)$的导数$\frac{\mathrm{d}y}{\mathrm{d}x}$及函数$x=x(y)$的导数$\frac{\mathrm{d}x}{\mathrm{d}y}$.

第四节　高阶导数

一、高阶导数的概念

定义 1　如果函数$y=f(x)$的导数(也称为**一阶导数**)$f'(x)$在点x处可导,即

$$[f'(x)]'=\lim_{\Delta x\to 0}\frac{f'(x+\Delta x)-f'(x)}{\Delta x}$$

存在,则称$[f'(x)]'$为$y=f(x)$在点x处的**二阶导数**,记为

$$f''(x),\quad y'',\quad \frac{\mathrm{d}^2y}{\mathrm{d}x^2}\quad 或\quad \frac{\mathrm{d}^2f(x)}{\mathrm{d}x^2}.$$

类似地,二阶导数的导数称为**三阶导数**,记为

$$f'''(x),\quad y''',\quad \frac{\mathrm{d}^3y}{\mathrm{d}x^3}\quad 或\quad \frac{\mathrm{d}^3f(x)}{\mathrm{d}x^3}.$$

一般地,$n-1$阶导数的导数称为n **阶导数**,记为

$$f^{(n)}(x),\quad y^{(n)},\quad \frac{\mathrm{d}^ny}{\mathrm{d}x^n}\quad 或\quad \frac{\mathrm{d}^nf(x)}{\mathrm{d}x^n}.$$

二阶及二阶以上的导数统称为**高阶导数**.

函数$y=f(x)$在点x处具有n阶导数,也常称$y=f(x)$在点x处n **阶可导**,此时$y=f(x)$在点x的某一邻域内必定具有一切低于n阶的导数.

由第一节关于瞬时速度的讨论知,瞬时速度$v(t)$是路程函数$s=s(t)$对时间t的一阶导数,即$v(t)=s'(t)$. 由物理学知识知,瞬时速度$v(t)$的导数$v'(t)$[加速度$a(t)$]是路程函数

$s=s(t)$ 对时间 t 的二阶导数，即

$$a(t)=v'(t)=s''(t).$$

二、高阶导数的计算

根据高阶导数的定义知，高阶导数 $f^{(n)}(x)$ 可以通过接连多次进行求导来计算，称之为**逐阶求导法**. 如果要求任意阶的导数，或者要求的导数的阶数 n 较高，则需要在逐阶求导的过程中，寻找导数表达式的规律.

例 1　设函数 $y=2x-3$，求 $y'''(1)$.

解　因 $y'=2, y''=0, y'''=0$，故 $y'''(1)=0$.

例 2　设函数 $y=\tan 2x$，求 y''.

解

$$\begin{aligned} y' &= 2\sec^2 2x, \\ y'' &= 4\sec 2x \cdot \sec 2x \tan 2x \cdot 2 = 8\tan 2x \sec^2 2x \\ &= 8\tan 2x(1+\tan^2 2x) = 8\tan^3 2x + 8\tan 2x. \end{aligned}$$

例 3　设函数 $y=\mathrm{e}^x$，求 $y^{(n)}$.

解　$y'=\mathrm{e}^x, y''=\mathrm{e}^x, y'''=\mathrm{e}^x, \cdots, y^{(n)}=\mathrm{e}^x$.

例 4　设函数 $y=\sin x$，求 $y^{(n)}$.

解

$$y'=\cos x=\sin\left(x+\frac{\pi}{2}\right),$$

$$y''=\cos\left(x+\frac{\pi}{2}\right)=\sin\left(x+\frac{\pi}{2}+\frac{\pi}{2}\right)=\sin\left(x+2\cdot\frac{\pi}{2}\right),$$

$$y'''=\cos\left(x+2\cdot\frac{\pi}{2}\right)=\sin\left(x+2\cdot\frac{\pi}{2}+\frac{\pi}{2}\right)=\sin\left(x+3\cdot\frac{\pi}{2}\right),$$

……

递推可得

$$y^{(n)}=\sin\left(x+n\cdot\frac{\pi}{2}\right),$$

即

$$(\sin x)^{(n)}=\sin\left(x+n\cdot\frac{\pi}{2}\right).$$

类似地，可求得

$$(\cos x)^{(n)}=\cos\left(x+n\cdot\frac{\pi}{2}\right).$$

例 5　设函数 $y=\ln(1+x)$，求 $y^{(n)}$.

解

$$y'=\frac{1}{1+x},$$

$$y''=-\frac{1}{(1+x)^2},$$

$$y'''=\frac{1\cdot 2}{(1+x)^3}=\frac{2!}{(1+x)^3},$$

……

递推可得

$$y^{(n)}=(-1)^{n-1}\frac{(n-1)!}{(1+x)^n},$$

即

$$[\ln(1+x)]^{(n)}=(-1)^{n-1}\frac{(n-1)!}{(1+x)^n}.$$

例 6 求由方程 $\mathrm{e}^y+xy-\mathrm{e}^2=0$ 所确定的隐函数 $y=y(x)$ 的二阶导数$\frac{\mathrm{d}^2y}{\mathrm{d}x^2}$.

解 先对方程 $\mathrm{e}^y+xy-\mathrm{e}^2=0$ 的两边同时关于自变量 x 求导,得

$$\mathrm{e}^y\cdot\frac{\mathrm{d}y}{\mathrm{d}x}+y+x\cdot\frac{\mathrm{d}y}{\mathrm{d}x}=0,$$

解得

$$\frac{\mathrm{d}y}{\mathrm{d}x}=-\frac{y}{x+\mathrm{e}^y}.$$

再对上式的两边同时关于自变量 x 求导,得

$$\frac{\mathrm{d}^2y}{\mathrm{d}x^2}=-\frac{\frac{\mathrm{d}y}{\mathrm{d}x}\cdot(x+\mathrm{e}^y)-y\cdot\left(1+\mathrm{e}^y\cdot\frac{\mathrm{d}y}{\mathrm{d}x}\right)}{(x+\mathrm{e}^y)^2}=-\frac{\frac{\mathrm{d}y}{\mathrm{d}x}\cdot(x+\mathrm{e}^y-y\mathrm{e}^y)-y}{(x+\mathrm{e}^y)^2}.$$

将$\frac{\mathrm{d}y}{\mathrm{d}x}$的表达式代入上式,化简得

$$\frac{\mathrm{d}^2y}{\mathrm{d}x^2}=\frac{2xy+2y\mathrm{e}^y-y^2\mathrm{e}^y}{(x+\mathrm{e}^y)^3}.$$

注 在例 6 的解答过程中,也可以直接对方程 $\mathrm{e}^y\cdot\frac{\mathrm{d}y}{\mathrm{d}x}+y+x\cdot\frac{\mathrm{d}y}{\mathrm{d}x}=0$ 的两边同时关于自变量 x 求导,得到一个关于$\frac{\mathrm{d}^2y}{\mathrm{d}x^2}$的方程,然后解出$\frac{\mathrm{d}^2y}{\mathrm{d}x^2}$即可.

在上一节中已经得到,由参数方程$\begin{cases}x=\varphi(t),\\y=\psi(t)\end{cases}$所确定的函数 $y=y(x)$ 的一阶导数为

$$\frac{\mathrm{d}y}{\mathrm{d}x}=\frac{\psi'(t)}{\varphi'(t)}\quad\text{或}\quad\frac{\mathrm{d}y}{\mathrm{d}x}=\frac{\frac{\mathrm{d}\psi}{\mathrm{d}t}}{\frac{\mathrm{d}\varphi}{\mathrm{d}t}}.$$

如果 $\varphi'(t),\psi'(t)$ 可导,则由上式可继续求得函数 $y=y(x)$ 的二阶导数为

$$\begin{aligned}\frac{\mathrm{d}^2y}{\mathrm{d}x^2}&=\frac{\mathrm{d}}{\mathrm{d}x}\left(\frac{\mathrm{d}y}{\mathrm{d}x}\right)=\frac{\mathrm{d}}{\mathrm{d}t}\left(\frac{\mathrm{d}y}{\mathrm{d}x}\right)\cdot\frac{\mathrm{d}t}{\mathrm{d}x}=\frac{\mathrm{d}}{\mathrm{d}t}\left(\frac{\mathrm{d}y}{\mathrm{d}x}\right)\cdot\frac{1}{\frac{\mathrm{d}x}{\mathrm{d}t}}=\frac{\mathrm{d}}{\mathrm{d}t}\left[\frac{\psi'(t)}{\varphi'(t)}\right]\cdot\frac{1}{\varphi'(t)}\\&=\frac{\psi''(t)\varphi'(t)-\psi'(t)\varphi''(t)}{\varphi'^2(t)}\cdot\frac{1}{\varphi'(t)}=\frac{\psi''(t)\varphi'(t)-\psi'(t)\varphi''(t)}{\varphi'^3(t)}.\end{aligned}$$

例 7 求由摆线的参数方程$\begin{cases}x=a(t-\sin t),\\y=a(1-\cos t)\end{cases}$$(a>0)$ 所确定的函数 $y=y(x)$ 的二阶导数$\frac{\mathrm{d}^2y}{\mathrm{d}x^2}$.

解　$\dfrac{dy}{dx}=\dfrac{\dfrac{dy}{dt}}{\dfrac{dx}{dt}}=\dfrac{a\sin t}{a(1-\cos t)}=\dfrac{\sin t}{1-\cos t}\quad(\cos t\neq 1)$,

$$\begin{aligned}\frac{d^2y}{dx^2}&=\frac{d}{dx}\left(\frac{dy}{dx}\right)=\frac{d}{dt}\left(\frac{dy}{dx}\right)\cdot\frac{dt}{dx}=\frac{d}{dt}\left(\frac{\sin t}{1-\cos t}\right)\cdot\frac{1}{\frac{dx}{dt}}\\&=\frac{\cos t\cdot(1-\cos t)-\sin t\cdot\sin t}{(1-\cos t)^2}\cdot\frac{1}{a(1-\cos t)}\\&=-\frac{1}{a(1-\cos t)^2}\quad(\cos t\neq 1).\end{aligned}$$

设函数 $u(x)$,$v(x)$ 在点 x 处都具有 n 阶导数,则

(1) $u(x)\pm v(x)$ 在点 x 处具有 n 阶导数,且

$$[u(x)\pm v(x)]^{(n)}=u^{(n)}(x)\pm v^{(n)}(x);$$

(2) $u(x)v(x)$ 在点 x 处具有 n 阶导数,且

$$\begin{aligned}[u(x)v(x)]^{(n)}&=\sum_{k=0}^{n}C_n^k u^{(n-k)}(x)v^{(k)}(x)\\&=C_n^0u^{(n)}(x)v^{(0)}(x)+C_n^1u^{(n-1)}(x)v'(x)+C_n^2u^{(n-2)}(x)v''(x)+\cdots\\&\quad+C_n^nu^{(0)}(x)v^{(n)}(x),\end{aligned}$$

其中 $u^{(0)}(x)=u(x)$,$v^{(0)}(x)=v(x)$. 上式称为**莱布尼茨**(Leibniz)**公式**.

例 8　设函数 $y=\dfrac{x^3}{e^x}$,求 $y^{(10)}$.

解　令函数 $u(x)=\dfrac{1}{e^x}=e^{-x}$,$v(x)=x^3$,则 $y=u(x)v(x)$. 由于

$$u'(x)=-e^{-x},\quad u''(x)=e^{-x},\quad u'''(x)=-e^{-x},\quad \cdots,\quad u^{(n)}(x)=(-1)^ne^{-x},$$

$$v'(x)=3x^2,\quad v''(x)=6x,\quad v'''(x)=6,\quad v^{(n)}(x)=0\quad(n=4,5,\cdots),$$

因此由莱布尼茨公式,得

$$\begin{aligned}y^{(10)}&=[u(x)v(x)]^{(10)}\\&=C_{10}^0u^{(10)}(x)v^{(0)}(x)+C_{10}^1u^{(9)}(x)v'(x)+C_{10}^2u^{(8)}(x)v''(x)+C_{10}^3u^{(7)}(x)v'''(x)\\&=C_{10}^0\cdot e^{-x}\cdot x^3+C_{10}^1\cdot(-e^{-x})\cdot 3x^2+C_{10}^2\cdot e^{-x}\cdot 6x+C_{10}^3\cdot(-e^{-x})\cdot 6\\&=e^{-x}(x^3-30x^2+270x-720).\end{aligned}$$

习题 3 - 4

1. 求下列函数的二阶导数 $\dfrac{d^2y}{dx^2}$:

(1) $y=3x^2+\tan x-\ln x$;　　(2) $y=\ln(\sin x)$;

(3) $y=\sqrt{a^2-x^2}$;　　(4) $y=\dfrac{e^x}{x}$;

(5) $y=x\mathrm{e}^{x^2}$； (6) $y=x^x$.

2. 求下列函数的 n 阶导数$\dfrac{\mathrm{d}^n y}{\mathrm{d}x^n}$：

(1) $y=x^a$； (2) $y=\sin^2 x$；

(3) $y=x\ln x$； (4) $y=\dfrac{1}{x^2-1}$.

3. 设函数 $y=f(x)$ 二阶可导，求下列函数的二阶导数$\dfrac{\mathrm{d}^2 y}{\mathrm{d}x^2}$：

(1) $y=f(x^3)$； (2) $y=f(\cos x)$；

(3) $y=f(\mathrm{e}^{-x})$； (4) $y=\log_a f(x)$；

(5) $y=x^3 f(\ln x)$.

4. 求由下列方程所确定的隐函数 $y=y(x)$ 的二阶导数$\dfrac{\mathrm{d}^2 y}{\mathrm{d}x^2}$：

(1) $y-x-\ln(x+y)=0$； (2) $x-y+\dfrac{1}{2}\sin y=0$.

5. 求由参数方程$\begin{cases} x=\mathrm{e}^{2t}-1, \\ y=2\mathrm{e}^t \end{cases}$所确定的函数 $y=y(x)$ 的二阶导数$\dfrac{\mathrm{d}^2 y}{\mathrm{d}x^2}$.

第五节 微分及其运算

函数的增量对研究函数的局部特征具有重要意义，微积分的很多概念都是用函数的增量来定义的，如连续、导数等. 但是，对于函数的增量，不仅要考虑其极限特征，还要考虑其结构特征，因此引入微分的概念. 微分是微积分的重要组成部分，它在研究自变量发生微小变化时引起函数变化的近似计算问题中起重要作用.

一、微分的定义

在解决实际问题时，经常要计算函数的增量，即 Δy. 如果所给函数是线性函数，那么计算 Δy 相对比较简便，因为此时 Δy 也是 Δx 的线性函数，即 $\Delta y=k\Delta x$(k 为常数). 但实际问题中大多是非线性函数，Δy 的计算相对复杂得多. 所以为了简化 Δy 的计算，我们考虑能否找到 Δx 的线性函数来近似代替 Δy，也就是局部以直代曲的思想.

接下来以函数 $y=x^2$ 为例，研究函数增量 Δy 的近似代替.

如图 3-2 所示，若有一正方形金属薄板受热后边长由 x_0 变化到 $x_0+\Delta x$，试确定其面积的增量.

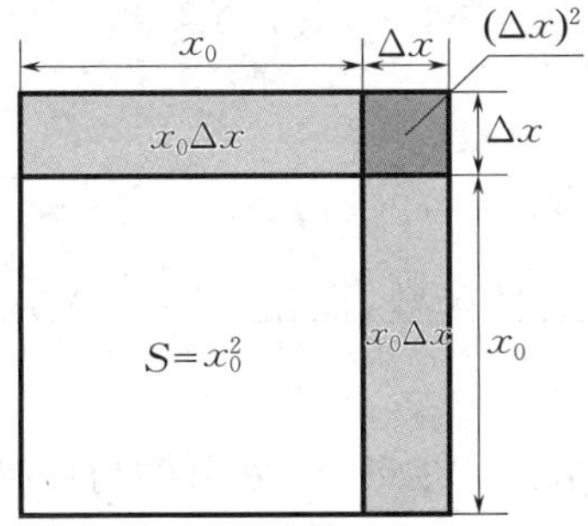

图 3-2

设正方形的边长为 x，面积为 S，则 S 与 x 满足函数关系 $S=x^2$. 当边长 x 由 x_0 变化到 $x_0+\Delta x$ 时，面积的增量为

$$\Delta S=(x_0+\Delta x)^2-x_0^2=2x_0\Delta x+(\Delta x)^2.$$

从上式可以看出，ΔS 由两部分组成：其一是 $2x_0\Delta x$，它是 Δx 的线性函数；其二是 $(\Delta x)^2$，因为 $\lim\limits_{\Delta x\to 0}\dfrac{(\Delta x)^2}{\Delta x}=\lim\limits_{\Delta x\to 0}\Delta x=0$，所以当 $\Delta x\to 0$ 时，$(\Delta x)^2$ 是 Δx 的高阶无穷小，即 $(\Delta x)^2=o(\Delta x)$. 因此

$$\Delta S=2x_0\Delta x+o(\Delta x).$$

从图 3-2 可以明显看出，$2x_0\Delta x$ 是 ΔS 的主要部分，而 $(\Delta x)^2$ 是次要部分. 当 $|\Delta x|$ 很小时，$(\Delta x)^2$ 比 $2x_0\Delta x$ 小得多，所以当 $|\Delta x|$ 很小时，可以用 $2x_0\Delta x$ 近似代替 ΔS，即 $\Delta S\approx 2x_0\Delta x$，从而简化增量的计算.

由此引入微分的定义.

定义 1　若函数 $y=f(x)$ 在点 x_0 处的增量 $\Delta y=f(x_0+\Delta x)-f(x_0)$ 可以表示成

$$\Delta y=A\Delta x+o(\Delta x),$$

其中 A 是与 x_0 有关但与 Δx 无关的数，$o(\Delta x)$ 是当 $\Delta x\to 0$ 时 Δx 的高阶无穷小，则称 $y=f(x)$ 在点 x_0 处**可微**，并称 $A\Delta x$ 为 $y=f(x)$ 在点 x_0 处相对于 Δx 的**微分**，记为 $\mathrm{d}y\Big|_{x=x_0}$，即

$$\mathrm{d}y\Big|_{x=x_0}=A\Delta x.$$

接下来探究以下问题：函数 $y=f(x)$ 的增量在什么条件下可以表示为 $\Delta y=A\Delta x+o(\Delta x)$，即 $y=f(x)$ 在什么条件下可微？其中数 A 又表示什么？

假设函数 $y=f(x)$ 在点 x_0 处可微，即 $\Delta y=A\Delta x+o(\Delta x)$，其中 $o(\Delta x)$ 是当 $\Delta x\to 0$ 时 Δx 的高阶无穷小，则有

$$\lim_{\Delta x\to 0}\frac{\Delta y}{\Delta x}=\lim_{\Delta x\to 0}\frac{A\Delta x+o(x)}{\Delta x}=\lim_{\Delta x\to 0}\left[A+\frac{o(x)}{\Delta x}\right]=A,$$

即 $f'(x_0)=A$. 这表明，若函数 $y=f(x)$ 在点 x_0 处可微，则它在点 x_0 处也一定可导，且 $f'(x_0)=A$.

反之，若函数 $y=f(x)$ 在点 x_0 处可导，即 $\lim\limits_{\Delta x\to 0}\dfrac{\Delta y}{\Delta x}=f'(x_0)$ 存在，则由函数极限与无穷小的关系知

$$\frac{\Delta y}{\Delta x}=f'(x_0)+\alpha,$$

其中$\lim\limits_{\Delta x\to 0}\alpha=0$. 于是有

$$\Delta y=f'(x_0)\Delta x+\alpha\Delta x,$$

其中 $f'(x_0)\Delta x$ 可以看成 Δx 的线性函数,而$\lim\limits_{\Delta x\to 0}\frac{\alpha\Delta x}{\Delta x}=0$,即 $\alpha\Delta x=o(\Delta x)$,从而函数 $y=f(x)$ 在点 x_0 处可微.

上述探究过程说明函数 $y=f(x)$ 在点 x_0 处可微与可导是等价的,即有如下定理.

定理 1 **设函数 $y=f(x)$ 在点 x_0 的某一邻域内有定义,则 $y=f(x)$ 在点 x_0 处可微的充要条件是 $y=f(x)$ 在点 x_0 处可导,且**

$$\mathrm{d}y=f'(x_0)\Delta x.$$

注 关于微分,有以下几点说明.

(1) 若函数 $y=f(x)$ 在区间 I 上每一点处都可微,则称 $y=f(x)$ 为区间 I 上的可微函数,且对于 I 上任一点处的微分[记为 $\mathrm{d}y$ 或 $\mathrm{d}f(x)$],都有 $\mathrm{d}y=f'(x)\Delta x$ 成立.

(2) 当 $y=x$ 时,有 $\mathrm{d}y=\mathrm{d}x=x'\Delta x=\Delta x$. 因此,通常也把自变量 x 的增量 Δx 称为自变量的微分,规定 $\mathrm{d}x=\Delta x$. 于是有

$$\mathrm{d}y=f'(x)\mathrm{d}x.$$

(3) 因为 $f'(x)=\frac{\mathrm{d}y}{\mathrm{d}x}$,即函数的导数等于函数的微分与自变量的微分的商,所以导数也称为**微商**,$\frac{\mathrm{d}y}{\mathrm{d}x}$ 用作导数的符号即由此而来.

(4) 微分是函数在一点处由自变量的增量所引起的函数的增量的主要部分,它的值与 x 和 Δx 有关,而导数的值只与 x 有关. 因此,导数与微分是有区别的.

例 1 求函数 $y=x^3$ 在点 $x=1$ 处,自变量的增量 $\Delta x=0.1$ 时的增量及微分.

解 函数的增量为 $\Delta y=(x+\Delta x)^3-x^3$,代入数值得

$$\Delta y=1.1^3-1^3=0.331.$$

在点 $x=1$ 处,有

$$y'\Big|_{x=1}=3x^2\Big|_{x=1}=3,$$

所以

$$\mathrm{d}y=y'\Big|_{x=1}\Delta x=3\times 0.1=0.3.$$

显然 $\mathrm{d}y\approx\Delta y$.

例 2 求函数 $y=\ln x$ 在点 $x=2$ 处的微分.

解 所求函数的微分为

$$\mathrm{d}y=(\ln x)'\Big|_{x=2}\mathrm{d}x=\frac{1}{2}\mathrm{d}x.$$

二、微分的几何解释

如图 3-3 所示,设 MP 是曲线 $y=f(x)$ 上一点 $M(x_0,f(x_0))$ 处的切线,MP 的倾斜角

为 α，则 MP 的斜率为 $\tan\alpha = f'(x_0)$. 当自变量由 x_0 增加到 $x_0+\Delta x$ 时，对应曲线上另一点 $N(x_0+\Delta x, f(x_0)+\Delta y)$. 由图 3-3 可知 $|MQ|=\Delta x$，$|QN|=\Delta y$，则

$$|QP| = |MQ| \cdot \tan\alpha = f'(x_0)\Delta x = \mathrm{d}y.$$

这表明函数 $y=f(x)$ 在点 x_0 处的微分 $\mathrm{d}y$ 就是曲线 $y=f(x)$ 在点 $M(x_0, f(x_0))$ 处的切线的纵坐标的增量. 因此，在点 M 附近，我们可以用切线段 MP 近似代替曲线段 $\widehat{MN}$.

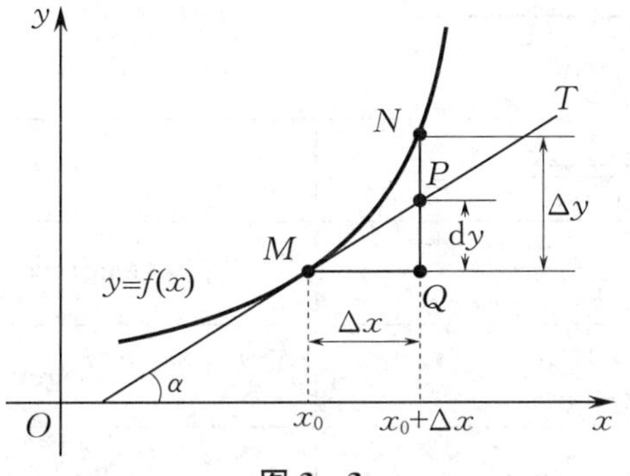

图 3-3

在局部范围内用线性函数近似代替非线性函数，这是微分学的基本思想方法之一.

三、微分的计算

微分公式 $\mathrm{d}y = f'(x)\mathrm{d}x$ 表明，求微分时，只要求出导数 $f'(x)$，再乘以 $\mathrm{d}x$ 即可. 对应导数公式和运算法则，可以得出相应的微分公式和运算法则.

1. 微分公式表

对照第二节中基本初等函数的导数公式，可列出如表 3-1 所示的微分公式表.

表 3-1

导数公式	微分公式
$(C)'=0$（C 为常数）	$\mathrm{d}(C)=0$（C 为常数）
$(x^\alpha)'=\alpha x^{\alpha-1}$（$\alpha$ 为实数）	$\mathrm{d}(x^\alpha)=\alpha x^{\alpha-1}\mathrm{d}x$（$\alpha$ 为实数）
$(a^x)'=a^x\ln a\,(a>0, a\neq 1)$	$\mathrm{d}(a^x)=a^x\ln a\,\mathrm{d}x\,(a>0, a\neq 1)$
$(\mathrm{e}^x)'=\mathrm{e}^x$	$\mathrm{d}(\mathrm{e}^x)=\mathrm{e}^x\mathrm{d}x$
$(\log_a x)'=\dfrac{1}{x\ln a}\,(a>0, a\neq 1)$	$\mathrm{d}(\log_a x)=\dfrac{1}{x\ln a}\mathrm{d}x\,(a>0, a\neq 1)$
$(\ln x)'=\dfrac{1}{x}$	$\mathrm{d}(\ln x)=\dfrac{1}{x}\mathrm{d}x$
$(\sin x)'=\cos x$	$\mathrm{d}(\sin x)=\cos x\,\mathrm{d}x$
$(\cos x)'=-\sin x$	$\mathrm{d}(\cos x)=-\sin x\,\mathrm{d}x$
$(\tan x)'=\dfrac{1}{\cos^2 x}=\sec^2 x$	$\mathrm{d}(\tan x)=\dfrac{1}{\cos^2 x}\mathrm{d}x=\sec^2 x\,\mathrm{d}x$

续表

导数公式	微分公式
$(\cot x)' = -\dfrac{1}{\sin^2 x} = -\csc^2 x$	$d(\cot x) = -\dfrac{1}{\sin^2 x}dx = -\csc^2 x\,dx$
$(\sec x)' = \sec x \tan x$	$d(\sec x) = \sec x \tan x\,dx$
$(\csc x)' = -\csc x \cot x$	$d(\csc x) = -\csc x \cot x\,dx$
$(\arcsin x)' = \dfrac{1}{\sqrt{1-x^2}}$	$d(\arcsin x) = \dfrac{1}{\sqrt{1-x^2}}dx$
$(\arccos x)' = -\dfrac{1}{\sqrt{1-x^2}}$	$d(\arccos x) = -\dfrac{1}{\sqrt{1-x^2}}dx$
$(\arctan x)' = \dfrac{1}{1+x^2}$	$d(\arctan x) = \dfrac{1}{1+x^2}dx$
$(\text{arccot}\, x)' = -\dfrac{1}{1+x^2}$	$d(\text{arccot}\, x) = -\dfrac{1}{1+x^2}dx$

2. 微分运算法则

由导数和微分的关系,可以推出如下微分运算法则(设下列函数都可微):

(1) **线性法则**　$d[u(x) \pm v(x)] = du(x) \pm dv(x)$;

(2) **乘积法则**　$d[u(x)v(x)] = v(x)du(x) + u(x)dv(x)$;

(3) **商法则**　$d\left[\dfrac{u(x)}{v(x)}\right] = \dfrac{v(x)du(x) - u(x)dv(x)}{v^2(x)}$;

(4) **链式法则**　$dy = f'(u)g'(x)dx$,其中 $y = f[g(x)]$,$u = g(x)$.

由于 $g'(x)dx = du$,因此复合函数 $y = f[g(x)]$ 的微分又可以表示为

$$dy = f'(u)du.$$

已知当函数 $y = f(u)$ 中的 u 是自变量时,函数的微分也是 $dy = f'(u)du$. 由此可知,无论 u 是函数 $y = f(u)$ 的自变量还是中间变量,其微分总保持同一形式,即 $dy = f'(u)du$. 这一性质称为**一阶微分形式的不变性**. 求解复合函数的微分时,可以利用这一性质.

例 3　设函数 $y = x^2 e^{-x}$,求 dy.

解　利用微分运算法则,得

$$\begin{aligned} dy &= d(x^2 e^{-x}) = x^2 d(e^{-x}) + e^{-x} d(x^2) \\ &= -x^2 e^{-x} dx + 2x e^{-x} dx \\ &= x e^{-x}(2 - x)dx. \end{aligned}$$

例 4　设函数 $y = \sin(2x + 1)$,求 dy.

解法一　利用一阶微分形式的不变性. 设 $u = 2x + 1$,则

$$dy = d(\sin u) = \cos u\,du, \quad du = 2dx.$$

于是

$$\begin{aligned} dy &= \cos u\,du = \cos(2x + 1) \cdot 2dx \\ &= 2\cos(2x + 1)dx. \end{aligned}$$

解法二　利用微分公式 $dy=f'(x)dx$. 由

$$y'=[\sin(2x+1)]'=2\cos(2x+1),$$

得

$$dy=2\cos(2x+1)dx.$$

例 5　设函数 $y=e^{\sin x}$，求 dy.

解法一　利用一阶微分形式的不变性，得

$$dy=d(e^{\sin x})=e^{\sin x}d(\sin x)=e^{\sin x}\cos x\,dx.$$

解法二　利用微分公式 $dy=f'(x)dx$，得

$$dy=(e^{\sin x})'dx=e^{\sin x}\cos x\,dx.$$

例 6　设函数 $y=x^2\ln x+\cos x^2$，求 dy.

解　利用微分运算法则，得

$$\begin{aligned}dy&=d(x^2\ln x+\cos x^2)=d(x^2\ln x)+d(\cos x^2)\\&=\ln x\,d(x^2)+x^2d(\ln x)-2x\sin x^2dx\\&=2x\ln x\,dx+x\,dx-2x\sin x^2dx\\&=x(2\ln x+1-2\sin x^2)dx.\end{aligned}$$

例 7　设函数 $y=(1+x)^x\sin^2x$，求 dy.

解　对函数两边同时取自然对数，得

$$\ln y=x\ln(1+x)+2\ln(\sin x),$$

对上式两边同时求微分，得

$$\frac{1}{y}dy=\ln(1+x)dx+\frac{x}{1+x}dx+2\frac{\cos x}{\sin x}dx,$$

解得

$$dy=(1+x)^x\sin^2x\left[\ln(1+x)+\frac{x}{1+x}+2\cot x\right]dx.$$

例 8　设方程 $xy+e^{-x}-e^y=0$ 确定了隐函数 $y=y(x)$，求 dy.

解　对方程两边同时求微分，得

$$x\,dy+y\,dx-e^{-x}dx-e^ydy=0,$$

即

$$(x-e^y)dy=(e^{-x}-y)dx,$$

解得

$$dy=\frac{e^{-x}-y}{x-e^y}dx.$$

例 9　设函数 $y=y(x)$ 由参数方程 $\begin{cases}x=\ln(1+t^2),\\y=t-\arctan t\end{cases}$ 所确定，求 $\frac{d^2y}{dx^2}$.

解　由导数为微分之商可得

$$\frac{dy}{dx}=\frac{(t-\arctan t)'dt}{[\ln(1+t^2)]'dt}=\frac{1-\frac{1}{1+t^2}}{\frac{2t}{1+t^2}}=\frac{t}{2},$$

$$\frac{\mathrm{d}^2 y}{\mathrm{d}x^2}=\frac{\mathrm{d}}{\mathrm{d}x}\left(\frac{\mathrm{d}y}{\mathrm{d}x}\right)=\frac{\mathrm{d}\left(\frac{t}{2}\right)}{\mathrm{d}x}=\frac{\frac{1}{2}\mathrm{d}t}{\frac{2t}{1+t^2}\mathrm{d}t}=\frac{1+t^2}{4t}.$$

四、微分在近似计算中的应用

微分在数学中有许多重要的应用,这里介绍它在近似计算方面的一些应用.

若函数 $y=f(x)$ 在点 x_0 处可导,且导数 $f'(x_0)\neq 0$,则由微分的定义知,当 $|\Delta x|$ 很小时,有 $\Delta y\approx f'(x_0)\Delta x$,由此即得 $f(x_0+\Delta x)\approx f(x_0)+f'(x_0)\Delta x$. 令 $x_0+\Delta x=x$,则有

$$f(x)\approx f(x_0)+f'(x_0)(x-x_0).$$

这个表达式可以用来求函数的近似值.

特别地,当 $x_0=0$ 且 $|x|$ 很小时,有

$$f(x)\approx f(0)+f'(0)x.$$

该式也可以用来求函数的近似值,并且可以由此推出如下简易近似公式:

(1) $(1+x)^\alpha\approx 1+\alpha x$($\alpha$ 为实数),$\sqrt[n]{1+x}\approx 1+\frac{x}{n}(n>1)$;

(2) $\mathrm{e}^x\approx 1+x$;

(3) $\ln(1+x)\approx x$;

(4) $\sin x\approx x$;

(5) $\tan x\approx x$;

(6) $\arctan x\approx x$;

(7) $\arcsin x\approx x$.

证 只证明 $\sqrt[n]{1+x}\approx 1+\frac{x}{n}$,读者可以类比证明其余近似公式.

令函数 $f(x)=\sqrt[n]{1+x}$,则

$$f(0)=1,\quad f'(0)=\frac{1}{n}(1+x)^{\frac{1}{n}-1}\Big|_{x=0}=\frac{1}{n}.$$

由公式 $f(x)\approx f(0)+f'(0)x$,得

$$\sqrt[n]{1+x}\approx 1+\frac{x}{n}.$$

例 10 求 $\sqrt{1.05}$ 的近似值.

解 利用公式 $(1+x)^\alpha\approx 1+\alpha x$,这里 $x=0.05$,$\alpha=\frac{1}{2}$,则

$$\sqrt{1.05}=(1+0.05)^{\frac{1}{2}}\approx 1+\frac{1}{2}\times 0.05=1.025.$$

例 11 求 $\arctan 1.05$ 的近似值.

解 设函数 $f(x)=\arctan x$,令 $x_0=1$,$\Delta x=0.05$,则由公式 $f(x_0+\Delta x)\approx f(x_0)+f'(x_0)\Delta x$,得

$$\begin{aligned}\arctan(1+0.05)&\approx\arctan 1+\frac{1}{1+1^2}\times 0.05\\&=\frac{\pi}{4}+\frac{0.05}{2}\approx 0.81.\end{aligned}$$

例 12　求$\sqrt[4]{17}$的近似值.

解　显然不能直接应用简易近似公式，应先做变形，再求近似值：

$$\sqrt[4]{17}=\sqrt[4]{16+1}=\sqrt[4]{16\left(1+\frac{1}{16}\right)}=2\sqrt[4]{1+\frac{1}{16}}$$

$$\approx 2\times\left(1+\frac{1}{4}\times\frac{1}{16}\right)=2.031\ 25.$$

习题 3－5

1. 当 x 由 1 改变到 1.005 时，求函数 $y=x^2$ 的微分.

2. 在下列括号内填入适当的函数：

(1) $\mathrm{d}(\quad)=2\mathrm{d}x$；　(2) $\mathrm{d}(\quad)=x\mathrm{d}x$；

(3) $\mathrm{d}(\quad)=\dfrac{1}{2\sqrt{x}}\mathrm{d}x$；　(4) $\mathrm{d}(\quad)=\sin 2x\mathrm{d}x$；

(5) $\mathrm{d}(\quad)=\mathrm{e}^{-2x}\mathrm{d}x$；　(6) $\mathrm{d}(\quad)=\dfrac{1}{1+x}\mathrm{d}x$.

3. 求下列函数的微分：

(1) $y=\sqrt{1+x^2}$；　(2) $y=x^3\mathrm{e}^{2x}$；

(3) $y=\cos\sqrt{x}$；　(4) $y=\arctan\sqrt{1+x^2}$；

(5) $y=x\cos 2x$；　(6) $y=\ln(\cos x^2)$；

(7) $y=\mathrm{e}^{2x}\cos x$；　(8) $y=\ln(1+\mathrm{e}^{x^2})$.

4. 求由下列方程所确定的隐函数 $y=y(x)$ 的微分：

(1) $xy^2+\mathrm{e}^y=\cos(x+y^2)$；　(2) $\mathrm{e}^{xy}+y\ln x=\sin 2x$.

5. 证明：当$|x|$很小时，有以下近似公式：

(1) $\ln(1+x)\approx x$；　(2) $\arcsin x\approx x$.

6. 求下列数的近似值：

(1) $\sqrt[3]{1.06}$；　(2) $\sqrt[5]{30}$；

(3) $\sin 30°30'$；　(4) $\arctan 1.02$.

7. 某公司预测，在花费 x 千元广告费以后，将卖出 N 件商品，其中

$$N(x)=-x^2+300x+6.$$

问：当广告费从 100 千元涨到 101 千元时，该公司大约多卖出多少件商品？

8. 有一个半径为 1 cm 的球，现要在该球表面镀上 0.01 cm 厚的铜，问：需要多少体积的铜？

9. 某公司生产 q 件商品的平均成本(单位：元 / 件)可表示为 $\overline{C}(q)=\dfrac{13q+100}{q}$，当产量从 100 件增加到 101 件时，问：平均成本近似增加了多少？

10. 某气体浓度 N(单位：$\mathrm{mg/m^3}$) 随时间 t(单位：h) 的变化满足函数关系 $N(t)=\dfrac{0.8t+1\ 000}{5t+4}$，当时间从 2.8 h 变化到 2.9 h 时，它的浓度大约变化了多少？

第六节　导数在经济学中的应用

在经济学问题中,经常需要考虑各经济变量间的数量关系,分析用变化率来描述一个变量关于另一个变量的变化情况,即对于经济函数 $y=f(x)$,分析当 x 在某一定值附近有微小变化时,y 的瞬时变化情况.经济函数的变化率通常称为边际,这可以利用导数来刻画.本节讨论导数在经济学中的应用.

一、边际函数

边际的概念是导数概念的经济学解释,下面给出边际的定义.

定义 1　设经济函数 $y=f(x)$ 是可导函数,则在经济学中称其导数 $f'(x)$ 为**边际函数**,$f'(x_0)$ 称为 $f(x)$ 在点 x_0 处的**边际值**.

边际值 $f'(x_0)$ 的实际意义是:在点 x_0 处,当 x 增加一个单位时,$f(x)$ 近似地改变(增加或减少) $f'(x_0)$ 个单位.此说法也是 $f'(x_0)$ 的经济解释.在应用问题中,解释边际值的实际意义时常常略去“近似”二字,而直接说 $f(x)$ 改变 $f'(x_0)$ 个单位.

二、经济学中常用的边际函数

在经济学中,最常用的边际函数有三种:边际成本 $C'(q)$、边际收益 $R'(q)$ 和边际利润 $L'(q)=R'(q)-C'(q)$.

1. 边际成本

定义 2　设生产某商品 q 个单位所需的总成本函数 $C(q)$ 可导,则

$$C'(q)=\lim_{\Delta q\to 0}\frac{C(q+\Delta q)-C(q)}{\Delta q}$$

称为**边际成本函数**,简称**边际成本**.

边际成本是总成本函数关于产量 q 的导数,它的经济意义为:生产 q 个单位商品时,再增加一个单位商品($\Delta q=1$) 所增加的总成本.

一般情况下,总成本函数 $C(q)=C_0+C_1(q)$,其中 C_0 为固定成本,$C_1(q)$ 为可变成本,所以边际成本为

$$C'(q)=[C_0+C_1(q)]'=C_1'(q).$$

由上式可知,边际成本与固定成本无关,只与可变成本有关.

下面讨论边际成本与平均成本的关系,并分析其经济意义.设平均成本函数为 $\overline{C}(q)=\dfrac{C(q)}{q}$,则**平均边际成本**为

$$\overline{C}'(q)=\left[\frac{C(q)}{q}\right]'=\frac{qC'(q)-C(q)}{q^2}=\frac{1}{q}\left[C'(q)-\frac{C(q)}{q}\right]=\frac{1}{q}[C'(q)-\overline{C}(q)].$$

根据实际意义可知产量 $q>0$,当 $C'(q)<\overline{C}(q)$ 时,$\overline{C}'(q)<0$,此时增加产量将使平均成

本减少;当 $C'(q)>\overline{C}(q)$ 时,$\overline{C}'(q)>0$,此时增加产量将使平均成本增加.

例 1　设某工厂生产 q 件商品的总成本函数(单位:元)为

$$C(q)=0.01q^2+5q+1\,000,$$

求当产量 $q=500$ 时的边际成本,并解释其经济意义.

解　边际成本函数(单位:元/件)为

$$C'(q)=0.02q+5,$$

则当 $q=500$ 时,边际成本为

$$C'(500)=(0.02\times500+5)\text{ 元/件}=15\text{ 元/件}.$$

这表示生产第 501 件商品时所增加的成本为 15 元.

$C'(q)$ 表示生产第 $q+1$ 个单位商品时所增加的成本,注意边际成本为 $C'(q)$,不是 $C'(q+1)$.

2. 边际收益

定义 3　设销售某商品 q 个单位的总收益函数 $R(q)$ 可导,则

$$R'(q)=\lim_{\Delta q\to0}\frac{R(q+\Delta q)-R(q)}{\Delta q}$$

称为**边际收益函数**,简称**边际收益**.

边际收益是总收益函数关于销量 q 的导数 $R'(q)$,它的经济意义为:销售 q 个单位商品后,再销售一个单位商品($\Delta q=1$)所增加的总收益.

例 2　设某商品的价格函数为 $P(q)=20-\dfrac{q}{5}$,其中 P 为价格,q 为销量.求销量为 15 个单位时的总收益、平均收益和边际收益.

解　总收益函数为

$$R(q)=qP(q)=q\left(20-\frac{q}{5}\right)=20q-\frac{q^2}{5},$$

则边际收益函数为

$$R'(q)=20-\frac{2q}{5},$$

平均收益函数为

$$\overline{R}(q)=\frac{R(q)}{q}=20-\frac{q}{5}.$$

当 $q=15$ 时,$R(15)=20\times15-\dfrac{15^2}{5}=255$,$\overline{R}(15)=\dfrac{R(15)}{15}=17$,$R'(15)=20-\dfrac{2}{5}\times15=14$.

3. 边际利润

定义 4　设销售某商品 q 个单位的总利润函数 $L(q)$ 可导,则

$$L'(q)=\lim_{\Delta q\to0}\frac{L(q+\Delta q)-L(q)}{\Delta q}$$

称为**边际利润函数**,简称**边际利润**.

边际利润的经济意义为:销售 q 个单位商品后,再销售一个单位商品($\Delta q=1$)所增加的总

利润.

一般情况下,总利润函数等于总收益函数与总成本函数之差,即 $L(q)=R(q)-C(q)$,故边际利润为

$$L'(q)=R'(q)-C'(q).$$

例 3 设某商品的价格函数为 $P(q)=10-\frac{q}{5}$,其中 P 为价格,q 为销量,总成本函数为 $C(q)=50+2q$,求边际利润为 0 时的销量,并解释其经济意义.

解 由题意知,总收益函数为

$$R(q)=qP(q)=q\left(10-\frac{q}{5}\right),$$

总利润函数为

$$L(q)=R(q)-C(q)=q\left(10-\frac{q}{5}\right)-(50+2q)=-\frac{q^2}{5}+8q-50,$$

则边际利润为 $L'(q)=-\frac{2q}{5}+8$. 令 $L'(q)=0$,解得 $q=20$,即销量为 20 个单位时,边际利润为 0. 这说明当销量为 20 个单位时,再销售一个单位商品不会增加总利润.

习题 3-6

1. 设生产某商品的平均成本函数为 $\overline{C}(q)=1+\mathrm{e}^{-q}$,其中 q 为产量,求其边际成本.

2. 设生产某商品 q 个单位的总成本函数为

$$C(q)=0.001q^3-0.4q^2+60q+500,$$

求:

(1) 边际成本函数;

(2) 生产 40 个单位商品时的平均成本和边际成本,并解释后者的经济意义.

3. 设生产某商品 q 个单位的总成本函数为 $C(q)=100+\frac{q^2}{4}$,求当 $q=10$ 时的总成本、平均成本与边际成本,并解释此时边际成本的经济意义.

4. 设销售某商品 q 个单位的总收益函数为 $R(q)=200q-0.01q^2$,求销售 50 个单位商品时的总收益和边际收益,并解释边际收益函数 $R'(q)$ 的经济意义.

5. 设某厂每月生产商品的固定成本为 1 000 元,生产 q 件商品的可变成本为 $(0.01q^2+10q)$ 元. 若该商品的价格为 30 元 / 件,求边际成本函数、边际收益函数及边际利润为 0 时的产(销) 量.

6. 设生产某商品的固定成本为 60 000 元,可变成本为每件 20 元,价格函数为 $P(q)=60-\frac{q}{1\,000}$,其中 P 为价格(单位:元 / 件),q 为销量(单位:件). 求:

(1) 边际利润函数;

(2) 当 $P=10$ 元 / 件时,价格上涨 1% 使总收益增加(或减少) 的百分数.

7. 某工厂生产一批商品的固定成本为 2 000 元,每增产 1 t 商品,成本增加 50 元. 设该商品

的需求函数为 $q=1\ 100-10P$，其中 P 为价格(单位:元 / 吨)，q 为需求量(单位:t)，不考虑征税.求：

(1) 产(销) 量为 100 t 时的边际利润；

(2) 利润最大时的产(销) 量.

总复习题三

(A)

一、填空题

1. 设函数 $f(x)$ 在点 x_0 处可导，且 $f'(x_0)=3$，则 $\lim\limits_{h\to 0}\dfrac{f(x_0+2h)-f(x_0-h)}{3h}=$__________.

2. 设函数 $f(x)$ 在点 $x=0$ 处可导，且 $f(0)=0$. 若 $\lim\limits_{x\to 0}\dfrac{f(x)}{x^2}=1$，则 $f'(0)=$__________.

3. 设函数 $f(x)=\begin{cases}\dfrac{2^x-1}{x}, & x\neq 0,\\ a, & x=0\end{cases}$ 在点 $x=0$ 处可导，则 $a=$__________.

4. 设函数 $f(x)=\lim\limits_{t\to\infty}x\left(1+\dfrac{1}{t}\right)^{2tx}$，则 $f'(x)=$__________.

5. 设函数 $y=x^x$，则 $\ln y$ 关于 x 的导数为__________.

6. 设 $y=y(x)$ 是由方程 $\cos xy-\mathrm{e}^{x+y}=0$ 所确定的隐函数，则 $y'(0)=$__________.

7. 由参数方程 $\begin{cases}x=t^2+2t,\\ y=\ln(1+t^3)\end{cases}$ 所确定的函数 $y=y(x)$ 的导数 $\dfrac{\mathrm{d}y}{\mathrm{d}x}=$__________.

8. 曲线 $y=x^2\ln x$ 在点$(\mathrm{e},\mathrm{e}^2)$处的切线方程为__________.

9. 设函数 $f(x)=\dfrac{1}{1-x}$，则 $f^{(n)}(x)=$__________.

10. 设 $x=y^y$，则 $\mathrm{d}y=$__________.

二、解答题

1. 求下列函数的导数 $\dfrac{\mathrm{d}y}{\mathrm{d}x}$：

(1) $y=\arcsin(\sin x)$；　　(2) $y=\ln(\mathrm{e}^x+\sqrt{1+\mathrm{e}^{2x}})$；

(3) $y=(1+x^3)^{\cos x^2}$；　　(4) $y=|(x-1)(x-3)^2|$；

(5) $y=\mathrm{e}^{f\left(\frac{1}{x}+\sqrt{1+x^2}\right)}$，其中函数 $f(x)$ 可导.

2. 求下列函数的二阶导数 $\dfrac{\mathrm{d}^2y}{\mathrm{d}x^2}$：

(1) $y=\cos^2x\cdot\ln x$；

(2) $y=\dfrac{x}{\sqrt{1-x^2}}$;

(3) $y=f(e^x+x)$,其中函数 $f(x)$ 二阶可导;

(4) 由方程 $xy+e^y=0$ 所确定的隐函数 $y=y(x)$;

(5) 由参数方程 $\begin{cases} x=a\cos^3 t, \\ y=a\sin^3 t \end{cases}$ $(a\neq 0)$ 所确定的函数 $y=y(x)$.

3. 设函数 $y=f[e^{\varphi(x)}]$,其中函数 $f(x)$,$\varphi(x)$ 均可微,求 dy.

4. 设函数 $g(x)$ 在点 $x=a$ 处连续,函数 $f(x)=(x-a)g(x)$,试证明:$f(x)$ 在点 $x=a$ 处可导,并求 $f'(a)$.

5. 设函数 $f(x)=\begin{cases} e^{-x}, & x\leqslant 0, \\ x^2+ax+b, & x>0, \end{cases}$ 试确定常数 a,b 的值,使得 $f(x)$ 在点 $x=0$ 处可导.

6. 设曲线 $f(x)=x^3+ax$,$g(x)=bx^2+c$,试确定常数 a,b,c 的值,使得这两条曲线都通过点$(-1,0)$,且在该点处有公共的切线.

7. 设函数 $f(x)=\begin{cases} ax^2+bx+c, & x<0, \\ \ln(x+1), & x\geqslant 0, \end{cases}$ 试确定常数 a,b,c 的值,使得 $f(x)$ 在任意点处都具有一阶连续导数,但在点 $x=0$ 处不存在二阶导数.

8. 设某零件的总成本函数和总收益函数分别为

$$C(q)=100+5q+2q^2,\quad R(q)=200q+q^2,$$

求:

(1) 边际成本函数、边际收益函数、边际利润函数;

(2) 已生产并销售 25 个单位零件时,生产并销售第 26 个单位零件所产生的总利润.

9. 设某车间生产某商品每周的产量是 q(单位:百件),总成本函数(单位:千元)为

$$C(q)=100+12q+q^2,$$

已知商品的价格为 4 万元 / 百件,求:

(1) 总利润函数;

(2) 边际利润为 0 时的每周产量.

(B)

1. 下列函数中,在点 $x=0$ 处不可导的是(　　).

A. $f(x)=|x|\sin|x|$　　B. $f(x)=|x|\sin\sqrt{|x|}$

C. $f(x)=\cos|x|$　　D. $f(x)=\cos\sqrt{|x|}$

2. 设函数 $f(x)$ 在区间$(-1,1)$内有定义,且 $\lim\limits_{x\to 0}f(x)=0$,则(　　).

A. 当 $\lim\limits_{x\to 0}\dfrac{f(x)}{x}=m$ 时,$f'(0)=m$　　B. 当 $f'(0)=m$ 时,$\lim\limits_{x\to 0}\dfrac{f(x)}{x}=m$

C. 当 $\lim\limits_{x\to 0}f'(x)=m$ 时,$f'(0)=m$　　D. 当 $f'(0)=m$ 时,$\lim\limits_{x\to 0}f'(x)=m$

3. 设函数 $y=f(x)$ 由参数方程 $\begin{cases} x=2t+|t|, \\ y=|t|\sin t \end{cases}$ 所确定,则(　　).

A. $f(x)$ 连续，$f'(0)$ 不存在

B. $f'(0)$ 存在，$f'(x)$ 在点 $x=0$ 处不连续

C. $f'(x)$ 连续，$f''(0)$ 不存在

D. $f''(0)$ 存在，$f''(x)$ 在点 $x=0$ 处不连续

4. 设函数 $f(x)$ 可导，且 $f(x)\cdot f'(x)>0$，则（　　）.

A. $f(1)>f(-1)$　　B. $f(1)<f(-1)$

C. $|f(1)|>|f(-1)|$　　D. $|f(1)|<|f(-1)|$

5. 设函数 $y=f(x)$ 由参数方程 $\begin{cases} x=1+t^3, \\ y=e^{t^2} \end{cases}$ 所确定，求 $\lim\limits_{x\to+\infty} x\left[f\left(2+\dfrac{2}{x}\right)-f(2)\right]$.

6. 设函数 $f(x)$ 在区间 $(-1,1)$ 内可导，且 $\lim\limits_{x\to 0}\dfrac{f(x)-\cos x}{\sin^2 x}=2$，求 $f'(0)$.

7. 设函数 $f(x)=x^2\ln(1-x)$，求 $f^{(n)}(0)(n\geqslant 3)$.

8. 设函数 $f(x)=\begin{cases} x^2 g(x), & x\leqslant 0, \\ \dfrac{1-\cos x}{\sqrt{x}}, & x>0, \end{cases}$ 其中 $g(x)$ 为有界函数，试问：$f(x)$ 在点 $x=0$ 处是否可导？若可导，求出 $f'(0)$.

第四章 微分中值定理与导数的应用

在上一章中，我们从变化率问题入手，利用极限的方法引入了导数的概念，并给出了导数的计算方法，从而顺利解决了已知曲线上一点的切线问题.

导数刻画了函数在某一点及其附近的局部特性，除此之外，我们往往还要了解函数在其定义域上的整体性态. 函数与其导数往往是两个不同的函数，这就需要在函数与其导数之间架起桥梁，这个桥梁就是微分中值定理，它是导数应用的理论基础.

本章首先介绍微分中值定理，再以此为基础进一步介绍导数的几个重要应用：泰勒(Taylor) 公式、洛必达(L′Hospital) 法则、函数的单调性与曲线的凹凸性、函数的极值与最值及函数图形的描绘.

第一节　微分中值定理

本节将介绍三个微分中值定理，它们揭示了函数在某区间上的整体性态与该区间内部某一点处的导数（微分）之间的关系，因而称为**微分中值定理**. 这些定理有明显的几何直观解释，且相互之间有着内在的联系.

一、罗尔中值定理

如图 4-1 所示，连续曲线 $\overset{\frown}{AB}$ 是函数 $y=f(x)$ 在区间 $[a,b]$ 上的图形，这条曲线在区间 (a,b) 内的每一点处都存在不垂直于 x 轴的切线，且两端点 A，B 处的高度相同. 可以发现，在曲线 $\overset{\frown}{AB}$ 上至少存在一点 $M(\xi,f(\xi))$，使得曲线 $\overset{\frown}{AB}$ 在点 M 处的切线平行于弦 $\overline{AB}$，即平行于 x 轴，也即存在水平切线.

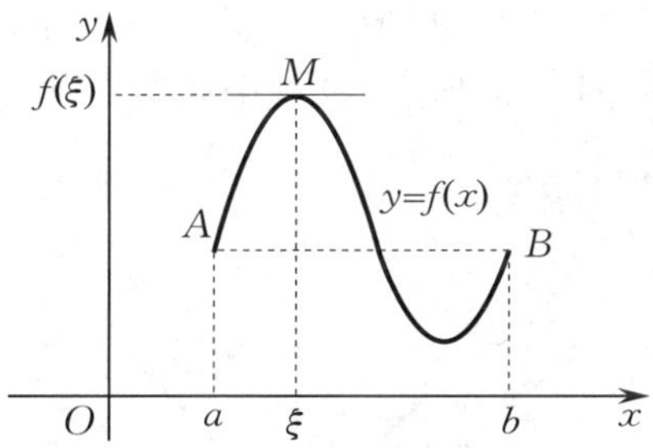

图 4-1

将这种几何现象描述出来，就是下面的罗尔中值定理.

定理 1 ［罗尔(Rolle)中值定理］　**若函数 $f(x)$ 满足下列三个条件：**

(1) 在闭区间 $[a,b]$ 上连续；

(2) 在开区间 (a,b) 内可导；

(3) 在区间端点处的函数值相等，即 $f(a)=f(b)$，

则至少存在一点 $\xi\in(a,b)$，使得 $f'(\xi)=0$.

例 1　验证罗尔中值定理对函数 $f(x)=x^2+2$ 在区间 $[-2,2]$ 上的正确性.

证　易得函数 $f(x)=x^2+2$ 在 $[-2,2]$ 上连续，在 $(-2,2)$ 内可导，且 $f'(x)=2x$，$f(-2)=f(2)=6$，所以 $f(x)=x^2+2$ 在 $[-2,2]$ 上满足罗尔中值定理的三个条件. 令 $f'(\xi)=2\xi=0$，解得 $\xi=0\in(-2,2)$，所以罗尔中值定理对函数 $f(x)=x^2+2$ 在区间 $[-2,2]$ 上是正确的.

为了更好地理解和应用罗尔中值定理，下面给出定理的证明过程.

证　由于函数 $f(x)$ 在闭区间 $[a,b]$ 上连续，根据闭区间上连续函数的性质，可知 $f(x)$ 在 $[a,b]$ 上必有最大值 M 和最小值 m. 于是只有以下两种可能的情形.

(1) $M=m$，这时对于任意的 $x\in(a,b)$，都有 $f(x)=m(=M)$，故 $f'(x)=0$. 于是对于任意的 $\xi\in(a,b)$，都有 $f'(\xi)=0$.

(2) $M\neq m$,即$M>m$,由$f(a)=f(b)$,知M和m中至少有一个不等于$f(a)\,[=f(b)]$. 不妨设$M\neq f(a)$,则至少存在一点$\xi\in(a,b)$,使得$f(\xi)=M$,故$f(\xi)$是函数$f(x)$在$[a,b]$上的最大值. 又由函数$f(x)$在开区间(a,b)内可导,知$f(x)$在点ξ处可导,于是

$$f'(\xi)=f'_-(\xi)=\lim_{x\to\xi^-}\frac{f(x)-f(\xi)}{x-\xi}\geqslant 0,$$

$$f'(\xi)=f'_+(\xi)=\lim_{x\to\xi^+}\frac{f(x)-f(\xi)}{x-\xi}\leqslant 0,$$

即$f'(\xi)=0$.

综上所述,罗尔中值定理得证.

由上述证明过程可知,罗尔中值定理的三个条件,只要缺少一个就不能保证结论成立. 事实也是如此,例如,函数$y=f(x)=\begin{cases}1, & x=-\dfrac{\pi}{2},\\ \sin x, & -\dfrac{\pi}{2}<x\leqslant\dfrac{\pi}{2}\end{cases}$在区间$\left[-\dfrac{\pi}{2},\dfrac{\pi}{2}\right]$上满足条件(2)与(3),但不满足条件(1),如图4-2所示;函数$y=f(x)=|x|$在区间$[-1,1]$上满足条件(1)与(3),但不满足条件(2),如图4-3所示;函数$y=f(x)=x$在区间$[0,1]$上满足条件(1)与(2),但不满足条件(3),如图4-4所示. 这三个函数在相应区间上显然都没有水平切线,即都不存在使其导数为零的点.

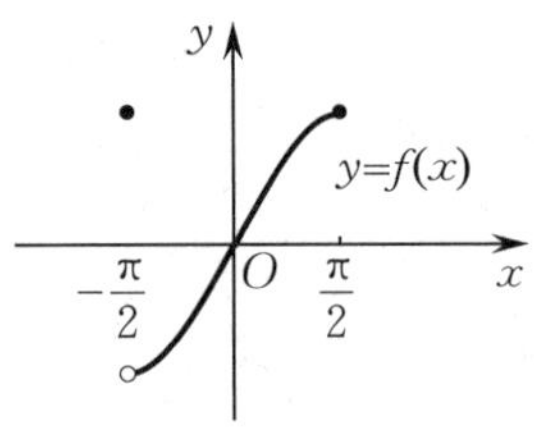

图 4-2

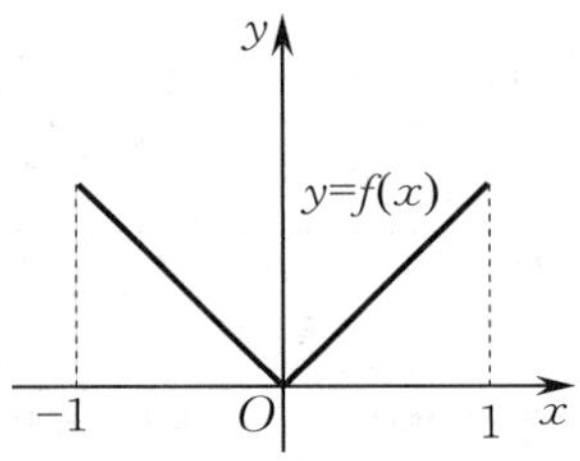

图 4-3

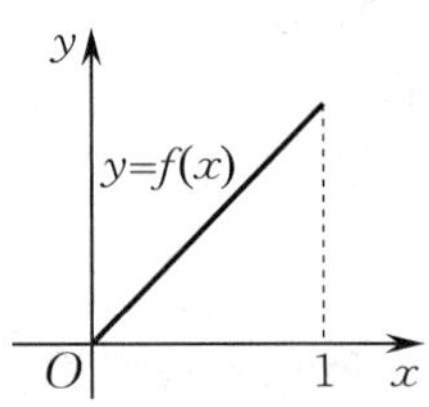

图 4-4

但是,也不能认为只要定理条件不全成立,就一定没有满足定理结论的点ξ存在. 例如,函数$f(x)=\sin x$在区间$\left[0,\dfrac{2\pi}{3}\right]$上不满足条件(3),但存在点$\dfrac{\pi}{2}\in\left(0,\dfrac{2\pi}{3}\right)$,使得$f'\left(\dfrac{\pi}{2}\right)=\cos\dfrac{\pi}{2}=0$. 这说明罗尔中值定理中的条件是充分非必要的.

同时需要强调的是,罗尔中值定理只是说明了在给定条件下导数零点的存在性,至于这些点的具体数目和确切位置,定理并没有给出. 尽管如此,罗尔中值定理还是有其重要的理论价值.

例 2 设函数$f(x)=x(x-1)(x-2)$,不求$f'(x)$,判断方程$f'(x)=0$有几个实根.

解 显然函数$f(x)$在区间$[0,1]$和$[1,2]$上都各自满足罗尔中值定理的三个条件,故至少存在点$\xi_1\in(0,1)$和$\xi_2\in(1,2)$,使得$f'(\xi_1)=0$和$f'(\xi_2)=0$,即ξ_1和ξ_2是$f'(x)=0$的两个实根.

又因为$f(x)=0$为一元三次方程,所以$f'(x)=0$为一元二次方程,而一元二次方程最多有两个实根,于是$f'(x)=0$恰有两个实根.

例 3　设函数 $f(x)$ 在闭区间 $[0,1]$ 上连续，在开区间 $(0,1)$ 内可导，且 $f(1)=0$. 证明：至少存在一点 $\xi\in(0,1)$，使得 $f(\xi)+\xi f'(\xi)=0$.

分析　要证 $f(\xi)+\xi f'(\xi)=0$，即要证 $[f(x)+xf'(x)]\Big|_{x=\xi}=0$，而

$$[xf(x)]'=f(x)+xf'(x),$$

于是构造辅助函数 $F(x)=xf(x)$，若能验证 $F(x)$ 在区间 $[0,1]$ 上满足罗尔中值定理的三个条件，则结论可得证.

证　构造辅助函数 $F(x)=xf(x)$，显然 $F(x)$ 在闭区间 $[0,1]$ 上连续，在开区间 $(0,1)$ 内可导，且 $F(0)=F(1)=0$，则至少存在一点 $\xi\in(0,1)$，使得

$$F'(\xi)=0,\quad \text{即}\quad f(\xi)+\xi f'(\xi)=0.$$

课程思政

二、拉格朗日中值定理

罗尔中值定理的条件 $f(a)=f(b)$ 相当特殊，它使罗尔中值定理的应用受到限制. 若仅取消这个条件的限制，仍保留其余两个条件，并相应地修改结论，则可得到更通用的拉格朗日(Lagrange)中值定理.

定理 2　**(拉格朗日中值定理)　若函数 $f(x)$ 满足下列两个条件：**

(1) 在闭区间 $[a,b]$ 上连续；

(2) 在开区间 (a,b) 内可导，

则至少存在一点 $\xi\in(a,b)$，使得 $f'(\xi)=\dfrac{f(b)-f(a)}{b-a}$.

证　构造辅助函数 $F(x)=f(x)-\dfrac{f(b)-f(a)}{b-a}x$，显然 $F(x)$ 在闭区间 $[a,b]$ 上连续，在开区间 (a,b) 内可导，且

$$F(a)=f(a)-\frac{f(b)-f(a)}{b-a}a=\frac{bf(a)-af(b)}{b-a},$$

$$F(b)=f(b)-\frac{f(b)-f(a)}{b-a}b=\frac{bf(a)-af(b)}{b-a},$$

即 $F(a)=F(b)$. 于是函数 $F(x)$ 在区间 $[a,b]$ 上满足罗尔中值定理的三个条件，故至少存在一点 $\xi\in(0,1)$，使得 $F'(\xi)=0$. 又 $F'(x)=f'(x)-\dfrac{f(b)-f(a)}{b-a}$，故至少存在一点 $\xi\in(a,b)$，使得

$$f'(\xi)-\frac{f(b)-f(a)}{b-a}=0,\quad \text{即}\quad f'(\xi)=\frac{f(b)-f(a)}{b-a}.$$

由拉格朗日中值定理可以看到，若加上条件 $f(a)=f(b)$，则拉格朗日中值定理的结论就可化为至少存在一点 $\xi\in(a,b)$，使得 $f'(\xi)=0$. 这说明罗尔中值定理是拉格朗日中值定理的特殊情形，拉格朗日中值定理是罗尔中值定理的推广.

设连续曲线 $y=f(x)$ 的图形如图 4-5 所示，则由图 4-5 可以看出，$\dfrac{f(b)-f(a)}{b-a}$ 为弦 $\overline{AB}$ 的斜率，而 $f'(\xi)$ 为曲线 $\overset{\frown}{AB}$ 在点 $M(\xi,f(\xi))$ 处切线的斜率. 因此，拉格朗日中值定理的几何

意义是:如果连续曲线$\overset{\frown}{AB}$是函数$y=f(x)$在区间$[a,b]$上的图形,且曲线$\overset{\frown}{AB}$上除端点外处处存在不垂直于x轴的切线,那么曲线$\overset{\frown}{AB}$上至少存在一点$M(\xi,f(\xi))$,使得曲线$\overset{\frown}{AB}$在点M处的切线平行于弦$\overline{AB}$.

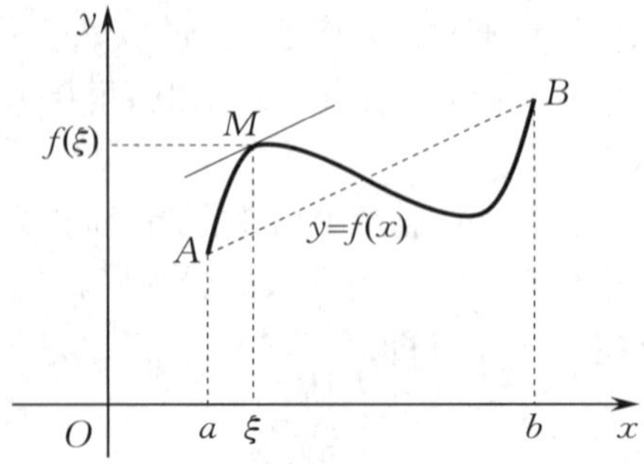

图 4-5

从拉格朗日中值定理的几何意义出发,弦$\overline{AB}$所在直线的方程为

$$y-f(a)=\frac{f(b)-f(a)}{b-a}(x-a),$$

即

$$y=f(a)+\frac{f(b)-f(a)}{b-a}(x-a),$$

由此又可以构造辅助函数$\varphi(x)=f(x)-\left[f(a)+\dfrac{f(b)-f(a)}{b-a}(x-a)\right]$,且可验证$\varphi(x)$区间$[a,b]$上也满足罗尔中值定理的三个条件. 而

$$\varphi'(x)=f'(x)-\frac{f(b)-f(a)}{b-a},$$

再同样由罗尔中值定理可以得出拉格朗日中值定理的结论. 证明过程在此从略.

拉格朗日中值定理的证明提供了一个根据数学命题的特征和需要,经过推演、调整和验证,用构造辅助函数(可能不唯一)的方法证明数学命题的精彩典范. 同时,这种通过巧妙的数学变换,将一般化为特殊的辩证思想,也是数学证明中重要而常用的化归思想方法的体现.

若函数$f(x)$在区间$[a,b]$上满足拉格朗日中值定理的条件,则有

$$f'(\xi)=\frac{f(b)-f(a)}{b-a},\quad \xi\in(a,b). \tag{4-1}$$

式(4-1)的左边$f'(\xi)$表示函数$f(x)$在开区间(a,b)内某点处的局部变化率,右边$\dfrac{f(b)-f(a)}{b-a}$表示函数$f(x)$在闭区间$[a,b]$上整体变化的平均变化率. 于是,拉格朗日中值定理是联结函数局部与整体的纽带.

式(4-1)常写作

$$f(b)-f(a)=f'(\xi)(b-a),\quad \xi\in(a,b). \tag{4-2}$$

式(4-1)和式(4-2)都称为**拉格朗日中值公式**.

对于$b<a$的情形,拉格朗日中值公式仍然成立,此时$\xi\in(b,a)$. 常不加区分地说以a,b为端点的区间,在此区间上应用拉格朗日中值定理,则ξ介于a,b之间.

记 $\theta=\dfrac{\xi-a}{b-a}(b>a)$，则 $0<\theta<1$，且 $\xi=a+\theta(b-a)$，故式(4-2)可写作

$$f(b)-f(a)=f'[a+\theta(b-a)](b-a),\quad 0<\theta<1. \tag{4-3}$$

记 $h=b-a$，则式(4-3)可写作

$$f(a+h)-f(a)=f'(a+\theta h)h,\quad 0<\theta<1. \tag{4-4}$$

设 $x_0, x_0+\Delta x\in(a,b)$，在以 $x_0, x_0+\Delta x$ 为端点的区间上应用式(4-3)，则有

$$f(x_0+\Delta x)-f(x_0)=f'(x_0+\theta\Delta x)\Delta x,\quad 0<\theta<1,$$

即

$$\Delta y=f'(x_0+\theta\Delta x)\Delta x,\quad 0<\theta<1. \tag{4-5}$$

式(4-5)精确地表达了函数在一个区间上的增量与函数在该区间内某点处的导数之间的关系，这个式子又称为**有限增量公式**.

在学习微分时，我们曾得到近似表达式 $\Delta y\approx f'(x_0)\Delta x=\mathrm{d}y\Big|_{x=x_0}$，即函数的微分 $\mathrm{d}y$ 是函数增量 Δy 的近似. 一般来说，以 $\mathrm{d}y$ 近似代替 Δy 时所产生的误差只有当 $\Delta x\to 0$ 时才趋于零，而在式(4-5)中，尽管 θ 未给出，但得到的 Δy 的值是准确的，因此拉格朗日中值定理又称为有限增量定理. 在某些问题中，当自变量 x 取得有限增量 Δx 而需要函数增量 Δy 的准确表达式时，拉格朗日中值定理就凸显出它的价值.

同罗尔中值定理一样，拉格朗日中值定理的两个条件缺一不可，且也是充分非必要的.

同样，拉格朗日中值定理中 ξ 的具体值并未指出，在特殊情况下可计算出来. 但在拉格朗日中值定理的许多应用中，ξ 的具体值无关紧要，只需要根据 $f'(x)$ 的一般性质做出判断就够了.

我们知道，如果函数 $f(x)$ 在某一区间 I 上是一个常数，那么函数在该区间上的导数恒为零. 它的逆命题也是成立的，这个结论可通过拉格朗日中值定理推出.

例 4　证明拉格朗日中值定理的推论：若函数 $f(x)$ 在区间 I 上满足 $f'(x)\equiv 0$，即对于任意 $x\in I$，都有 $f'(x)=0$，则在 I 上 $f(x)=C$，即 $f(x)$ 区间 I 上是常数函数.

证　对于 $\forall x_1, x_2\in I$，不妨设 $x_1<x_2$，则函数 $f(x)$ 在区间 $[x_1,x_2]\subset I$ 上满足拉格朗日中值定理的条件，于是存在一点 $\xi\in(x_1,x_2)$，使得

$$f(x_2)-f(x_1)=f'(\xi)(x_2-x_1).$$

又 $f'(\xi)=0$，则 $f(x_2)=f(x_1)$. 因为 x_1 和 x_2 的任意性，所以在 I 上 $f(x)=C$，其中 C 为常数.

例 5　证明：$\arctan x+\operatorname{arccot} x=\dfrac{\pi}{2}, x\in(-\infty,+\infty)$.

证　设函数 $f(x)=\arctan x+\operatorname{arccot} x$，则对于任意 $x\in(-\infty,+\infty)$，都有

$$f'(x)=\frac{1}{1+x^2}+\left(-\frac{1}{1+x^2}\right)=0.$$

由拉格朗日中值定理的推论知，在区间 $(-\infty,+\infty)$ 上 $f(x)=C$，其中 C 为常数. 又因为

$$f(1)=\arctan 1+\operatorname{arccot} 1=\frac{\pi}{4}+\frac{\pi}{4}=\frac{\pi}{2},$$

所以

$$\arctan x+\operatorname{arccot} x=\frac{\pi}{2},\quad x\in(-\infty,+\infty).$$

例 6 证明:如果对于任意 $x\in I$,都有 $f'(x)=g'(x)$,则在区间 I 上 $f(x)=g(x)+C$,其中 C 为常数.

证 设函数 $F(x)=f(x)-g(x)$,则 $F'(x)=f'(x)-g'(x)=0$. 由拉格朗日中值定理的推论得,在区间 I 上 $F(x)=C$,即在区间 I 上 $f(x)=g(x)+C$,其中 C 为常数.

例 6 的结论的通俗说法是,导数相同的两个函数,它们之间最多相差一个常数. 这一结论将在积分学中发挥重要的作用.

拉格朗日中值定理不仅可以解决等式(包含恒等式)的问题,还可以在应用拉格朗日中值公式时,对 ξ 进行适当的缩放,将等式化为不等式,从而解决不等式的问题.

例 7 证明:当 $x>0$ 时,$\dfrac{x}{x+1}<\ln(1+x)<x$.

证 设函数 $f(t)=\ln(1+t)$,显然 $f(t)$ 在$[0,x](x>0)$上满足拉格朗日中值定理的条件,则至少存在一点 $\xi\in(0,x)$,使得

$$f(x)-f(0)=f'(\xi)(x-0),$$

即

$$\ln(1+x)=\frac{x}{1+\xi}.$$

又由 $0<\xi<x$,得 $\dfrac{x}{1+x}<\dfrac{x}{1+\xi}<x$,故当 $x>0$ 时,

$$\frac{x}{x+1}<\ln(1+x)<x.$$

三、柯西中值定理

定理 3 **[柯西(Cauchy)中值定理]　若函数 $f(x)$ 和 $g(x)$ 满足下列三个条件:**

(1) 在闭区间$[a,b]$上连续;

(2) 在开区间(a,b)内可导;

(3) 对于任意 $x\in(a,b)$,$g'(x)\neq 0$,

则至少存在一点 $\xi\in(a,b)$,使得 $\dfrac{f'(\xi)}{g'(\xi)}=\dfrac{f(b)-f(a)}{g(b)-g(a)}$.

注 (1) 柯西中值定理的作用在于将两个函数的增量之比表示为它们的导数之比.

(2) 拉格朗日中值定理是柯西中值定理当 $g(x)=x$ 时的特殊情形.

(3) 柯西中值定理的证明可参照拉格朗日中值定理的证明. 例如,可构造辅助函数

$$\varphi(x)=f(x)-f(a)-\frac{f(b)-f(a)}{g(b)-g(a)}[g(x)-g(a)],$$

再运用罗尔中值定理,详细证明过程在此从略.

类似地,我们可以通过构造辅助函数,运用柯西中值定理证明一些结论.

例 8 设函数 $f(x)$ 在闭区间$[a,b]$上连续,在开区间(a,b)内可导,证明:至少存在一点 $\xi\in(a,b)$,使得 $f(b)-f(a)=\xi(\ln b-\ln a)f'(\xi)(0<a<b)$.

证　显然函数 $f(x)$ 和 $g(x)=\ln x$ 在$[a,b]$上连续，在(a,b)内可导，且对于任意 $x\in(a,b)$，$g'(x)=\frac{1}{x}\neq 0$. 由柯西中值定理得，至少存在一点 $\xi\in(a,b)$，使得

$$\frac{f'(\xi)}{\frac{1}{\xi}}=\frac{f(b)-f(a)}{\ln b-\ln a},$$

即

$$f(b)-f(a)=\xi(\ln b-\ln a)f'(\xi).$$

罗尔中值定理、拉格朗日中值定理、柯西中值定理构成了三大微分中值定理，它们是微分学的重要基础理论，在证明等式或不等式、判定方程的实根和证明相关命题中起着重要作用. 读者要熟悉诸定理的条件、结论，还要掌握解题思路和技巧，更要领会其中蕴含的思想方法.

习题 4-1

1. 验证下列命题的正确性，并写出满足定理结论的 ξ 的值：

(1) 函数 $f(x)=x^2-2x-3$ 在区间$[-1,3]$上满足罗尔中值定理；

(2) 函数 $f(x)=\ln(\sin x)$ 在区间 $\left[\frac{\pi}{6},\frac{5\pi}{6}\right]$ 上满足罗尔中值定理；

(3) 函数 $f(x)=e^{x^2-1}$ 在区间$[-1,1]$上满足罗尔中值定理；

(4) 函数 $f(x)=\ln x$ 在区间$[1,e]$上满足拉格朗日中值定理；

(5) 函数 $f(x)=\arctan x$ 在区间$[0,1]$上满足拉格朗日中值定理；

(6) 函数 $f(x)=x^3+1$ 和 $g(x)=x^2$ 在区间$[1,2]$上满足柯西中值定理.

2. 不求 $f'(x)$，判断方程 $f'(x)=0$ 有几个实根，其中函数 $f(x)$ 分别如下：

(1) $f(x)=x(x+1)(x+2)$；

(2) $f(x)=(x-1)(x^2-5x+6)$；

(3) $f(x)=(x-1)(x-2)(x-3)(x-4)$.

3. 设 $f(x)$ 是可导的奇函数，证明：对于任意 $a>0$，存在一点 $\xi\in(-a,a)$，使得

$$f'(\xi)=\frac{f(a)}{a}.$$

4. 证明下列恒等式：

(1) $\arcsin x+\arccos x=\frac{\pi}{2}, x\in[-1,1]$；

(2) $\arctan x+\arccos\frac{x}{\sqrt{1+x^2}}=\frac{\pi}{2}, x\in(-\infty,+\infty)$.

5. 证明下列不等式：

(1) 当 $0<a<b$ 时，$\frac{b-a}{b}<\ln\frac{b}{a}<\frac{b-a}{a}$；

(2) $|\arctan x-\arctan y|\leqslant|x-y|$.

6. 设函数 $f(x)$ 在$[a,b](0<a<b)$上可导,证明:至少存在一点 $\xi\in(a,b)$,使得

$$2\xi[f(b)-f(a)]=(b^2-a^2)f'(\xi).$$

第二节 泰勒公式

由于理论分析和数值计算的需要,对于一些比较复杂的函数,我们经常会用一些简单的函数(如多项式函数)来近似表达. 这种近似表达在数学上称为逼近. 泰勒公式就是基于函数的多项式逼近思想,将一个函数在某点处进行 n 次求导的展开. 本节介绍泰勒公式及其简单应用.

一、泰勒中值定理

定理 1 (泰勒中值定理) **如果函数 $f(x)$ 在含有 x_0 的某个区间(a,b)内具有直到 $n+1$ 阶的导数,则对于任意 $x\in(a,b)$,$f(x)$ 可表示为 $x-x_0$ 的一个 n 次多项式函数 $P_n(x)$ 与一个余项 $R_n(x)$ 之和,即**

$$f(x)=P_n(x)+R_n(x), \tag{4-6}$$

其中

$$P_n(x)=f(x_0)+f'(x_0)(x-x_0)+\frac{f''(x_0)}{2!}(x-x_0)^2+\cdots+\frac{f^{(n)}(x_0)}{n!}(x-x_0)^n,$$

$$R_n(x)=\frac{f^{(n+1)}(\xi)}{(n+1)!}(x-x_0)^{n+1}\quad(\xi\text{ 介于 }x_0\text{ 与 }x\text{ 之间}). \tag{4-7}$$

证 由已知条件可得,函数

$$R_n(x)=f(x)-f(x_0)-f'(x_0)(x-x_0)-\frac{f''(x_0)}{2!}(x-x_0)^2-\cdots-\frac{f^{(n)}(x_0)}{n!}(x-x_0)^n$$

在(a,b)内具有直到 $n+1$ 阶的导数,且

$$R_n(x_0)=R'_n(x_0)=\cdots=R_n^{(n)}(x_0)=0,\quad R_n^{(n+1)}(x)=f^{(n+1)}(x).$$

令函数 $G(x)=(x-x_0)^{n+1}$,则

$$G(x_0)=G'(x_0)=\cdots=G^{(n)}(x_0)=0,\quad G^{(n+1)}(x)=(n+1)!.$$

对函数 $R_n(x)$ 和 $G(x)$ 应用柯西中值定理 $n+1$ 次,得

$$\frac{R_n(x)}{G(x)}=\frac{R_n(x)-R_n(x_0)}{G(x)-G(x_0)}=\frac{R'_n(\xi_1)}{G'(\xi_1)}=\frac{R'_n(\xi_1)-R'_n(x_0)}{G'(\xi_1)-G'(x_0)}=\frac{R''_n(\xi_2)}{G''(\xi_2)}=\cdots$$

$$=\frac{R_n^{(n)}(\xi_n)-R_n^{(n)}(x_0)}{G^{(n)}(\xi_n)-G^{(n)}(x_0)}=\frac{R_n^{(n+1)}(\xi)}{G^{(n+1)}(\xi)}=\frac{f^{(n+1)}(\xi)}{(n+1)!},$$

其中 $\xi_1,\xi_2,\cdots,\xi_n,\xi$ 介于 x_0 与 x 之间. 于是

$$R_n(x)=\frac{f^{(n+1)}(\xi)}{(n+1)!}(x-x_0)^{n+1}\quad(\xi\text{ 介于 }x_0\text{ 与 }x\text{ 之间}).$$

式(4-6)称为函数 $f(x)$ 在点 x_0 处的 n **阶泰勒公式**，或称为**带有拉格朗日型余项的** n **阶泰勒公式**，简称**泰勒公式**. 式(4-7)称为**拉格朗日型余项**. 多项式函数 $P_n(x)$ 称为函数 $f(x)$ 在点 x_0 处的 n **阶泰勒多项式**.

当 $n=0$ 时，泰勒公式可写为 $f(x)=f(x_0)+f'(\xi)(x-x_0)$，其中 ξ 介于 x_0 与 x 之间. 于是拉格朗日中值公式可以看作带有拉格朗日型余项的零阶泰勒公式，泰勒中值定理是拉格朗日中值定理的推广.

易知，当 $x\to x_0$ 时，余项 $R_n(x)$ 是比 $(x-x_0)^n$ 高阶的无穷小，于是 $R_n(x)$ 又可表示为 $R_n(x)=o[(x-x_0)^n]$，称这种形式的余项为**佩亚诺**(Peano)**型余项**.

函数 $f(x)$ 在点 $x_0=0$ 处的 n 阶泰勒公式又称为 n **阶麦克劳林**(Maclaurin)**公式**，即

$$f(x)=f(0)+f'(0)x+\frac{f''(0)}{2!}x^2+\cdots+\frac{f^{(n)}(0)}{n!}x^n+\frac{f^{(n+1)}(\xi)}{(n+1)!}x^{n+1},$$

其中 ξ 介于 0 与 x 之间. 若使用佩亚诺型余项，则

$$f(x)=f(0)+f'(0)x+\frac{f''(0)}{2!}x^2+\cdots+\frac{f^{(n)}(0)}{n!}x^n+o(x^n).$$

二、泰勒公式的简单应用

例 1　写出函数 $f(x)=\tan x$ 的带有佩亚诺型余项的三阶麦克劳林公式.

解　因

$$f(x)=\tan x,\quad f'(x)=\sec^2 x,\quad f''(x)=2\sec^2 x\tan x,$$
$$f'''(x)=4\sec^2 x\tan^2 x+2\sec^4 x,$$

故

$$f(0)=0,\quad f'(0)=1,\quad f''(0)=0,\quad f'''(0)=2.$$

于是

$$\tan x=0+1\cdot x+\frac{1}{2!}\cdot 0\cdot x^2+\frac{1}{3!}\cdot 2\cdot x^3+o(x^3)=x+\frac{x^3}{3}+o(x^3).$$

例 2　写出函数 $f(x)=\mathrm{e}^x$ 的带有佩亚诺型余项的 n 阶麦克劳林公式.

解　因

$$f(x)=f'(x)=f''(x)=\cdots=f^{(n)}(x)=\mathrm{e}^x,$$

故

$$f(0)=f'(0)=f''(0)=\cdots=f^{(n)}(0)=1.$$

于是

$$\mathrm{e}^x=1+x+\frac{x^2}{2!}+\cdots+\frac{x^n}{n!}+o(x^n).$$

将函数 $f(x)=\mathrm{e}^x$ 和 $P_n(x)=1+x+\dfrac{x^2}{2!}+\cdots+\dfrac{x^n}{n!}(n=1,2,3)$ 的图形都画在图 4-6 中，可以看出 $P_n(x)$ 的图形随着 n 的增大而变得与 $f(x)=\mathrm{e}^x$ 的图形越来越接近.

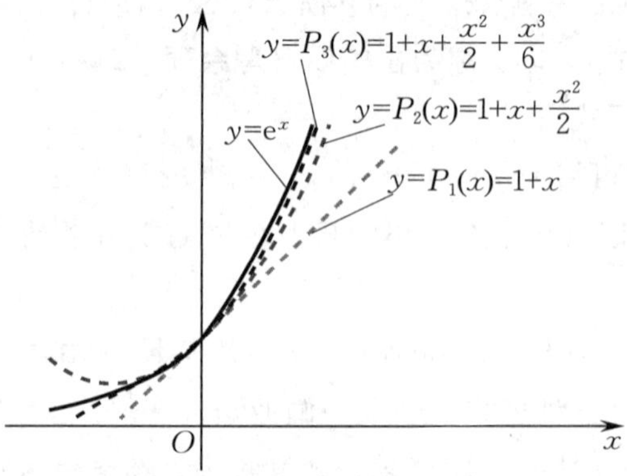

图 4-6

在微分近似计算的应用中已经知道,当$|x|$很小时,有近似计算公式 $e^x\approx 1+x$. 现在我们知道,这就是将函数 $f(x)=e^x$ 的带有佩亚诺型余项的一阶麦克劳林公式 $e^x=1+x+o(x)$ 中的余项 $o(x)$ 忽略掉.

读者可以借助微分的近似计算加深对泰勒公式的理解.

例 3 写出函数 $f(x)=\sin x$ 的带有佩亚诺型余项的 3 阶麦克劳林公式.

解 由 $f^{(n)}(x)=\sin\left(x+\frac{n\pi}{2}\right)$,可得

$$f^{(2n)}(0)=0,\quad f^{(2n+1)}(0)=(-1)^n,\quad n\in\mathbf{N}.$$

于是

$$\sin x=x-\frac{x^3}{3!}+\frac{x^5}{5!}-\cdots+\frac{(-1)^n}{(2n+1)!}x^{2n+1}+o(x^{2n+1})=x-\frac{x^3}{3!}+o(x^3).$$

将函数 $f(x)=\sin x$ 和 $P_{2n+1}(x)=x-\frac{x^3}{3!}+\frac{x^5}{5!}-\cdots+\frac{(-1)^n}{(2n+1)!}x^{2n+1}$ $(2n+1=1,3,5)$ 的图形都画在图 4-7 中,可以看出 $P_{2n+1}(x)$ 的图形随着 n 的增大而变得与 $f(x)=\sin x$ 的图形越来越接近.

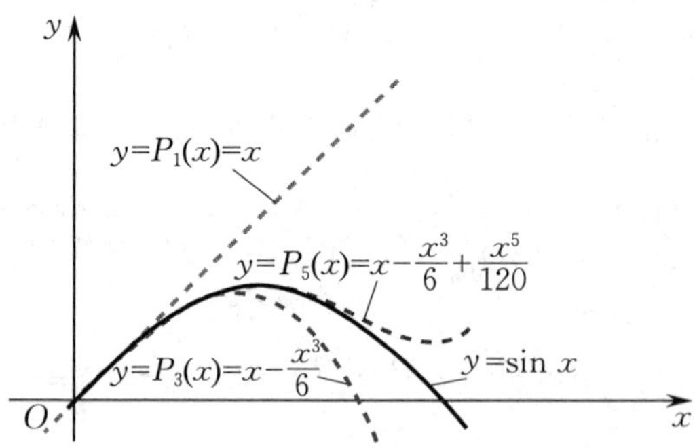

图 4-7

读者可以借助数学软件绘图加深对泰勒公式的理解.

由以上方法类似可得到其他常见函数的带有佩亚诺型余项的麦克劳林公式. 为了方便应用,汇总如下.

(1) $e^x=1+x+\frac{x^2}{2!}+\cdots+\frac{x^n}{n!}+o(x^n)$;

(2) $\sin x=x-\frac{x^3}{3!}+\frac{x^5}{5!}-\cdots+\frac{(-1)^n}{(2n+1)!}x^{2n+1}+o(x^{2n+1})$;

(3) $\cos x=1-\frac{x^2}{2!}+\frac{x^4}{4!}-\cdots+\frac{(-1)^n}{(2n)!}x^{2n}+o(x^{2n})$;

(4) $\ln(1+x)=x-\frac{x^2}{2}+\frac{x^3}{3}-\cdots+\frac{(-1)^{n-1}}{n}x^n+o(x^n)$;

(5) $\frac{1}{1-x}=1+x+x^2+\cdots+x^n+o(x^n)$;

(6) $(1+x)^\alpha=1+\alpha x+\frac{\alpha(\alpha-1)}{2!}x^2+\cdots+\frac{\alpha(\alpha-1)\cdots(\alpha-n+1)}{n!}x^n+o(x^n)$.

上述公式常用于直接或间接地求某些函数的极限.

例 4　求极限$\lim\limits_{x\to 0}\frac{\tan x-\sin x}{x^3}$.

解　根据极限中分母的次数来确定展开式的阶数为 3 阶. 由例 1 和例 3 知，

$$\tan x=x+\frac{x^3}{3}+o(x^3),\quad \sin x=x-\frac{x^3}{6}+o(x^3),$$

则

$$\tan x-\sin x=\left[x+\frac{x^3}{3}+o(x^3)\right]-\left[x-\frac{x^3}{6}+o(x^3)\right]=\frac{1}{2}x^3+o(x^3),$$

于是

$$\lim_{x\to 0}\frac{\tan x-\sin x}{x^3}=\lim_{x\to 0}\frac{\frac{1}{2}x^3+o(x^3)}{x^3}=\lim_{x\to 0}\left[\frac{1}{2}+\frac{o(x^3)}{x^3}\right]=\frac{1}{2}.$$

注　例 4 说明当 $x\to 0$ 时，函数 $\tan x-\sin x$ 与 $\frac{1}{2}x^3$ 是等价无穷小，这时 $\tan x-\sin x$ 可以用 $\frac{1}{2}x^3$ 来代换，而不能用 $x-x$ 来代换. 也就是说，$\lim\limits_{x\to 0}\frac{\tan x-\sin x}{x^3}=\lim\limits_{x\to 0}\frac{x-x}{x^3}=0$ 是错误的.

读者可以借助等价无穷小代换加深对泰勒公式的理解.

例 5　求极限$\lim\limits_{x\to 0}\frac{e^{x^2}+2\cos x-3}{x^4}$.

解　根据极限中分母的次数来确定展开式的阶数为 4 阶. 由于

$$e^{x^2}=1+x^2+\frac{(x^2)^2}{2!}+o[(x^2)^2]=1+x^2+\frac{x^4}{2}+o(x^4),$$

$$\cos x=1-\frac{x^2}{2!}+\frac{x^4}{4!}+o(x^4)=1-\frac{x^2}{2}+\frac{x^4}{24}+o(x^4),$$

则

$$e^{x^2}+2\cos x-3=1+x^2+\frac{x^4}{2}+o(x^4)+2\left[1-\frac{x^2}{2}+\frac{x^4}{24}+o(x^4)\right]-3=\frac{7}{12}x^4+o(x^4),$$

因此

$$\lim_{x\to 0}\frac{e^{x^2}+2\cos x-3}{x^4}=\lim_{x\to 0}\frac{\frac{7}{12}x^4+o(x^4)}{x^4}=\lim_{x\to 0}\left[\frac{7}{12}+\frac{o(x^4)}{x^4}\right]=\frac{7}{12}.$$

利用泰勒公式求极限,首先要确定点 x_0(极限过程中自变量趋近的点),接着根据极限中其他的项来确定阶数 n,然后写出函数在点 x_0 处的 n 阶泰勒公式(如带有佩亚诺型余项的 n 阶麦克劳林公式),最后代入原式进行计算.

读者可以借助极限的求解加深对泰勒公式的理解.

当然,泰勒公式不仅可以用来求极限,还可以用来做近似计算和误差分析,或用来证明不等式,有需要的读者请自行查阅相关资料.

习题 4－2

1. 写出下列函数的带有佩亚诺型余项的 n 阶麦克劳林公式(写出解题过程):

(1) $f(x)=\cos x$;　　(2) $f(x)=\ln(1+x)$;

(3) $f(x)=\dfrac{1}{1-x}$;　　(4) $f(x)=(1+x)^{\alpha}$.

2. 求下列极限:

(1) $\lim\limits_{x\to 0}\dfrac{\sin x-x\cos x}{x^3}$;　　(2) $\lim\limits_{x\to 0}\dfrac{xe^{-x}-2\ln(1+x)+x}{x^3}$;

(3) $\lim\limits_{x\to 0}\dfrac{\cos x-e^{-\frac{x^2}{2}}}{x^4}$;　　(4) $\lim\limits_{x\to 0}\dfrac{e^{x^3}-1-x^3}{\sin^6 x}$.

第三节　洛必达法则

在第二章中,讨论过两个无穷小之比$\left(简记为\dfrac{0}{0}\right)$的极限和两个无穷大之比$\left(简记为\dfrac{\infty}{\infty}\right)$的极限,知道这类极限可能存在,也可能不存在,我们将这类极限叫作**未定式**. $\dfrac{0}{0}$ 和 $\dfrac{\infty}{\infty}$ 的极限分别称为 $\dfrac{0}{0}$ 型未定式和 $\dfrac{\infty}{\infty}$ 型未定式. 本节将利用微分中值定理建立计算未定式的洛必达法则.

一、$\dfrac{0}{0}$ 型未定式

定理 1 (洛必达法则 Ⅰ)　**若函数 $f(x)$ 和 $g(x)$ 满足下列三个条件:**

(1) $\lim\limits_{x\to x_0}f(x)=0$, $\lim\limits_{x\to x_0}g(x)=0$;

(2) **$f(x)$ 和 $g(x)$ 在点 x_0 的某一去心邻域 $\mathring{U}(x_0)$ 内可导,且 $g'(x)\neq 0$;**

(3) $\lim\limits_{x \to x_0} \dfrac{f'(x)}{g'(x)}$ 存在或为无穷大，

则

$$\lim_{x \to x_0} \frac{f(x)}{g(x)} = \lim_{x \to x_0} \frac{f'(x)}{g'(x)}.$$

证　由于函数在某点处的极限与函数在该点处的取值无关，因此不妨设 $f(x_0)=g(x_0)=0$. 由条件(1)和(2)知，函数 $f(x)$ 和 $g(x)$ 在 $U(x_0)$ 内连续.

在 $\mathring{U}(x_0)$ 内任取一点 x，在以 x_0，x 为端点的区间上，函数 $f(x)$ 和 $g(x)$ 满足柯西中值定理的条件，则在 x_0 和 x 之间存在一点 ξ，使得

$$\frac{f'(\xi)}{g'(\xi)} = \frac{f(x)-f(x_0)}{g(x)-g(x_0)} = \frac{f(x)}{g(x)}.$$

当 $x \to x_0$ 时，有 $\xi \to x_0$，于是 $\lim\limits_{x \to x_0} \dfrac{f(x)}{g(x)} = \lim\limits_{\xi \to x_0} \dfrac{f'(\xi)}{g'(\xi)} = \lim\limits_{x \to x_0} \dfrac{f'(x)}{g'(x)}$.

例 1　求极限 $\lim\limits_{x \to 0} \dfrac{\sin x}{x}$.

解　考虑使用洛必达法则求极限，下面逐一验证洛必达法则的条件.

(1) $\lim\limits_{x \to 0} \sin x = 0$，$\lim\limits_{x \to 0} x = 0$，原极限是 $\dfrac{0}{0}$ 型未定式；

(2) $(\sin x)' = \cos x$，$(x)' = 1 \neq 0$；

(3) $\lim\limits_{x \to 0} \dfrac{(\sin x)'}{(x)'} = \lim\limits_{x \to 0} \dfrac{\cos x}{1} = \lim\limits_{x \to 0} \cos x = \cos 0 = 1$，此极限存在.

于是洛必达法则的三个条件都满足，由洛必达法则的结论知

$$\lim_{x \to 0} \frac{\sin x}{x} = \lim_{x \to 0} \frac{(\sin x)'}{(x)'} = 1.$$

类似地，我们来看极限 $\lim\limits_{x \to 0} \dfrac{x^2 \sin \frac{1}{x}}{\sin x}$，洛必达法则的条件验证过程如下.

(1) $\lim\limits_{x \to 0} x^2 \sin \dfrac{1}{x} = 0$，$\lim\limits_{x \to 0} \sin x = 0$，原极限是 $\dfrac{0}{0}$ 型未定式；

(2) $\left(x^2 \sin \dfrac{1}{x}\right)' = 2x \sin \dfrac{1}{x} + x^2 \cos \dfrac{1}{x} \cdot \left(-\dfrac{1}{x^2}\right) = 2x \sin \dfrac{1}{x} - \cos \dfrac{1}{x}$，$(\sin x)' = \cos x$ 在点 $x=0$ 的某一去心邻域内不为零；

(3) $\lim\limits_{x \to 0} \dfrac{\left(x^2 \sin \frac{1}{x}\right)'}{(\sin x)'} = \lim\limits_{x \to 0} \dfrac{2x \sin \frac{1}{x} - \cos \frac{1}{x}}{\cos x}$，此极限不存在也不为无穷大.

于是洛必达法则的条件(3)不满足，洛必达法则失效. 但这并不意味着极限 $\lim\limits_{x \to 0} \dfrac{x^2 \sin \frac{1}{x}}{\sin x}$ 不存在，此时应改用其他方法尝试求解. 事实上，利用等价无穷小代换和无穷小的性质，可以求出此极限，即有

$$\lim_{x\to0}\frac{x^2\sin\frac{1}{x}}{\sin x}=\lim_{x\to0}\frac{x^2\sin\frac{1}{x}}{x}=\lim_{x\to0}x\sin\frac{1}{x}=0.$$

从上述例子的分析和解答过程可以看出，洛必达法则不是万能的. 在使用洛必达法则之前一定要验证洛必达法则的三个条件. 要先验证条件(1)，即判断所给极限是否是$\frac{0}{0}$型未定式，这是洛必达法则的适用前提，而条件(2)和(3)的验证会随着计算过程自动显示，今后不再专门验证.

例 2 求下列极限：

(1) $\lim\limits_{x\to1}\frac{x^2-1}{x-1}$； (2) $\lim\limits_{x\to0}\frac{\sqrt{1+x}-1}{x}$；

(3) $\lim\limits_{x\to0}\frac{\ln(1+x)}{x}$； (4) $\lim\limits_{x\to0}\frac{e^x-1}{x}$.

解 所给极限都是$\frac{0}{0}$型未定式，由洛必达法则，有

(1) $\lim\limits_{x\to1}\frac{x^2-1}{x-1}=\lim\limits_{x\to1}\frac{(x^2-1)'}{(x-1)'}=\lim\limits_{x\to1}\frac{2x}{1}=2.$

(2) $\lim\limits_{x\to0}\frac{\sqrt{1+x}-1}{x}=\lim\limits_{x\to0}\frac{(\sqrt{1+x}-1)'}{(x)'}=\lim\limits_{x\to0}\frac{\frac{1}{2\sqrt{1+x}}}{1}=\frac{1}{2}.$

(3) $\lim\limits_{x\to0}\frac{\ln(1+x)}{x}=\lim\limits_{x\to0}\frac{[\ln(1+x)]'}{(x)'}=\lim\limits_{x\to0}\frac{\frac{1}{1+x}}{1}=1.$

(4) $\lim\limits_{x\to0}\frac{e^x-1}{x}=\lim\limits_{x\to0}\frac{(e^x-1)'}{(x)'}=\lim\limits_{x\to0}\frac{e^x}{1}=1.$

例 1 和例 2 告诉我们，求极限的方法往往不是唯一的. 洛必达法则是解决$\frac{0}{0}$型未定式的一种有效方法，应用洛必达法则可以避开极限存在准则和重要极限，也可以绕开因式分解、有理化等消除零因子的方式，还可以淡化三角函数、对数函数和指数函数等恒等变形技巧. 对初学者而言，应用洛必达法则可以大大降低求极限的思维难度和广度.

对于极限$\lim\limits_{x\to x_0}\frac{f'(x)}{g'(x)}$，如果函数$f'(x)$及$g'(x)$仍满足洛必达法则的三个条件，则可以继续使用洛必达法则，即洛必达法则可以连续多次使用.

例 3 求极限$\lim\limits_{x\to1}\frac{x^3-3x+2}{x^3-x^2-x+1}$.

解 $\lim\limits_{x\to1}\frac{x^3-3x+2}{x^3-x^2-x+1}=\lim\limits_{x\to1}\frac{3x^2-3}{3x^2-2x-1}=\lim\limits_{x\to1}\frac{6x}{6x-2}=\frac{3}{2}.$

注 在例 3 的计算过程中，若最后一步仍使用洛必达法则，即有$\lim\limits_{x\to1}\frac{6x}{6x-2}=\lim\limits_{x\to1}\frac{6}{6}=1$，就会得到错误的结果. 这是因为$\lim\limits_{x\to1}\frac{6x}{6x-2}$已不是$\frac{0}{0}$型未定式，洛必达法则失效.

例 4　求极限$\lim\limits_{x\to 0}\dfrac{e^{x}-e^{-x}-2x}{x-\sin x}$.

解　$\lim\limits_{x\to 0}\dfrac{e^{x}-e^{-x}-2x}{x-\sin x}=\lim\limits_{x\to 0}\dfrac{e^{x}+e^{-x}-2}{1-\cos x}=\lim\limits_{x\to 0}\dfrac{e^{x}-e^{-x}}{\sin x}=\lim\limits_{x\to 0}\dfrac{e^{x}+e^{-x}}{\cos x}=2.$

还应当注意,可以将洛必达法则和等价无穷小代换、两个重要极限、极限的运算法则等求极限的方法结合使用.在使用洛必达法则之前,应尽可能将函数简化,求极限过程中也应及时整理化简,这样会让解题过程更加简便.

例 5　求极限$\lim\limits_{x\to 0}\dfrac{x-\arctan x}{\sin^{3}x}$.

解法一

$$\lim_{x\to 0}\frac{x-\arctan x}{\sin^{3}x}=\lim_{x\to 0}\frac{1-\dfrac{1}{1+x^{2}}}{3\sin^{2}x\cos x}=\lim_{x\to 0}\left[\frac{1}{3(1+x^{2})\cos x}\cdot\left(\frac{x}{\sin x}\right)^{2}\right]=\frac{1}{3}.$$

解法二

$$\lim_{x\to 0}\frac{x-\arctan x}{\sin^{3}x}=\lim_{x\to 0}\frac{x-\arctan x}{x^{3}}=\lim_{x\to 0}\frac{1-\dfrac{1}{1+x^{2}}}{3x^{2}}=\lim_{x\to 0}\frac{1}{3(1+x^{2})}=\frac{1}{3}.$$

例 6　求极限$\lim\limits_{x\to 0}\dfrac{x\sin x}{1-\cos x}$.

解法一　$\lim\limits_{x\to 0}\dfrac{x\sin x}{1-\cos x}=\lim\limits_{x\to 0}\dfrac{x^{2}}{\dfrac{1}{2}x^{2}}=2.$

解法二　$\lim\limits_{x\to 0}\dfrac{x\sin x}{1-\cos x}=\lim\limits_{x\to 0}\dfrac{x^{2}}{1-\cos x}=\lim\limits_{x\to 0}\dfrac{2x}{\sin x}=2.$

解法三　$\lim\limits_{x\to 0}\dfrac{x\sin x}{1-\cos x}=\lim\limits_{x\to 0}\dfrac{\sin x+x\cos x}{\sin x}=\lim\limits_{x\to 0}\dfrac{2\cos x-x\sin x}{\cos x}=2.$

将定理 1 中自变量的变化过程 $x\to x_{0}$ 换成 $x\to x_{0}^{+}$,$x\to x_{0}^{-}$,$x\to+\infty$,$x\to-\infty$ 或 $x\to\infty$,只要极限是$\dfrac{0}{0}$型未定式,在对应的条件下,结论仍然成立.

例 7　求极限$\lim\limits_{x\to+\infty}\dfrac{\ln\left(1+\dfrac{1}{x}\right)}{\dfrac{\pi}{2}-\arctan x}$.

解

$$\lim_{x\to+\infty}\frac{\ln\left(1+\dfrac{1}{x}\right)}{\dfrac{\pi}{2}-\arctan x}=\lim_{x\to+\infty}\frac{\dfrac{1}{x}}{\dfrac{\pi}{2}-\arctan x}=\lim_{x\to+\infty}\frac{-\dfrac{1}{x^{2}}}{-\dfrac{1}{1+x^{2}}}=\lim_{x\to+\infty}\frac{1+x^{2}}{x^{2}}=1.$$

最后提醒一下,不要忘记定理 1 的条件(3) 的另一种情形:$\lim\limits_{x\to x_{0}}\dfrac{f'(x)}{g'(x)}$为无穷大.

例 8　求极限$\lim\limits_{x\to 1^{+}}\dfrac{\sqrt{x-1}}{\ln x}$.

解 $\lim\limits_{x\to1^+}\dfrac{\sqrt{x-1}}{\ln x}=\lim\limits_{x\to1^+}\dfrac{\dfrac{1}{2\sqrt{x-1}}}{\dfrac{1}{x}}=\lim\limits_{x\to1^+}\dfrac{x}{2\sqrt{x-1}}=+\infty.$

二、$\dfrac{\infty}{\infty}$ 型未定式

定理 2 (洛必达法则 Ⅱ) 若函数 $f(x)$ 和 $g(x)$ 满足下列三个条件:

(1) $\lim\limits_{x\to x_0}f(x)=\infty,\lim\limits_{x\to x_0}g(x)=\infty$;

(2) $f(x)$ 和 $g(x)$ 在点 x_0 的某一去心邻域 $\mathring{U}(x_0)$ 内可导,且 $g'(x)\neq0$;

(3) $\lim\limits_{x\to x_0}\dfrac{f'(x)}{g'(x)}$ 存在或为无穷大,

则

$$\lim_{x\to x_0}\frac{f(x)}{g(x)}=\lim_{x\to x_0}\frac{f'(x)}{g'(x)}.$$

类似地,将定理2中自变量的变化过程 $x\to x_0$ 换成 $x\to x_0^+,x\to x_0^-,x\to+\infty,x\to-\infty$ 或 $x\to\infty$,只要极限是$\dfrac{\infty}{\infty}$型未定式,在对应的条件下,结论仍然成立.

例 9 求极限 $\lim\limits_{x\to\infty}\dfrac{x^3-3x+2}{x^3-x^2-x+1}$.

解 $\lim\limits_{x\to\infty}\dfrac{x^3-3x+2}{x^3-x^2-x+1}=\lim\limits_{x\to\infty}\dfrac{3x^2-3}{3x^2-2x-1}=\lim\limits_{x\to\infty}\dfrac{6x}{6x-2}=\lim\limits_{x\to\infty}\dfrac{6}{6}=1.$

请读者将例 9 与例 3 进行对比,更深刻地理解洛必达法则,进而准确使用洛必达法则解决问题.

例 10 求极限 $\lim\limits_{x\to0^+}\dfrac{\ln(\cot x)}{\ln x}$.

解 $\lim\limits_{x\to0^+}\dfrac{\ln(\cot x)}{\ln x}=\lim\limits_{x\to0^+}\dfrac{\dfrac{1}{\cot x}\cdot(-\csc^2x)}{\dfrac{1}{x}}=\lim\limits_{x\to0^+}\dfrac{-x}{\sin x\cos x}=-\lim\limits_{x\to0^+}\dfrac{1}{\cos x}=-1.$

例 11 求极限 $\lim\limits_{x\to+\infty}\dfrac{\ln x}{x^\alpha}(\alpha>0)$.

解 $\lim\limits_{x\to+\infty}\dfrac{\ln x}{x^\alpha}=\lim\limits_{x\to+\infty}\dfrac{\dfrac{1}{x}}{\alpha x^{\alpha-1}}=\lim\limits_{x\to+\infty}\dfrac{1}{\alpha x^\alpha}=0.$

例 12 求极限 $\lim\limits_{x\to+\infty}\dfrac{x^3}{e^{2x}}$.

解 $\lim\limits_{x\to+\infty}\dfrac{x^3}{e^{2x}}=\lim\limits_{x\to+\infty}\dfrac{3x^2}{2e^{2x}}=\lim\limits_{x\to+\infty}\dfrac{3\times2x}{2\times2e^{2x}}=\lim\limits_{x\to+\infty}\dfrac{3\times2\times1}{2\times2\times2e^{2x}}=\dfrac{3!}{2^3}\lim\limits_{x\to+\infty}\dfrac{1}{e^{2x}}=0.$

请读者思考:如何求 $\lim\limits_{x\to+\infty}\dfrac{x^n}{e^{\lambda x}}(n\in\mathbf{N},\lambda>0)$? 求出后,请读者再与例12对比,对无穷大的

理解就会更加深刻.

考虑到无穷大与无穷小的关系,使用洛必达法则求解$\frac{0}{0}$型未定式时的技巧、注意事项等,在求解$\frac{\infty}{\infty}$型未定式时都可以借鉴.

三、其他未定式

在自变量的同一变化过程中,

若 $f(x)\to 0$ 且 $g(x)\to\infty$,则称 $\lim[f(x)g(x)]$ 为 $0\cdot\infty$ 型未定式;

若 $f(x)\to\infty$ 且 $g(x)\to\infty$,则称 $\lim[f(x)-g(x)]$ 为 $\infty-\infty$ 型未定式;

若 $f(x)\to 0^+$ 且 $g(x)\to 0$,则称 $\lim f(x)^{g(x)}$ 为 0^0 型未定式;

若 $f(x)\to+\infty$ 且 $g(x)\to 0$,则称 $\lim f(x)^{g(x)}$ 为 ∞^0 型未定式;

若 $f(x)\to 1$ 且 $g(x)\to\infty$,则称 $\lim f(x)^{g(x)}$ 为 1^∞ 型未定式.

以上这些未定式都可以先转化为$\frac{0}{0}$型或$\frac{\infty}{\infty}$型未定式,再使用洛必达法则求出极限.下面举例说明.

例 13　求极限 $\lim\limits_{x\to 0^+} x\ln x$.

分析　这是 $0\cdot\infty$ 型未定式,可先将积的形式改写为商的形式,根据无穷大与无穷小的关系,此时极限必为$\frac{0}{0}$型或$\frac{\infty}{\infty}$型未定式,然后考虑使用洛必达法则求出极限.

解　$\lim\limits_{x\to 0^+} x\ln x=\lim\limits_{x\to 0^+}\dfrac{\ln x}{\dfrac{1}{x}}=\lim\limits_{x\to 0^+}\dfrac{\dfrac{1}{x}}{-\dfrac{1}{x^2}}=\lim\limits_{x\to 0^+}(-x)=0.$

例 14　求极限 $\lim\limits_{x\to+\infty} x^2\mathrm{e}^{-x}$.

解　$\lim\limits_{x\to+\infty} x^2\mathrm{e}^{-x}=\lim\limits_{x\to+\infty}\dfrac{x^2}{\mathrm{e}^x}=\lim\limits_{x\to+\infty}\dfrac{2x}{\mathrm{e}^x}=\lim\limits_{x\to+\infty}\dfrac{2}{\mathrm{e}^x}=0.$

例 15　求极限 $\lim\limits_{x\to 0}\left(\dfrac{1}{\sin x}-\dfrac{1}{x}\right)$.

分析　这是 $\infty-\infty$ 型未定式,可先通分,将差的形式改写为商的形式,此时极限化为$\frac{0}{0}$型未定式,然后考虑使用洛必达法则求出极限.

解法一

$$\begin{aligned}\lim_{x\to 0}\left(\frac{1}{\sin x}-\frac{1}{x}\right)&=\lim_{x\to 0}\frac{x-\sin x}{x\sin x}=\lim_{x\to 0}\frac{1-\cos x}{\sin x+x\cos x}\\&=\lim_{x\to 0}\frac{\sin x}{2\cos x-x\sin x}=0.\end{aligned}$$

解法二

$$\begin{aligned}\lim_{x\to 0}\left(\frac{1}{\sin x}-\frac{1}{x}\right)&=\lim_{x\to 0}\frac{x-\sin x}{x\sin x}=\lim_{x\to 0}\frac{x-\sin x}{x^2}\\&=\lim_{x\to 0}\frac{1-\cos x}{2x}=\lim_{x\to 0}\frac{\frac{x^2}{2}}{2x}=\lim_{x\to 0}\frac{x}{4}=0.\end{aligned}$$

对于 0^0 型、∞^0 型和 1^∞ 型未定式，此时函数为幂指函数 u^v，当 $u>0$ 时，可将函数改写为 $e^{v\ln u}$. 使用极限运算法则，原极限就转化为 $e^{\lim(v\ln u)}$，其中指数 $\lim(v\ln u)$ 是 $0\cdot\infty$ 型未定式，可先将该指数转化为 $\frac{0}{0}$ 型或 $\frac{\infty}{\infty}$ 型未定式，然后考虑使用洛必达法则求出极限.

例 16 求极限 $\lim\limits_{x\to 0^+}x^x$.

解 $\lim\limits_{x\to 0^+}x^x=\lim\limits_{x\to 0^+}e^{x\ln x}=e^{\lim\limits_{x\to 0^+}x\ln x}$，由例 13 知 $\lim\limits_{x\to 0^+}x\ln x=0$，故 $\lim\limits_{x\to 0^+}x^x=e^0=1$.

例 17 求极限 $\lim\limits_{x\to+\infty}x^{\frac{1}{1+\ln x}}$.

解 $\lim\limits_{x\to+\infty}x^{\frac{1}{1+\ln x}}=\lim\limits_{x\to+\infty}e^{\frac{1}{1+\ln x}\cdot\ln x}=e^{\lim\limits_{x\to+\infty}\frac{\ln x}{1+\ln x}}=e^{\lim\limits_{x\to+\infty}\frac{\frac{1}{x}}{\frac{1}{x}}}=e^1=e$.

例 18 求极限 $\lim\limits_{x\to 0}(1+x)^{\frac{1}{x}}$.

解 $\lim\limits_{x\to 0}(1+x)^{\frac{1}{x}}=\lim\limits_{x\to 0}e^{\frac{1}{x}\ln(1+x)}=e^{\lim\limits_{x\to 0}\frac{\ln(1+x)}{x}}=e^{\lim\limits_{x\to 0}\frac{\frac{1}{1+x}}{1}}=e^1=e$.

例 18 是第二章介绍过的第二个重要极限，例 1 是第一个重要极限，两个重要极限都可以使用洛必达法则求解，成功避开了使用极限存在准则时的复杂计算过程，具有明显的优点.

读者在遇到求解未定式的相关问题时，可以从函数特征着手，结合自变量的变化过程，从不同角度尝试，及时整理化简，综合运用多种方法解决问题.

习题 4－3

1. 求下列极限：

(1) $\lim\limits_{x\to 0}\dfrac{\sin 3x}{\tan 4x}$；　　(2) $\lim\limits_{x\to 1}\dfrac{x^2+x-2}{x^3-1}$；

(3) $\lim\limits_{x\to 2}\dfrac{x^4-16}{x-2}$；　　(4) $\lim\limits_{x\to 0}\dfrac{(1+x)^\alpha-1}{x}$；

(5) $\lim\limits_{x\to 0}\dfrac{e^x-1}{x^2-x}$；　　(6) $\lim\limits_{x\to 0}\dfrac{e^x-e^{-x}}{\sin x}$；

(7) $\lim\limits_{x\to\pi}\dfrac{\cos x+1}{\tan x}$；　　(8) $\lim\limits_{x\to\pi}\dfrac{1+\cos x}{\tan^2 x}$；

(9) $\lim\limits_{x\to 0^+}\dfrac{x-\ln(1+x)}{x^2}$；　　(10) $\lim\limits_{x\to 1^+}\dfrac{\sqrt{x^2-1}}{x\ln x}$.

2. 求下列极限：

(1) $\lim\limits_{x\to 1}\dfrac{x^3-3x+2}{x^3-2x^2+x}$；　　(2) $\lim\limits_{x\to 0}\dfrac{x-\sin x}{x^3}$；

(3) $\lim\limits_{x\to 0}\dfrac{\cos x-1}{\ln(1+x)-x}$；　　(4) $\lim\limits_{x\to 0}\dfrac{\tan x-x}{x-\sin x}$；

(5) $\lim\limits_{x\to0}\dfrac{1-\cos^2 x}{x(1-e^x)}$；

(6) $\lim\limits_{x\to0}\dfrac{x-\tan x}{x^2\sin x}$；

(7) $\lim\limits_{x\to\frac{\pi}{2}}\dfrac{\ln(\sin x)}{(\pi-2x)^2}$；

(8) $\lim\limits_{x\to0}\dfrac{\sin x-x\cos x}{x-\sin x}$；

(9) $\lim\limits_{x\to0}\dfrac{\sin x-x+\dfrac{x^3}{6}}{x^5}$；

(10) $\lim\limits_{x\to+\infty}\dfrac{\ln\left(1+\dfrac{1}{x}\right)}{\operatorname{arccot} x}$.

3. 求下列极限：

(1) $\lim\limits_{x\to\infty}\dfrac{x^2-1}{2x^2+3}$；

(2) $\lim\limits_{x\to+\infty}\dfrac{e^x}{x^2}$；

(3) $\lim\limits_{x\to+\infty}\dfrac{\ln x}{x}$；

(4) $\lim\limits_{x\to0^+}\dfrac{\ln x}{\cot x}$；

(5) $\lim\limits_{x\to\frac{\pi}{2}}\dfrac{\tan x-4}{\sec x+5}$；

(6) $\lim\limits_{x\to0^+}\dfrac{\ln(\sin 3x)}{\ln(\sin x)}$；

(7) $\lim\limits_{x\to\frac{\pi}{2}}\dfrac{\tan x}{\tan 3x}$；

(8) $\lim\limits_{x\to+\infty}\dfrac{x^n}{e^{\lambda x}}(n\in\mathbf{N},\lambda>0)$.

4. 求下列极限：

(1) $\lim\limits_{x\to0^+}x^2\ln x$；

(2) $\lim\limits_{x\to0^+}\sin x\ln x$；

(3) $\lim\limits_{x\to\infty}x(e^{\frac{1}{x}}-1)$；

(4) $\lim\limits_{x\to+\infty}x\left(\dfrac{\pi}{2}-\arctan x\right)$；

(5) $\lim\limits_{x\to\frac{\pi}{2}}(\sec x-\tan x)$；

(6) $\lim\limits_{x\to0}\left(\dfrac{1}{x}-\dfrac{1}{e^x-1}\right)$；

(7) $\lim\limits_{x\to0}\left[\dfrac{1}{x}-\dfrac{1}{\ln(1+x)}\right]$；

(8) $\lim\limits_{x\to0}\left(\dfrac{1}{\sin x}-\dfrac{1}{e^x-1}\right)$；

(9) $\lim\limits_{x\to0^+}x^{\sin x}$；

(10) $\lim\limits_{x\to0^+}(\sin x)^{\frac{1}{\ln x}}$；

(11) $\lim\limits_{x\to+\infty}x^{\frac{1}{x}}$；

(12) $\lim\limits_{x\to0^+}\left(\dfrac{1}{x}\right)^{\tan x}$；

(13) $\lim\limits_{x\to1}x^{\frac{1}{1-x}}$；

(14) $\lim\limits_{x\to0}(\cos x)^{\frac{1}{x^2}}$.

第四节　函数的单调性与曲线的凹凸性

本节将利用函数导数的符号来刻画函数的单调性与曲线的凹凸性，这对函数的定性研究和函数图形的描绘十分重要. 除此之外，还可以利用函数的单调性与曲线的凹凸性来证明不等式.

一、函数的单调性

在第一章中，对于函数的单调性，我们已经有过一些认识. 对很多函数而言，要用定义直接判断其单调性并不方便. 下面借助函数的导数来研究函数的单调性.

函数的单调性在几何上表现为其图形的升降. 如图 4-8 所示,单调递增函数 $y=f(x)$ 的图形在平面直角坐标系中是一条从左至右逐渐上升的曲线,曲线上各点处的切线(如果存在且不为水平切线的话)与 x 轴正方向所成的角 α 为锐角,即切线的斜率 $\tan\alpha$ 为正,也即函数 $y=f(x)$ 在各点处的导数 $f'(x)$ 为正.

类似地,如图 4-9 所示,单调递减函数 $y=f(x)$ 的图形在各点处的切线(如果存在且不为水平切线的话)与 x 轴正方向所成的角 α 为钝角,即切线的斜率 $\tan\alpha$ 为负,也即函数 $y=f(x)$ 在各点处的导数 $f'(x)$ 为负.

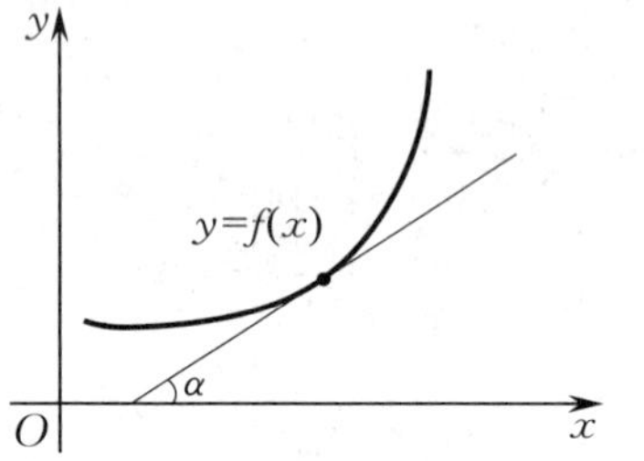

图 4-8

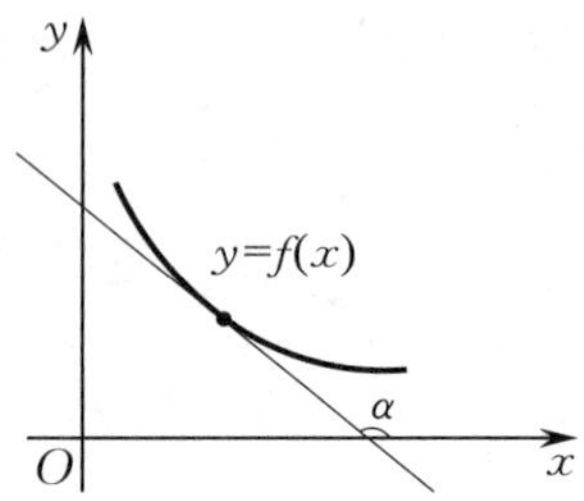

图 4-9

由此可见,函数的单调性与其导数的符号有着密切的关系. 事实上,有如下定理.

定理 1 **设函数 $f(x)$ 在闭区间 $[a,b]$ 上连续,在开区间 (a,b) 内可导.**

(1) 若在 (a,b) 内 $f'(x)>0$,则函数 $f(x)$ 在 $[a,b]$ 上单调递增;

(2) 若在 (a,b) 内 $f'(x)<0$,则函数 $f(x)$ 在 $[a,b]$ 上单调递减.

证 对于 $\forall x_1,x_2\in[a,b]$,不妨设 $x_1<x_2$,则函数 $f(x)$ 在区间 $[x_1,x_2]$ 上满足拉格朗日中值定理的条件,于是至少存在一点 $\xi\in(x_1,x_2)\subset(a,b)$,使得

$$f(x_2)-f(x_1)=f'(\xi)(x_2-x_1).$$

若在 (a,b) 内 $f'(x)>0$,则 $f'(\xi)>0$. 又由 $x_1<x_2$,得 $f(x_1)<f(x_2)$,故函数 $f(x)$ 在 $[a,b]$ 上单调递增.

若在 (a,b) 内 $f'(x)<0$,则 $f'(\xi)<0$. 又由 $x_1<x_2$,得 $f(x_1)>f(x_2)$,故函数 $f(x)$ 在 $[a,b]$ 上单调递减.

注 (1) 定理 1 中的闭区间可以换成其他各种区间(包括无限区间),结论仍成立.

(2) 若在 (a,b) 内 $f'(x)\geqslant 0\ [f'(x)\leqslant 0]$,且等号只在个别点处成立,则定理 1 的结论仍成立.

例 1 讨论函数 $f(x)=x-\arctan x$ 的单调性.

解 函数 $f(x)$ 的定义域为 $(-\infty,+\infty)$,且

$$f'(x)=1-\frac{1}{1+x^2}=\frac{x^2}{1+x^2}\geqslant 0,\quad x\in(-\infty,+\infty).$$

当且仅当 $x=0$ 时,$f'(x)=0$,于是 $f(x)$ 在 $(-\infty,+\infty)$ 上单调递增.

有些函数在整个定义域内的单调性并不一致,以下面两个函数为例:

(1) 对于函数 $f(x)=x^2$,在区间 $(-\infty,0)$ 上,$f'(x)=2x<0$,函数 $f(x)$ 单调递减;在区间 $(0,+\infty)$ 上,$f'(x)=2x>0$,函数 $f(x)$ 单调递增. 函数 $f(x)$ 在点 $x=0$ 两侧的单调性不一致,且在该点处有 $f'(0)=0$,即该点处的一阶导数为零.

(2) 对于函数 $f(x)=|x|$，在区间 $(-\infty,0)$ 上，$f'(x)=-1<0$，函数 $f(x)$ 单调递减；在区间 $(0,+\infty)$ 上，$f'(x)=1>0$，函数 $f(x)$ 单调递增. 函数 $f(x)$ 在点 $x=0$ 两侧的单调性不一致，且在该点处的一阶导数不存在.

综上所述，判断函数 $f(x)$ 的单调性时，可用使 $f'(x)=0$ 的点和 $f'(x)$ 不存在的点将定义域划分为若干个部分区间，在各个部分区间上逐个判断 $f'(x)$ 的符号，从而确定 $f(x)$ 在各个部分区间上的单调性.

例 2　求函数 $f(x)=1-(x-2)^{\frac{2}{3}}$ 的单调区间.

解　函数 $f(x)$ 的定义域为 $(-\infty,+\infty)$，且

$$f'(x)=-\frac{2}{3}(x-2)^{-\frac{1}{3}}=-\frac{2}{3\sqrt[3]{x-2}},$$

则 $f(x)$ 有一个不可导点 $x=2$，它将定义域分为两个部分区间 $(-\infty,2)$ 与 $(2,+\infty)$.

当 $x\in(-\infty,2)$ 时，$f'(x)>0$，则所给函数在 $(-\infty,2)$ 上单调递增；

当 $x\in(2,+\infty)$ 时，$f'(x)<0$，则所给函数在 $(2,+\infty)$ 上单调递减.

综上所述，所给函数的单调增区间为 $(-\infty,2)$，单调减区间为 $(2,+\infty)$.

当然，例 2 中也可以将使 $f'(x)=0$ 的点和 $f'(x)$ 不存在的点写进单调增区间或单调减区间，如写为：所给函数的单调增区间为 $(-\infty,2]$，单调减区间为 $(2,+\infty)$. 这样，单调增区间和单调减区间的并集就构成整个定义域. 不过为了简单起见，本书今后只选取不包含区间端点的形式给出结论.

例 3　求函数 $f(x)=2x^3-9x^2+12x-3$ 的单调区间.

解　函数 $f(x)$ 的定义域为 $(-\infty,+\infty)$，且

$$f'(x)=6x^2-18x+12=6(x-1)(x-2).$$

令 $f'(x)=0$，解得 $x=1,2$，这两点将定义域分为三个部分区间 $(-\infty,1)$，$(1,2)$ 与 $(2,+\infty)$.

当 $x\in(-\infty,1)$ 时，$f'(x)>0$，则所给函数在 $(-\infty,1)$ 上单调递增；

当 $x\in(1,2)$ 时，$f'(x)<0$，则所给函数在 $(1,2)$ 内单调递减；

当 $x\in(2,+\infty)$ 时，$f'(x)>0$，则所给函数在 $(2,+\infty)$ 上单调递增.

综上所述，所给函数的单调增区间为 $(-\infty,1)$ 和 $(2,+\infty)$，单调减区间为 $(1,2)$.

在划分定义域后，也可以列表讨论，如表 4-1 所示.

表 4-1

x	$(-\infty,1)$	1	$(1,2)$	2	$(2,+\infty)$
$f'(x)$	+	0	−	0	+
$f(x)$	↗ （表示函数单调递增）		↘ （表示函数单调递减）		↗

例 4　求函数 $f(x)=(x-4)\sqrt[3]{(x+1)^2}$ 的单调区间.

解　函数 $f(x)$ 的定义域为 $(-\infty,+\infty)$，且

$$f'(x)=\frac{5(x-1)}{3\sqrt[3]{x+1}},$$

则 $f(x)$ 有一个不可导点 $x=-1$，令 $f'(x)=0$，解得 $x=1$，这两点将定义域分为三个部分区间 $(-\infty,-1)$，$(-1,1)$ 与 $(1,+\infty)$.

列表 4-2 讨论如下.

表 4-2

x	$(-\infty,-1)$	-1	$(-1,1)$	1	$(1,+\infty)$
$f'(x)$	$+$	不存在	$-$	0	$+$
$f(x)$	↗		↘		↗

故所给函数的单调增区间为$(-\infty,-1)$和$(1,+\infty)$,单调减区间为$(-1,1)$.

二、曲线的凹凸性

函数 $y=x^2$ 和 $y=\sqrt{x}$ 在区间$(0,+\infty)$上都是单调递增的,但它们对应曲线的弯曲状况不同. 如图 4-10 所示,曲线 $y=x^2$ 向下凹,曲线 $y=\sqrt{x}$ 向上凸.

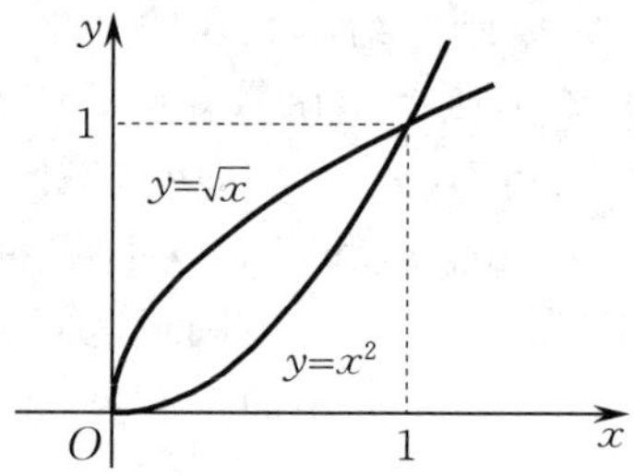

图 4-10

这种关于曲线弯曲状况的研究,就是曲线的凹凸性. 这里先给出曲线凹凸性的一般定义,可通过图 4-11 帮助理解.

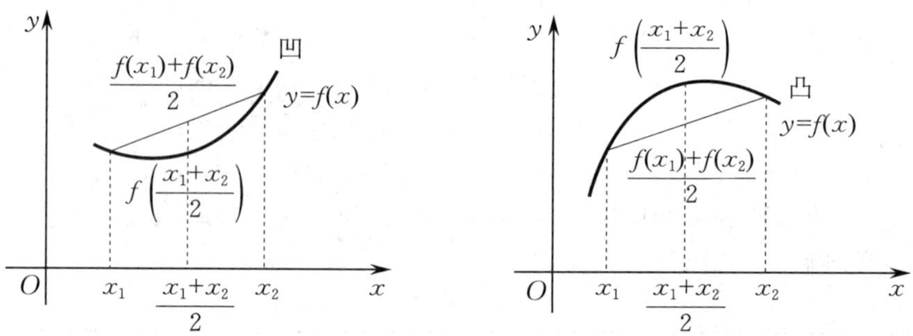

(a) (b)

图 4-11

定义 1 设函数 $y=f(x)$ 在区间 I 上连续,取 I 上任意两点 x_1,x_2.

(1) 若 $f\left(\dfrac{x_1+x_2}{2}\right)<\dfrac{f(x_1)+f(x_2)}{2}$,则称曲线 $y=f(x)$ 在 I 上是**凹**的;

(2) 若 $f\left(\dfrac{x_1+x_2}{2}\right)>\dfrac{f(x_1)+f(x_2)}{2}$,则称曲线 $y=f(x)$ 在 I 上是**凸**的.

当曲线 $y=f(x)$ 为凹的时,进一步观察图 4-12,曲线上任意一点处的切线总是在曲线的下方,且切线的斜率 $\tan\alpha$ 随着 x 的增大而增大,即 $f'(x)$ 是单调递增的,故其导数 $[f'(x)]'>0$,即 $f''(x)>0$.

当曲线 $y=f(x)$ 为凸的时,进一步观察图 4-13,曲线上任意一点处的切线总是在曲线的上方,且切线的斜率 $\tan\alpha$ 随着 x 的增大而减小,即 $f'(x)$ 是单调递减的,故其导数 $[f'(x)]'<0$,即 $f''(x)<0$.

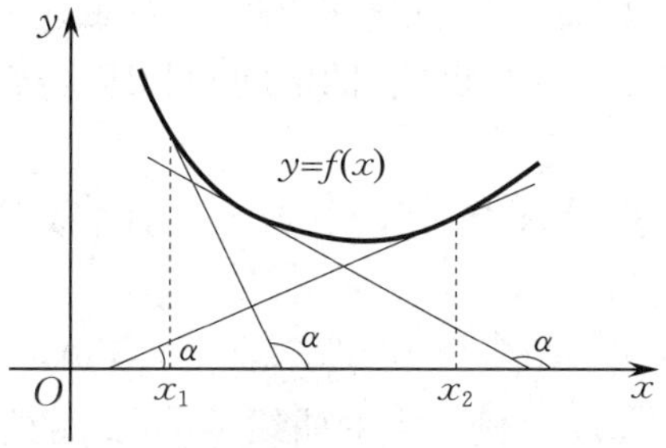

图 4-12

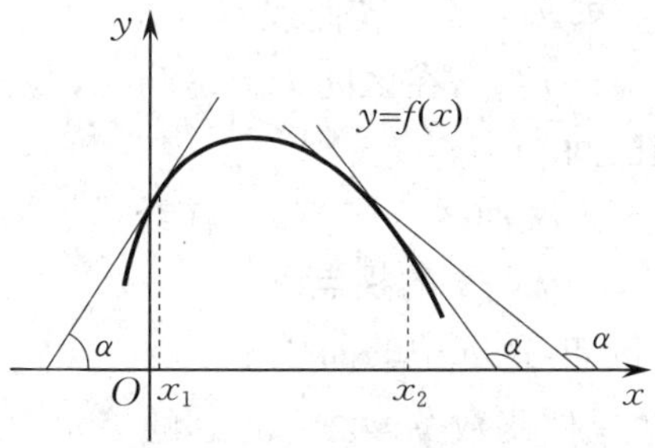

图 4-13

于是可以利用函数的二阶导数的符号来研究曲线的凹凸性,即有如下定理.

定理 2 **设函数 $y=f(x)$ 在闭区间 $[a,b]$ 上连续,在开区间 (a,b) 内具有二阶导数.**

(1) 若在 (a,b) 内 $f''(x)>0$,则曲线 $y=f(x)$ 在 $[a,b]$ 上是凹的;

(2) 若在 (a,b) 内 $f''(x)<0$,则曲线 $y=f(x)$ 在 $[a,b]$ 上是凸的.

注 (1) 定理 2 中的闭区间可以换成其他各种区间(包括无限区间),结论仍成立.

(2) 若在 (a,b) 内 $f''(x)\geqslant 0\,[f''(x)\leqslant 0]$,且等号只在个别点处成立,则定理 2 的结论仍成立.

研究曲线 $y=f(x)$ 的凹凸性与研究函数 $y=f(x)$ 的单调性的方法基本一致. 区别在于函数 $y=f(x)$ 的单调性和 $f(x)$ 的一阶导数 $f'(x)$ 相关,曲线 $y=f(x)$ 的凹凸性和 $f(x)$ 的二阶导数 $f''(x)$ 相关.

例 5 讨论曲线 $y=f(x)=x-\ln(1+x)$ 的凹凸性.

解 函数 $y=x-\ln(1+x)$ 的定义域为 $(-1,+\infty)$,且

$$f'(x)=1-\frac{1}{1+x},\quad f''(x)=\frac{1}{(1+x)^2}>0,$$

则曲线 $y=x-\ln(1+x)$ 在 $(-1,+\infty)$ 上是凹的.

例 6 讨论曲线 $y=f(x)=\arctan x$ 的凹凸性.

解 函数 $y=\arctan x$ 的定义域为 $(-\infty,+\infty)$,且

$$f'(x)=\frac{1}{1+x^2},\quad f''(x)=-\frac{2x}{(1+x^2)^2}.$$

当 $x\in(-\infty,0)$ 时,$f''(x)>0$,则曲线 $y=\arctan x$ 在 $(-\infty,0)$ 上是凹的;

当 $x\in(0,+\infty)$ 时,$f''(x)<0$,则曲线 $y=\arctan x$ 在 $(0,+\infty)$ 上是凸的.

当然,例 6 中也可以将点 $x=0$ 写进区间,如可写为:曲线 $y=\arctan x$ 在 $(-\infty,0]$ 上是凹的,在 $(0,+\infty)$ 上是凸的. 为了简单起见,本书今后只选取不包含区间端点的形式给出结论.

例 7 讨论曲线 $y=f(x)=\sqrt[3]{x}$ 的凹凸性.

解 函数 $y=\sqrt[3]{x}$ 的定义域为 $(-\infty,+\infty)$,且

$$f'(x)=\frac{1}{3}x^{-\frac{2}{3}},\quad f''(x)=-\frac{2}{9}x^{-\frac{5}{3}}=-\frac{2}{9x\sqrt[3]{x^2}}.$$

当 $x \in (-\infty, 0)$ 时,$f''(x) > 0$,则曲线 $y = \sqrt[3]{x}$ 在$(-\infty, 0)$ 上是凹的;

当 $x \in (0, +\infty)$ 时,$f''(x) < 0$,则曲线 $y = \sqrt[3]{x}$ 在$(0, +\infty)$ 上是凸的.

定义 2 若曲线 $y = f(x)$ 在区间 I 上是凹的,则称 I 为曲线 $y = f(x)$ 的**凹区间**;若曲线 $y = f(x)$ 在区间 I 上是凸的,则称 I 为曲线 $y = f(x)$ 的**凸区间**. 凹区间和凸区间统称为**凹凸区间**.

若连续曲线 $y = f(x)$ 在经过点$(x_0, f(x_0))$ 时,其凹凸性发生改变,则称$(x_0, f(x_0))$ 为曲线 $y = f(x)$ 的**拐点**.

例如,例 5 中的曲线 $y = x - \ln(1 + x)$ 无拐点;$(0,0)$ 是例 6 中的曲线 $y = \arctan x$ 的拐点,也是使函数 $y = \arctan x$ 的二阶导数等于零的点;$(0,0)$ 是例 7 中的曲线 $y = \sqrt[3]{x}$ 的拐点,也是使函数 $y = \sqrt[3]{x}$ 的二阶导数不存在的点.

综上所述,拐点是曲线凹凸性的分界点. 曲线 $y = f(x)$ 的拐点可能是使函数 $y = f(x)$ 的二阶导数等于零的点,也可能是使函数 $y = f(x)$ 的二阶导数不存在的点.

研究曲线 $y = f(x)$ 的凹凸性与拐点时,可用使 $f''(x) = 0$ 的点和 $f''(x)$ 不存在的点将定义域划分为若干个部分区间,在各个部分区间上逐个判断 $f''(x)$ 的符号,从而确定曲线 $y = f(x)$ 的凹凸区间,进而确定拐点.

例 8 求曲线 $y = f(x) = 2x^3 - 9x^2 + 12x - 3$ 的凹凸区间与拐点.

解 函数 $y = 2x^3 - 9x^2 + 12x - 3$ 的定义域为$(-\infty, +\infty)$,且

$$f'(x) = 6x^2 - 18x + 12, \quad f''(x) = 12x - 18 = 12\left(x - \frac{3}{2}\right).$$

令 $f''(x) = 0$,解得 $x = \frac{3}{2}$,它将定义域分为两个部分区间$\left(-\infty, \frac{3}{2}\right)$ 与$\left(\frac{3}{2}, +\infty\right)$.

当 $x \in \left(-\infty, \frac{3}{2}\right)$ 时,$f''(x) < 0$,则所给曲线在$\left(-\infty, \frac{3}{2}\right)$ 上是凸的;

当 $x \in \left(\frac{3}{2}, +\infty\right)$ 时,$f''(x) > 0$,则所给曲线在$\left(\frac{3}{2}, +\infty\right)$ 上是凹的.

又因 $f\left(\frac{3}{2}\right) = 2 \times \left(\frac{3}{2}\right)^3 - 9 \times \left(\frac{3}{2}\right)^2 + 12 \times \frac{3}{2} - 3 = \frac{3}{2}$,故所给曲线的拐点为$\left(\frac{3}{2}, \frac{3}{2}\right)$.

综上所述,所给曲线的凹区间为$\left(\frac{3}{2}, +\infty\right)$,凸区间为$\left(-\infty, \frac{3}{2}\right)$,拐点为$\left(\frac{3}{2}, \frac{3}{2}\right)$.

在划分定义域后,也可以列表讨论,如表 4-3 所示.

表 4-3

x	$\left(-\infty, \frac{3}{2}\right)$	$\frac{3}{2}$	$\left(\frac{3}{2}, +\infty\right)$
$f''(x)$	$-$	0	$+$
$y = f(x)$	凸	拐点	凹

三、利用函数的单调性和曲线的凹凸性来证明不等式

利用函数的单调性可以证明一些不等式. 例如,要证不等式 $f(x) > 0$ 在区间(a, b) 内成

立,可以证明函数 $f(x)$ 在 (a,b) 内单调递增且 $f(a)\geqslant 0$,或者证明函数 $f(x)$ 在 (a,b) 内单调递减且 $f(b)\geqslant 0$.

例 9　证明:当 $x>0$ 时,$x>\ln(1+x)$.

证　设函数 $f(x)=x-\ln(1+x)$,则

$$f'(x)=1-\frac{1}{1+x}=\frac{x}{1+x}.$$

当 $x>0$ 时,$f'(x)>0$,则函数 $f(x)$ 在 $(0,+\infty)$ 上单调递增,于是 $f(x)>f(0)$. 而 $f(0)=0-\ln(1+0)=0$,故 $f(x)>0$,即当 $x>0$ 时,$x>\ln(1+x)$.

曲线的凹凸性定义和不等式有直接关系,可以用来证明一些很有特点的不等式.

例 10　证明:$\mathrm{e}^{\frac{x+y}{2}}\leqslant\frac{\mathrm{e}^x+\mathrm{e}^y}{2}$.

证　设函数 $f(x)=\mathrm{e}^x$,则其定义域为 $(-\infty,+\infty)$,且

$$f'(x)=\mathrm{e}^x,\quad f''(x)=\mathrm{e}^x>0,$$

故曲线 $y=\mathrm{e}^x$ 在 $(-\infty,+\infty)$ 上是凹的. 于是对于 $\forall x,y\in(-\infty,+\infty)(x\neq y)$,有

$$f\left(\frac{x+y}{2}\right)<\frac{f(x)+f(y)}{2},\quad 即\quad \mathrm{e}^{\frac{x+y}{2}}<\frac{\mathrm{e}^x+\mathrm{e}^y}{2}.$$

又当 $x=y$ 时,$\mathrm{e}^{\frac{x+y}{2}}=\frac{\mathrm{e}^x+\mathrm{e}^y}{2}$,所以 $\mathrm{e}^{\frac{x+y}{2}}\leqslant\frac{\mathrm{e}^x+\mathrm{e}^y}{2}$.

由于曲线 $y=f(x)$ 和函数 $y=f(x)$ 是对应关系,因此也将曲线 $y=f(x)$ 的凹凸性称为函数 $y=f(x)$ 的凹凸性.

请读者将例 3 和例 8 综合一下,求函数 $y=2x^3-9x^2+12x-3$ 的单调区间、凹凸区间与拐点,体会列表讨论的优点,主动留意列表讨论时表格的空白部分.

习题 4-4

1. 讨论下列函数的单调性:

(1) $f(x)=\mathrm{e}^x-x$;　　(2) $f(x)=\sin x-x,x\in[-\pi,\pi]$;

(3) $f(x)=-\sqrt[3]{x^2}$;　　(4) $f(x)=\ln(x+\sqrt{1+x^2})$.

2. 求下列函数的单调区间:

(1) $f(x)=x^2-2\ln x$;　　(2) $f(x)=x\mathrm{e}^x$;

(3) $f(x)=12x-x^3-1$;　　(4) $f(x)=x^3-x^2-x+1$;

(5) $f(x)=\sqrt[3]{(x-1)^2(x+4)^3}$;　　(6) $f(x)=(2x-5)\sqrt[3]{x^2}$.

3. 讨论下列曲线的凹凸性:

(1) $f(x)=x^3$;　　(2) $f(x)=\mathrm{e}^x$;

(3) $f(x)=\ln x$;　　(4) $f(x)=x\arctan x$.

4. 求下列曲线的凹凸区间与拐点:

(1) $f(x)=x^3-x^2-x+1$;　　(2) $f(x)=3x^4-4x^3+1$;

(3) $f(x)=x^4+2x^3+3$;　　(4) $f(x)=2x^3-x^4-1$;

(5) $f(x)=1-\sqrt[3]{x-2}$； (6) $f(x)=(x-1)\sqrt[3]{x^5}$.

5. 利用函数的单调性或凹凸性证明下列不等式：

(1) 当 $x>0$ 时，$1+\frac{1}{2}x>\sqrt{1+x}$；

(2) 当 $x\geqslant 0$ 时，$x\geqslant \arctan x$；

(3) 当 $x>0$ 时，$\frac{x}{x+1}<\ln(1+x)<x$；

(4) 当 $x>0,y>0$ 且 $x\neq y$ 时，$\left(\frac{x+y}{2}\right)^n<\frac{1}{2}(x^n+y^n)\ (n>1)$；

(5) 当 $x>0,y>0$ 且 $x\neq y$ 时，$x\mathrm{e}^x+y\mathrm{e}^y>(x+y)\mathrm{e}^{\frac{x+y}{2}}$；

(6) 当 $x>0,y>0$ 且 $x\neq y$ 时，$x\ln x+y\ln y>(x+y)\ln\frac{x+y}{2}$.

6. 求下列函数的单调区间、凹凸区间与拐点：

(1) $y=2x^3-9x^2+12x-3$； (2) $y=x^3-3x^2+6$；

(3) $y=2+(x-2)^{\frac{1}{3}}$； (4) $y=\frac{1}{\sqrt{2\pi}}\mathrm{e}^{-\frac{x^2}{2}}$.

7. a,b 为何值时，$(1,3)$ 为曲线 $y=ax^3+bx^2$ 的拐点？

8. 设曲线 $f(x)=x^3+ax^2+bx+c$ 在点 $x=0$ 处有水平切线，且 $(1,-1)$ 为该曲线的拐点，求常数 a,b,c 的值.

第五节 函数的极值与最值

一、函数的极值

生活中常常会遇到这种情形：在我们爬山时，先上坡再下坡会经过一个峰顶，而先下坡再上坡会经过一个谷底. 这就是前面讨论函数单调性的过程中可能会遇到的对应情形. 例如，函数先单调递增，在某点达到“峰顶”，再单调递减；或者函数先单调递减，在某点达到“谷底”，再单调递增. 具有这种性质的点在实际应用中有着特别重要的意义，因此引入函数极值的概念.

定义 1 设函数 $y=f(x)$ 在点 x_0 的某一邻域 $U(x_0)$ 内有定义，对于 $\forall x\in \mathring{U}(x_0)$，

(1) 若有 $f(x)<f(x_0)$，则称函数 $y=f(x)$ 在点 x_0 处取得**极大值** $f(x_0)$，称 x_0 为**极大值点**；

(2) 若有 $f(x)>f(x_0)$，则称函数 $y=f(x)$ 在点 x_0 处取得**极小值** $f(x_0)$，称 x_0 为**极小值点**.

极大值与极小值统称为**极值**，极大值点与极小值点统称为**极值点**.

注意，$f(x_0)$ 是函数 $y=f(x)$ 的一个极大(小)值，只是就点 x_0 附近的一个局部范围

$U(x_0)$ 而言，$f(x_0)$ 是最大(小) 的，而对函数 $y=f(x)$ 的整个定义域来说就不一定是最大(小) 的了. 函数的极值是一个局部的概念.

如图 4－14 所示，函数 $y=f(x)$ 有两个极大值 $f(x_2)$ 和 $f(x_5)$，有三个极小值 $f(x_1)$，$f(x_4)$ 和 $f(x_6)$，其中极大值 $f(x_2)$ 比极小值 $f(x_6)$ 还小.

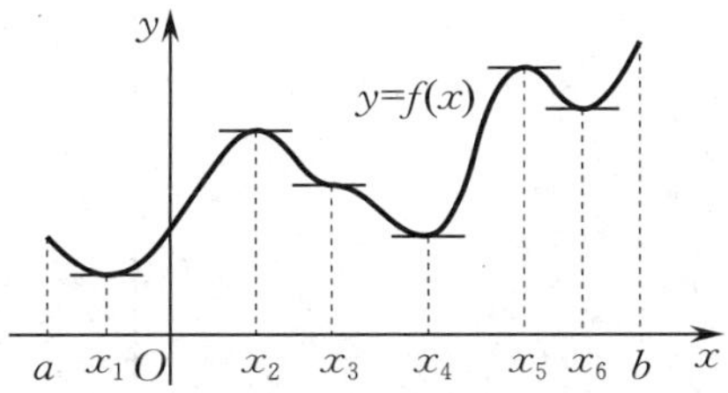

图 4－14

图 4－14 中的函数 $y=f(x)$ 有五个极值点，还有一个点 x_3 既不是极大值点，也不是极小值点. 可以看出，在函数取得极值的点处，曲线的切线是水平的，即函数在极值点处的导数为零. 但曲线上有水平切线的地方，函数却不一定取得极值. 于是可得到函数取得极值的必要条件.

定理 1 （极值的必要条件）　**如果函数 $y=f(x)$ 在点 x_0 处可导，且在点 x_0 处取得极值，则 $f'(x_0)=0$.**

证　不妨设 x_0 是函数 $y=f(x)$ 的极大值点. 由极值点的定义可知，函数 $y=f(x)$ 在点 x_0 的某一邻域 $U(x_0)$ 内有定义，且当 $|\Delta x|$ 很小时，恒有

$$\Delta y=f(x_0+\Delta x)-f(x_0)<0.$$

于是

$$f'_-(x_0)=\lim_{\Delta x\to 0^-}\frac{\Delta y}{\Delta x}\geqslant 0,\quad f'_+(x_0)=\lim_{\Delta x\to 0^+}\frac{\Delta y}{\Delta x}\leqslant 0.$$

因为函数 $y=f(x)$ 在点 x_0 处可导，则

$$f'_-(x_0)=f'_+(x_0)=f'(x_0),$$

所以 $f'(x_0)=0$.

使 $f'(x_0)=0$ 成立的点 $x=x_0$ 称为函数 $y=f(x)$ 的**驻点**.

极值的必要条件常称为**费马引理**. 根据费马引理，可导函数的极值点一定是驻点，但函数的驻点却不一定是极值点. 例如，$x=0$ 是函数 $y=x^3$ 的驻点，但明显不是函数 $y=x^3$ 的极值点.

此外，函数在其导数不存在的点处也可能取得极值. 例如，函数 $y=|x|$ 在点 $x=0$ 处不可导，但函数在该点处取得极小值.

综上所述，我们可以先求出函数的驻点和不可导点，接下来进一步判断这些点中哪些是极值点，以及极值点中哪些是极大值点，哪些是极小值点.

由函数极值的定义和函数单调性的判别法，观察图 4－15，很容易得到下面关于函数极值的一个充分条件.

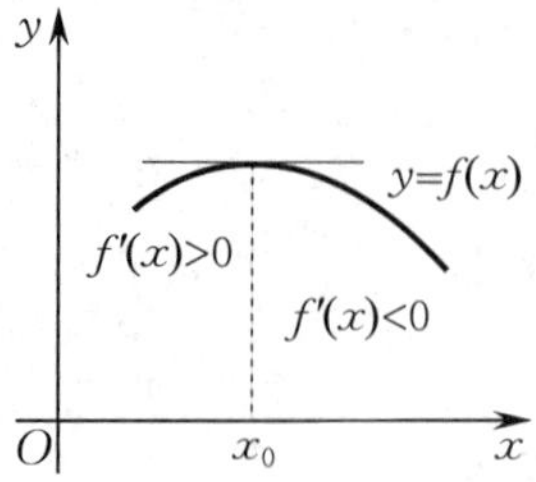

(a)

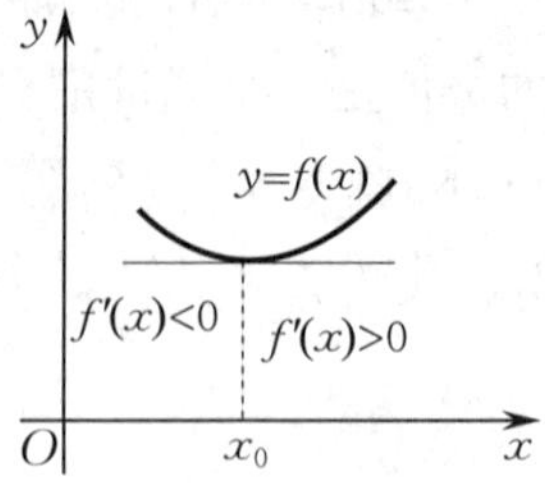

(b)

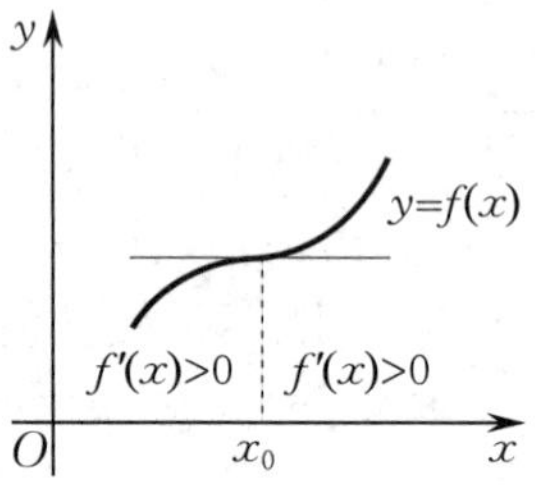

(c)

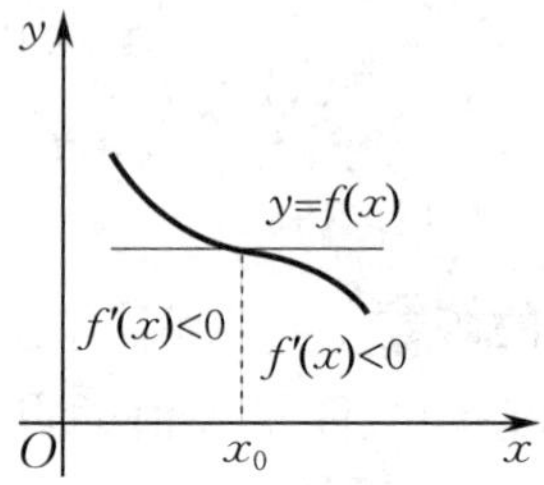

(d)

图 4-15

定理 2 **(极值的第一充分条件)　设函数 $y=f(x)$ 在点 x_0 处连续，在点 x_0 的某一去心邻域 $\mathring{U}(x_0)$ 内可导，且 $f'(x_0)=0$ 或 $f'(x_0)$ 不存在.**

(1) 若在 $\mathring{U}(x_0)$ 内，当 $x<x_0$ 时，$f'(x)>0$；当 $x>x_0$ 时，$f'(x)<0$，则函数 $y=f(x)$ 在点 x_0 处取得极大值 $f(x_0)$.

(2) 若在 $\mathring{U}(x_0)$ 内，当 $x<x_0$ 时，$f'(x)<0$；当 $x>x_0$ 时，$f'(x)>0$，则函数 $y=f(x)$ 在点 x_0 处取得极小值 $f(x_0)$.

(3) 若在 $\mathring{U}(x_0)$ 内，$f'(x)$ 的符号保持不变，则函数 $y=f(x)$ 在点 x_0 处不取得极值.

例 1　求函数 $f(x)=2x^3-9x^2+12x-3$ 的极值.

解　函数 $f(x)$ 的定义域为 $(-\infty,+\infty)$，且

$$f'(x)=6x^2-18x+12=6(x-1)(x-2).$$

令 $f'(x)=0$，得驻点 $x=1,2$.

因当 $x\in(-\infty,1)$ 时，$f'(x)>0$；当 $x\in(1,2)$ 时，$f'(x)<0$；当 $x\in(2,+\infty)$ 时，$f'(x)>0$，故函数 $f(x)$ 在点 $x=1$ 处取得极大值 $f(1)=2\times1^3-9\times1^2+12\times1-3=2$，在点 $x=2$ 处取得极小值 $f(2)=2\times2^3-9\times2^2+12\times2-3=1$.

综上所述，所给函数的极大值为 $f(1)=2$，极小值为 $f(2)=1$.

也可以列表 4-4 讨论如下.

表 4-4

x	$(-\infty,1)$	1	$(1,2)$	2	$(2,+\infty)$
$f'(x)$	+	0	−	0	+
$f(x)$	↗	极大值 $f(1)=2$	↘	极小值 $f(2)=1$	↗

可以发现，在上一节研究函数的单调性时，列表讨论表格中的空白处，可以用极值的信息

来填上.

例 2　求函数 $f(x)=(x-4)\sqrt[3]{(x+1)^2}$ 的极值.

解　函数 $f(x)$ 的定义域为 $(-\infty,+\infty)$，且

$$f'(x)=\frac{5(x-1)}{3\sqrt[3]{x+1}},$$

则 $f(x)$ 有一个驻点 $x=1$ 和一个不可导点 $x=-1$.

列表 4-5 讨论如下.

表 4-5

x	$(-\infty,-1)$	-1	$(-1,1)$	1	$(1,+\infty)$
$f'(x)$	$+$	不存在	$-$	0	$+$
$f(x)$	↗	极大值 $f(-1)=0$	↘	极小值 $f(1)=-3\sqrt[3]{4}$	↗

故所给函数的极大值为 $f(-1)=0$，极小值为 $f(1)=-3\sqrt[3]{4}$.

在特殊情况下，也可以利用函数的二阶导数来帮助判别极值，即有下列极值的另一充分条件.

定理 3　**（极值的第二充分条件）　设函数 $y=f(x)$ 在点 x_0 处二阶可导，且 $f'(x_0)=0, f''(x_0)\neq 0$.**

(1) 若 $f''(x_0)<0$，则函数 $y=f(x)$ 在点 x_0 处取得极大值 $f(x_0)$；

(2) 若 $f''(x_0)>0$，则函数 $y=f(x)$ 在点 x_0 处取得极小值 $f(x_0)$.

例 3　用极值的第二充分条件求例 1 中函数的极值.

解　前面已求得函数 $f(x)$ 的驻点为 $x=1,2$. 又由

$$f''(x)=12x-18=12\left(x-\frac{3}{2}\right),$$

得 $f''(1)<0, f''(2)>0$，故所给函数的极大值为 $f(1)=2$，极小值为 $f(2)=1$.

极值的第二充分条件在处理多项式函数时特别方便，但若遇到 $f'(x_0)$ 不存在或 $f''(x_0)=0$ 的情形，极值的第二充分条件就会失效，这时必须使用极值的第一充分条件来帮助判别极值.

请读者自行证明极值的两个充分条件，本书从略.

二、函数的最值

在实际应用中，常常会遇到怎样使"用料最省""成本最低""利润最大"等问题，此类问题往往可以归结为求某一函数的最值.

由闭区间上连续函数的性质知，连续函数 $y=f(x)$ 在 $[a,b]$ 上的最大值和最小值一定存在. 但最值可能在开区间 (a,b) 内取得，也可能在区间的端点 a,b 处取得.

若连续函数 $f(x)$ 的最值 $f(x_0)$ 在开区间 (a,b) 内一点 x_0 处取得，则 $f(x_0)$ 一定是极值，从而 x_0 一定是驻点或不可导点.

综上所述，可得求连续函数 $y=f(x)$ 在闭区间 $[a,b]$ 上最值的一般步骤：

(1) 求出函数 $y=f(x)$ 在 (a,b) 内的全部驻点和不可导点；

(2) 计算驻点、不可导点及区间端点处的函数值；

(3) 比较(2)中求得的所有值的大小，其中最大的就是 $y=f(x)$ 在 $[a,b]$ 上的最大值，最小的就是 $y=f(x)$ 在 $[a,b]$ 上的最小值.

例 4 求函数 $f(x)=2x^3-9x^2+12x-3$ 在闭区间 $[0,3]$ 上的最值.

解 因为所给函数在闭区间 $[0,3]$ 上连续，所以该区间上 $f(x)$ 的最大值与最小值一定存在. 又

$$f'(x)=6x^2-18x+12=6(x-1)(x-2),$$

令 $f'(x)=0$，得驻点 $x=1,2$. 计算得

$$f(1)=2\times1^3-9\times1^2+12\times1-3=2,\quad f(2)=2\times2^3-9\times2^2+12\times2-3=1,$$

$$f(0)=-3,\quad f(3)=2\times3^3-9\times3^2+12\times3-3=6.$$

比较各值，得所给函数在闭区间 $[0,3]$ 上的最大值为 $f(3)=6$，最小值为 $f(0)=-3$.

三、经济学中的优化问题

下面两个结论在解决实际问题时特别有用.

(1) 若函数 $y=f(x)$ 是闭区间 $[a,b]$ 上的连续函数，在开区间 (a,b) 内可导且只有唯一的驻点 x_0，则当 $f(x_0)$ 为极大值时，$f(x_0)$ 就是 $y=f(x)$ 在 $[a,b]$ 上的最大值；当 $f(x_0)$ 为极小值时，$f(x_0)$ 就是 $y=f(x)$ 在 $[a,b]$ 上的最小值.

(2) 若根据问题的性质可以断定函数 $y=f(x)$ 在区间内部取得最大(小)值，$y=f(x)$ 在区间内部可导且只有唯一的驻点 x_0，则 $y=f(x)$ 在点 x_0 处取得最大(小)值.

例 5 设某商品每月的产量为 q t时，总成本函数(单位:元)为

$$C(q)=6q^2+18q+54,$$

求最低平均成本和相应产量下的边际成本.

解 平均成本(单位:元/t)为 $\overline{C}(q)=\dfrac{C(q)}{q}=6q+18+\dfrac{54}{q}$，故

$$\overline{C}'(q)=6-\frac{54}{q^2}.$$

令 $\overline{C}'(q)=0$，得 $q=3$($q=-3<0$ 舍去)为唯一驻点. 又 $\overline{C}''(3)=\dfrac{108}{q^3}\Big|_{q=3}=4>0$，故 $q=3$ 为唯一极小值点，于是当 $q=3$ 时平均成本最低，最低平均成本为

$$\overline{C}(3)=\left(6\times3+18+\frac{54}{3}\right)\text{元/t}=54\text{ 元/t}.$$

又边际成本(单位:元/t)为 $C'(q)=12q+18$，故当 $q=3$ 时，边际成本为

$$C'(3)=(12\times3+18)\text{ 元/t}=54\text{ 元/t}.$$

这里要说明，例 5 中最低平均成本和边际成本都为 54 元/t，这并不是巧合. 因为

$$\overline{C}'(q)=\left[\frac{C(q)}{q}\right]'=\frac{qC'(q)-C(q)}{q^2}=\frac{1}{q}\left[C'(q)-\overline{C}(q)\right],$$

由极值的必要条件知，要使平均成本最低，则应有 $\overline{C}'(q)=0$，于是 $C'(q)=\overline{C}(q)$，即此时边际成本等于平均成本.

例 6 某物业公司计划出租 100 套公寓，经过市场调研，当每套公寓的租金定为每月

5 000元时，可以全部租出去；当租金增加100元时，就有1套公寓租不出去. 已知每租出去1套公寓，物业公司每月需为其支付200元的管理费，为使收益最大，每月租金定为多少才合适？

解　设每月租金为 x 元，则租出去的公寓套数为 $100-\dfrac{x-5\,000}{100}$. 于是，每月总收益(单位:元) 为

$$R(x)=(x-200)\left(100-\frac{x-5\,000}{100}\right)=(x-200)\left(150-\frac{x}{100}\right),$$

则

$$R'(x)=150-\frac{x}{100}-\frac{1}{100}(x-200)=-\frac{1}{50}x+152.$$

令 $R'(x)=0$，得唯一驻点 $x=7\,600$. 又 $R''(7\,600)=-\dfrac{1}{50}<0$，故 $x=7\,600$ 为唯一极大值点. 于是每月租金定为 7 600 元时，收益最大.

例 7　某厂每批生产某商品 x 个单位的总成本函数为 $C(x)=10x+400$，总收益函数为 $R(x)=30x-0.02x^2$，问：该厂每批生产多少单位该商品时，所得利润最大？

解　总利润函数为

$$L(x)=R(x)-C(x)=30x-0.02x^2-(10x+400)=-0.02x^2+20x-400,$$

于是

$$L'(x)=-0.04x+20.$$

令 $L'(x)=0$，得 $x=500$ 为唯一驻点. 又 $L''(500)=-0.04<0$，故 $x=500$ 为唯一极大值点. 所以每批生产 500 个单位该商品时，该厂所得利润最大.

例 8　某服装公司每天生产 q 套服装的总成本函数(单位:元) 为 $C(q)=0.25q^2+4\,000$，卖出服装的价格为 p 元 / 套，且 $p+0.5q=150$. 为使利润最大，该公司每天必须生产并销售多少套服装？最大利润为多少？服装的价格应为多少？

解　设总利润函数(单位:元) 为 $L(q)$，总收益函数(单位:元) 为 $R(q)$，则

$$\begin{aligned} R(q)&=pq=(150-0.5q)q=-0.5q^2+150q,\\ L(q)&=R(q)-C(q)=-0.5q^2+150q-(0.25q^2+4\,000)\\ &=-0.75q^2+150q-4\,000, \end{aligned}$$

于是

$$L'(q)=-1.5q+150.$$

令 $L'(q)=0$，得 $q=100$ 为唯一驻点. 又 $L''(100)=-1.5<0$，故 $q=100$ 为唯一极大值点. 此时

$$L(100)=(-0.75\times 100^2+150\times 100-4\,000)\text{ 元}=3\,500\text{ 元},$$

$$p\Big|_{q=100}=150-0.5\times 100=100.$$

所以，为使利润最大，该公司每天必须生产并销售 100 套服装，最大利润为 3 500 元，服装的价格应为 100 元 / 套.

习题 4-5

1. 求下列函数的极值:

(1) $f(x)=x^2-2\ln x$;

(2) $f(x)=x\mathrm{e}^x$;

(3) $f(x)=12x-x^3-1$;

(4) $f(x)=x^3-x^2-x+1$;

(5) $f(x)=\sqrt[3]{(x-1)^2(x+4)^3}$;

(6) $f(x)=(2x-5)\sqrt[3]{x^2}$;

(7) $f(x)=x^3-6x^2+9x-3$;

(8) $f(x)=x^3-3x^2+6$;

(9) $f(x)=2+(x-2)^{\frac{1}{3}}$;

(10) $f(x)=\dfrac{1}{\sqrt{2\pi}}\mathrm{e}^{-\frac{x^2}{2}}$.

2. 求下列函数在给定闭区间上的最值:

(1) $f(x)=2x^3+3x^2-12x+14,[-3,4]$;

(2) $f(x)=x^4-8x^2+2,[-1,3]$;

(3) $f(x)=x-\dfrac{3}{2}x^{\frac{2}{3}},\left[-1,\dfrac{27}{8}\right]$;

(4) $f(x)=\sqrt[3]{(x-1)^2(x+4)^3},[0,2]$;

(5) $f(x)=x^2\mathrm{e}^{-x},[-1,3]$;

(6) $f(x)=x\sin x+\cos x,[-\pi,\pi]$.

3. 设某商品每月的产量为 q t时,总成本函数(单位:元)为

$$C(q)=0.25q^2+8q+1\,600,$$

求最低平均成本和相应产量下的边际成本.

4. 已知生产某商品的总成本函数为 $C(q)=q^2+50q+1\,000$,问:产量 q 为多少时,每单位商品的平均成本最低?

5. 某物业公司有 50 个车位要出租,当租金定为每月 180 元时,车位会全部租出去;当租金增加 10 元时,就有 1 个车位租不出去. 已知租出去的车位每月需花费 20 元的维护费,问:每月租金定为多少时可获得最高收入?

6. 设生产某商品 q 个单位的总成本函数为

$$C(q)=\frac{1}{6}q^3-6q^2+142q+500.$$

若每单位商品的价格为 120,求利润最大时的产量及最大利润.

7. 某家具厂生产并销售一款家具,为了卖出 q 件家具,其价格(单位:元 / 件)应为 $p=280-0.4q$,同时,生产家具的总成本函数(单位:元)可表示为 $C(q)=0.6q^2+5\,000$. 为使利润最大,该家具厂必须生产并销售多少件家具? 家具的价格应为多少?

8. 设某仪器厂生产某种仪器的日产量为 x 件,其总成本函数(单位:元)为

$$C(x)=\frac{1}{40}x^2+200x+1\,000.$$

(1) 求日产量为 100 件时的总成本和平均成本.

(2) 求最低平均成本及相应的产量.

(3) 若每件仪器要以 400 元售出，为使利润最大，日产量应为多少？并求最大利润及相应的平均成本.

第六节　函数图形的描绘

在对函数的性态进行充分研究的基础上，我们可以描绘出函数的图形. 为了更准确地描绘出函数图形在无限延伸情况下的变化特点，先介绍曲线的渐近线.

一、曲线的渐近线

有些函数的定义域和值域都是有限区间，其图形限制在一定的范围内；而有些函数的定义域或值域是无限区间，其图形向无穷远处延伸. 若向无穷远处延伸的曲线呈现出越来越接近于某条直线的性态，则这条直线称为曲线的渐近线. 具体地，有以下定义.

定义 1　如果曲线 $y=f(x)$ 上的动点 P 沿着曲线趋于无穷远时，点 P 与某条定直线 L 的距离趋于零，则称直线 L 为曲线 $y=f(x)$ 的**渐近线**.

下面讨论渐近线的确定方法.

(1) 若 $\lim\limits_{x\to-\infty}f(x)=c$ 或 $\lim\limits_{x\to+\infty}f(x)=c$（$c$ 为常数），则称 $y=c$ 为曲线 $y=f(x)$ 的**水平渐近线**；

(2) 若 $\lim\limits_{x\to x_0^-}f(x)=\infty$ 或 $\lim\limits_{x\to x_0^+}f(x)=\infty$，则称 $x=x_0$ 为曲线 $y=f(x)$ 的**垂直渐近线**；

(3) 若 $\lim\limits_{x\to-\infty}[f(x)-(ax+b)]=0$ 或 $\lim\limits_{x\to+\infty}[f(x)-(ax+b)]=0$，其中 a,b 是常数，且 $a\neq0$，则称 $y=ax+b$ 为曲线 $y=f(x)$ 的**斜渐近线**.

曲线 $y=f(x)$ 的三种渐近线如图 4-16 所示.

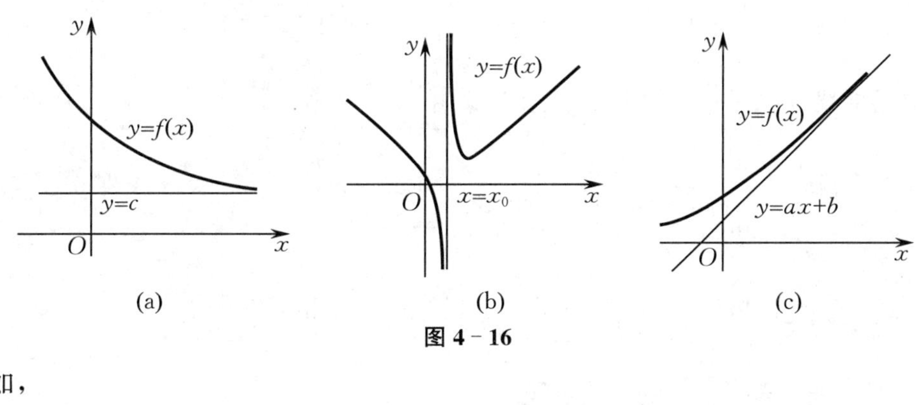

图 4-16

例如，

$y=0$ 为曲线 $y=\dfrac{1}{x}$ 的一条水平渐近线，因为 $\lim\limits_{x\to+\infty}\dfrac{1}{x}=\lim\limits_{x\to-\infty}\dfrac{1}{x}=\lim\limits_{x\to\infty}\dfrac{1}{x}=0$；

$x=0$ 为曲线 $y=\dfrac{1}{x}$ 的一条垂直渐近线，因为 $\lim\limits_{x\to0}\dfrac{1}{x}=\infty$；

$y=\pm\frac{\pi}{2}$ 为曲线 $y=\arctan x$ 的两条水平渐近线，因为 $\lim\limits_{x\to-\infty}\arctan x=-\frac{\pi}{2}$，$\lim\limits_{x\to+\infty}\arctan x=\frac{\pi}{2}$；

$x=\pm\frac{\pi}{2}$ 为曲线 $y=\tan x$ 的两条垂直渐近线，因为 $\lim\limits_{x\to\frac{\pi}{2}}\tan x=\infty$，$\lim\limits_{x\to-\frac{\pi}{2}}\tan x=\infty$.

对于斜渐近线，关键在于确定常数 a,b. 如果曲线 $y=f(x)$ 有斜渐近线 $y=ax+b$，则有

$$\lim_{x\to-\infty}[f(x)-ax]=b \quad 或 \quad \lim_{x\to+\infty}[f(x)-ax]=b,$$

以及

$$\lim_{x\to-\infty}\frac{f(x)-ax-b}{x}=\lim_{x\to-\infty}\left[\frac{f(x)}{x}-a\right]=0$$

或

$$\lim_{x\to+\infty}\frac{f(x)-ax-b}{x}=\lim_{x\to+\infty}\left[\frac{f(x)}{x}-a\right]=0.$$

于是

$$a=\lim_{x\to-\infty}\frac{f(x)}{x},\quad b=\lim_{x\to-\infty}[f(x)-ax]$$

或

$$a=\lim_{x\to+\infty}\frac{f(x)}{x},\quad b=\lim_{x\to+\infty}[f(x)-ax].$$

例 1 求曲线 $y=\frac{xe^x}{e^x-1}$ 的渐近线.

解 由

$$\lim_{x\to-\infty}\frac{xe^x}{e^x-1}=\lim_{x\to-\infty}\frac{x}{1-e^{-x}}=\lim_{x\to-\infty}\frac{1}{e^{-x}}=0,$$

可知 $y=0$ 是曲线 $y=\frac{xe^x}{e^x-1}$ 的水平渐近线. 又由

$$\lim_{x\to+\infty}\frac{\frac{xe^x}{e^x-1}}{x}=\lim_{x\to+\infty}\frac{e^x}{e^x-1}=1,$$

$$\lim_{x\to+\infty}\left(\frac{xe^x}{e^x-1}-x\right)=\lim_{x\to+\infty}\frac{x}{e^x-1}=\lim_{x\to+\infty}\frac{1}{e^x}=0,$$

可知 $y=x$ 是曲线 $y=\frac{xe^x}{e^x-1}$ 的斜渐近线.

综上所述，曲线 $y=\frac{xe^x}{e^x-1}$ 有一条水平渐近线 $y=0$ 和一条斜渐近线 $y=x$.

请读者自行验证曲线 $y=\frac{xe^x}{e^x-1}$ 再无其他渐近线.

例 2　求曲线 $y=\frac{x^3}{x^2+2x-3}$ 的渐近线.

解　因为 $y=\frac{x^3}{x^2+2x-3}=\frac{x^3}{(x+3)(x-1)}$,所以

$$\lim_{x\to-3}\frac{x^3}{x^2+2x-3}=\infty,\quad \lim_{x\to1}\frac{x^3}{x^2+2x-3}=\infty.$$

因此 $x=-3$ 和 $x=1$ 都是曲线 $y=\frac{x^3}{x^2+2x-3}$ 的垂直渐近线.

又由

$$\lim_{x\to+\infty}\frac{\frac{x^3}{x^2+2x-3}}{x}=\lim_{x\to+\infty}\frac{x^2}{x^2+2x-3}=1,$$

$$\lim_{x\to+\infty}\left(\frac{x^3}{x^2+2x-3}-x\right)=\lim_{x\to+\infty}\frac{-2x^2+3x}{x^2+2x-3}=-2,$$

可知 $y=x-2$ 是曲线 $y=\frac{x^3}{x^2+2x-3}$ 的斜渐近线.

综上所述,曲线 $y=\frac{x^3}{x^2+2x-3}$ 有两条垂直渐近线 $x=-3$,$x=1$ 和一条斜渐近线 $y=x-2$.

请读者自行验证曲线 $y=\frac{x^3}{x^2+2x-3}$ 再无其他渐近线.

二、函数图形的描绘

描绘函数图形时可考察下列方面:函数的定义域、函数的性态(如奇偶性、周期性、有界性、单调性、连续性、凹凸性)、函数的特殊点(如极值点、拐点)、曲线的渐近线等.由前面的讨论可得描绘函数 $y=f(x)$ 图形的一般步骤如下:

(1) 确定函数 $y=f(x)$ 的定义域;

(2) 研究函数 $y=f(x)$ 的奇偶性、周期性、连续性等性态;

(3) 确定函数 $y=f(x)$ 的单调性与凹凸性;

(4) 确定曲线 $y=f(x)$ 的渐近线;

(5) 描绘出特殊点,如与坐标轴的交点、间断点、驻点、极值点、拐点等;

(6) 将以上各点根据上面讨论的情况用平滑的曲线连接起来,得到所要的图形.

例 3　描绘函数 $y=2x^3-9x^2+12x-3$ 的图形.

解　(1) 函数的定义域为$(-\infty,+\infty)$.

(2) 函数为非奇非偶函数、非周期函数、连续函数.

(3) 函数的导数为

$$y'=6x^2-18x+12=6(x-1)(x-2),$$

令 $y'=0$,得驻点 $x=1,2$.又

$$y''=12x-18=12\left(x-\frac{3}{2}\right),$$

令 $y''=0$,得 $x=\frac{3}{2}$.

列表 4-6 讨论如下.

表 4-6

x	$(-\infty,1)$	1	$\left(1,\frac{3}{2}\right)$	$\frac{3}{2}$	$\left(\frac{3}{2},2\right)$	2	$(2,+\infty)$
y'	+	0	−	−	−	0	+
y''	−	−	−	0	+	+	+
y	↗(凸)	极大值	↘(凸)	拐点	↘(凹)	极小值	↗(凹)

注:表中记号"↗(凸)"表示函数是单调递增且凸的,记号"↘(凸)"表示函数是单调递减且凸的,记号"↘(凹)"表示函数是单调递减且凹的,记号"↗(凹)"表示函数是单调递增且凹的.

(4) 曲线无渐近线.

(5) 函数与 y 轴的交点为$(0,-3)$,极大值为 $y(1)=2$,极小值为 $y(2)=1$,拐点为$\left(\frac{3}{2},\frac{3}{2}\right)$.

(6) 描绘出函数图形,如图 4-17 所示.

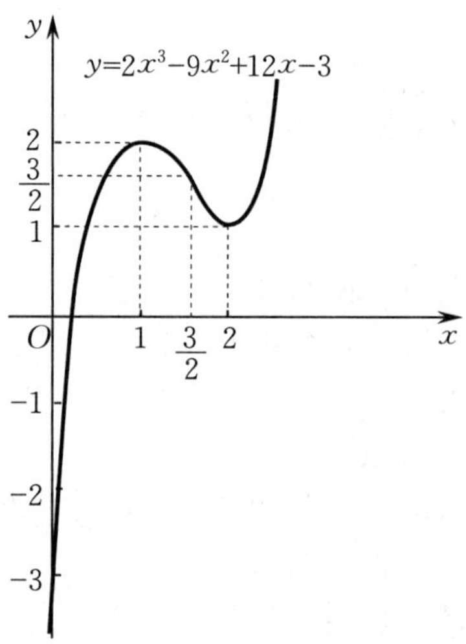

图 4-17

例 4 描绘函数 $y=\frac{1}{\sqrt{2\pi}}e^{-\frac{x^2}{2}}$ 的图形.

解 (1) 函数的定义域为$(-\infty,+\infty)$.

(2) 函数为偶函数、非周期函数、连续函数.

(3) 函数的导数为

$$y'=-\frac{x}{\sqrt{2\pi}}e^{-\frac{x^2}{2}},$$

令 $y'=0$,得驻点 $x=0$. 又

$$y''=\frac{(x+1)(x-1)}{\sqrt{2\pi}}e^{-\frac{x^2}{2}},$$

令 $y''=0$,得 $x=-1,1$.

列表 4-7 讨论如下.

表 4-7

x	$(-\infty,-1)$	-1	$(-1,0)$	0	$(0,1)$	1	$(1,+\infty)$
y'	+	+	+	0	−	−	−
y''	+	0	−	−	−	0	+
y	↗(凹)	拐点	↗(凸)	极大值	↘(凸)	拐点	↘(凹)

(4) 由 $\lim\limits_{x\to\infty}\frac{1}{\sqrt{2\pi}}e^{-\frac{x^2}{2}}=0$,得曲线的水平渐近线为 $y=0$.

(5) 函数的极大值为 $y(0)=\frac{1}{\sqrt{2\pi}}$,拐点为 $\left(-1,\frac{1}{\sqrt{2\pi e}}\right)$ 和 $\left(1,\frac{1}{\sqrt{2\pi e}}\right)$.

(6) 描绘出函数图形,如图 4-18 所示.

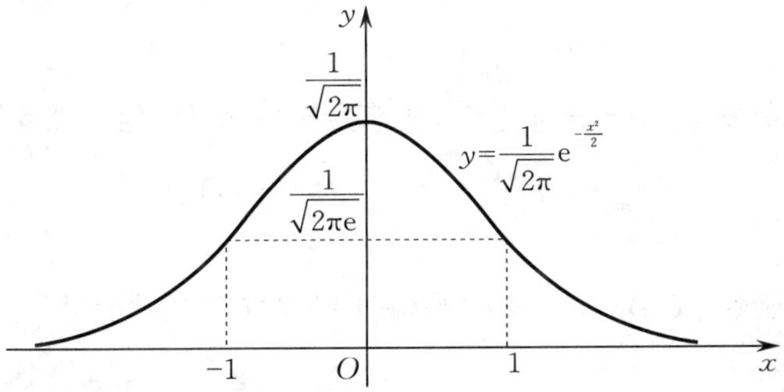

图 4-18

例 4 中的函数是概率论与数理统计中常见的标准正态分布的密度函数.

习题 4-6

1. 求下列曲线的渐近线:

(1) $y=e^{-x^2}$;　　(2) $y=\frac{x^2}{2x-1}$;

(3) $y=\frac{4}{x^2}+\frac{4}{x}-2$;　　(4) $y=\frac{2(x-2)(x+3)}{x-1}$.

2. 描绘下列函数的图形:

(1) $y=x^3-x^2-x+1$;　　(2) $y=e^{-x^2}$;

(3) $y=\frac{x^2}{2x-1}$;　　(4) $y=\frac{4}{x^2}+\frac{4}{x}-2$.

总复习题四

(A)

一、选择题

1. 下列函数中在给定区间上满足罗尔中值定理条件的是(　　).

A. $f(x)=x^2-3x+2$,区间$[1,2]$　　B. $f(x)=x\mathrm{e}^{-x}$,区间$[0,1]$

C. $f(x)=\dfrac{1}{\sqrt{(x-1)^2}}$,区间$[0,2]$　　D. $f(x)=\begin{cases}x+1, & x<3,\\ 1, & x\geqslant 3,\end{cases}$区间$[0,3]$

2. 下列函数中在区间$[-1,1]$上满足罗尔中值定理条件的是(　　).

A. $f(x)=\begin{cases}\sin\dfrac{1}{x}, & x\neq 0,\\ 0, & x=0\end{cases}$　　B. $f(x)=\begin{cases}x\sin\dfrac{1}{x}, & x\neq 0,\\ 0, & x=0\end{cases}$

C. $f(x)=\begin{cases}x^2\sin\dfrac{1}{x}, & x\neq 0,\\ 0, & x=0\end{cases}$　　D. $f(x)=\begin{cases}x^2\sin\dfrac{1}{x^2}, & x\neq 0,\\ 0, & x=0\end{cases}$

3. 下列区间中,函数 $f(x)=x-\dfrac{3}{2}x^{\frac{1}{3}}$ 不满足拉格朗日中值定理条件的是(　　).

A. $[-1,0]$　　B. $[-1,1]$

C. $[0,1]$　　D. $[0,2]$

4. 下列区间中,函数 $f(x)=\dfrac{1}{x}$ 满足拉格朗日中值定理条件的是(　　).

A. $[0,1]$　　B. $[1,2]$

C. $[-2,0]$　　D. $[-2,2]$

5. 下列极限中,能用洛必达法则求出的是(　　).

A. $\lim\limits_{x\to\infty}\dfrac{x+\sin x}{x-\sin x}$　　B. $\lim\limits_{x\to\infty}\dfrac{x^2\sin\dfrac{1}{x}}{\sin x}$

C. $\lim\limits_{x\to\infty}\dfrac{\mathrm{e}^x-\mathrm{e}^{-x}}{\mathrm{e}^x+\mathrm{e}^{-x}}$　　D. $\lim\limits_{x\to 0}\dfrac{x+\sin x}{x-\sin x}$

6. 下列极限中,能用洛必达法则求出的是(　　).

A. $\lim\limits_{x\to\infty}\dfrac{\sin x}{x}$　　B. $\lim\limits_{x\to\infty}\dfrac{x+\sin x}{x}$

C. $\lim\limits_{x\to+\infty}\dfrac{\ln(1+\mathrm{e}^x)}{x}$　　D. $\lim\limits_{x\to\frac{\pi}{2}}\dfrac{\tan 5x}{\sin 3x}$

7. 函数 $y=\mathrm{e}^x+\mathrm{e}^{-x}$ 在区间$(-1,1)$内(　　).

A. 单调递增　　B. 单调递减

C. 不增不减　　D. 有增有减

8. 函数 $f(x)=\dfrac{x}{1-x^2}$ 在区间$(-1,1)$内(　　).

A. 单调递增　　B. 单调递减

C. 有极大值　　D. 有极小值

9. 函数 $y=x^3+12x+1$ 在定义域内(　　).

A. 单调递增　　B. 单调递减

C. 是凹的　　D. 是凸的

10. 设函数 $f(x)$ 在区间 (a,b) 内有 $f'(x)<0$ 且 $f''(x)<0$,则 $f(x)$ 在区间 (a,b) 内(　　).

A. 单调递增且是凸的　　B. 单调递增且是凹的

C. 单调递减且是凸的　　D. 单调递减且是凹的

11. 函数 $f(x)$ 在区间 $[a,b]$ 上三阶可导,且 $f'_+(a)=f''_+(a)=0$, $f'''(x)>0$,则 $f(x)$ 在区间 (a,b) 内(　　).

A. 单调递增且是凸的　　B. 单调递增且是凹的

C. 单调递减且是凸的　　D. 单调递减且是凹的

12. 下列曲线中,有拐点的是(　　).

A. $y=x^2$　　B. $y=x^3$

C. $y=x^4$　　D. $y=x^{\frac{2}{3}}$

13. 关于函数 $y=x^5+x^3$,下列结论中正确的是(　　).

A. 有四个极值点　　B. 有两个极值点

C. 有两个拐点　　D. 有一个拐点

14. 若当 $x<x_0$ 时 $f'(x)>0$;当 $x>x_0$ 时 $f'(x)<0$,则 x_0 必是函数 $f(x)$ 的(　　).

A. 驻点　　B. 极大值点

C. 极小值点　　D. 以上都不是

15. $f'(a)=0$, $f''(a)>0$ 是函数 $f(x)$ 在点 $x=a$ 处取得极小值的一个(　　).

A. 充要条件　　B. 充分非必要条件

C. 必要非充分条件　　D. 既非必要也非充分条件

16. $f''(a)>0$ 是曲线 $f(x)$ 在点 $x=a$ 处有拐点的一个(　　).

A. 充要条件　　B. 充分非必要条件

C. 必要非充分条件　　D. 既非必要也非充分条件

17. 设函数 $y=a\cos x-\frac{1}{4}\sin 4x$ 在点 $x=\frac{\pi}{4}$ 处取得极值,则 $a=$(　　).

A. 2　　B. $\sqrt{2}$

C. $-\sqrt{2}$　　D. -2

18. 设函数 $f(x)=x\sin x+\cos x$,则下列命题中正确的是(　　).

A. $f(0)$ 是极大值, $f\left(\frac{\pi}{2}\right)$ 是极小值　　B. $f(0)$ 是极小值, $f\left(\frac{\pi}{2}\right)$ 是极大值

C. $f(0)$ 是极大值, $f\left(\frac{\pi}{2}\right)$ 也是极大值　　D. $f(0)$ 是极小值, $f\left(\frac{\pi}{2}\right)$ 也是极小值

19. 函数 $y=\frac{1}{2}(e^x+e^{-x})$ 的极小值点为 $x=$(　　).

A. 0　　B. -1

C. 1　　　　D. 不存在

20. 函数 $y=2x^2+1$ 在 $(-1,1)$ 内的最大值是(　　).

A. 0　　　　B. 1

C. 2　　　　D. 不存在

二、填空题

1. 极限 $\lim\limits_{x\to1}\dfrac{x^2-1}{x^2-3x+2}=$__________.

2. 极限 $\lim\limits_{x\to0}\dfrac{\sin ax}{\sin bx}=$__________ $(b\neq0)$.

3. 极限 $\lim\limits_{x\to0}\dfrac{\ln(1+ax)}{x}=$__________ $(a\neq0)$.

4. 极限 $\lim\limits_{x\to0}\dfrac{\ln(1-x)}{x^2}=$__________.

5. 极限 $\lim\limits_{x\to0}\dfrac{e^{ax}-1}{x}=$__________ $(a\neq0)$.

6. 函数 $f(x)=\ln(1+x)-x$ 的驻点是__________.

7. 曲线 $f(x)=x^3-6x^2+3x$ 的拐点是__________.

8. 函数 $f(x)=e^x-x$ 的极小值是__________.

9. 曲线 $y=2+\dfrac{3x}{(x+1)^2}$ 的水平渐近线是__________.

10. 曲线 $y=\dfrac{1}{x-1}$ 的垂直渐近线是__________.

(B)

1. 设 $a_0,a_1,a_2,\cdots,a_n$ 为实数,且满足 $a_0+\dfrac{1}{2}a_1+\dfrac{1}{3}a_2+\cdots+\dfrac{1}{n+1}a_n=0$,证明:方程 $a_0+a_1x+a_2x^2+\cdots+a_nx^n=0$ 在区间 $(0,1)$ 内至少有一个实根.

2. 证明:方程 $x^5-5x+1=0$ 有且仅有一个小于 1 的正实根.

3. 设函数 $f(x),g(x)$ 在闭区间 $[a,b]$ 上连续,在开区间 (a,b) 内可导,证明:至少存在一点 $\xi\in(a,b)$,使得 $f'(\xi)[g(b)-g(\xi)]=g'(\xi)[f(\xi)-f(a)]$.

4. 设函数 $f(x)$ 在闭区间 $[a,b]$ 上连续,在开区间 (a,b) 内可导,且 $f(a)=f(b)=0$,证明:至少存在一点 $\xi\in(a,b)$,使得 $f'(\xi)=f(\xi)$.

5. 若函数 $f(x)$ 在区间 (a,b) 内具有二阶导数,且 $f(x_1)=f(x_2)=f(x_3)$,其中 $a<x_1<x_2<x_3<b$,证明:至少存在一点 $\xi\in(a,b)$,使得 $f''(\xi)=0$.

6. 用拉格朗日中值定理或其推论证明:

(1) $2\arctan x+\arcsin\dfrac{2x}{1+x^2}=\pi,x\geqslant1$;

(2) $\arcsin\sqrt{1-x^2}+\arctan\dfrac{x}{\sqrt{1-x^2}}=\dfrac{\pi}{2},x\in(0,1)$;

(3) 当 $x>0$ 时,$e^x>x+1$;

(4) 当 $x>1$ 时,$e^x>ex$.

7. 设函数 $f(x)$ 在闭区间 $[0,1]$ 上连续，在开区间 $(0,1)$ 内可导，证明：至少存在一点 $\xi \in (0,1)$，使得 $f(\xi)+f'(\xi)=\dfrac{\mathrm{e}f(1)-f(0)}{\mathrm{e}-1}$.

8. 设 $0<a<b$，函数 $f(x)$ 在闭区间 $[a,b]$ 上连续，在开区间 (a,b) 内可导，证明：至少存在一点 $\xi \in (a,b)$，使得 $f(\xi)-\xi f'(\xi)=\dfrac{bf(a)-af(b)}{b-a}$.

9. 利用泰勒公式求下列极限：

(1) $\lim\limits_{x\to 0}\dfrac{\cos x\ln(1+x)-x}{x^2}$；　　(2) $\lim\limits_{x\to 0}\dfrac{\mathrm{e}^x\sin x-x(1+x)}{x^3}$；

(3) $\lim\limits_{x\to 0}\dfrac{\cos x-\mathrm{e}^{-\frac{x^2}{2}}}{x^2[x+\ln(1-x)]}$；　　(4) $\lim\limits_{x\to 0}\dfrac{1+\frac{1}{2}x^2-\sqrt{1+x^2}}{(\cos x-\mathrm{e}^{x^2})\sin x^2}$.

10. 求下列极限：

(1) $\lim\limits_{x\to 0}\dfrac{\mathrm{e}^{2x}-2\mathrm{e}^x+1}{x^2\cos x}$；　　(2) $\lim\limits_{x\to 0}\dfrac{\mathrm{e}^x(1-\cos x^2)}{x^2(\sqrt{1+x^2}-1)}$；

(3) $\lim\limits_{x\to 0}\dfrac{\mathrm{e}^x-\sqrt{1+2x}}{\ln(1+x^2)}$；　　(4) $\lim\limits_{x\to +\infty}\dfrac{\ln(1+\mathrm{e}^x)}{x^2}$；

(5) $\lim\limits_{x\to 0}\left(\dfrac{1}{x^2}-\cot^2 x\right)$；　　(6) $\lim\limits_{x\to 0}\left(\dfrac{a^x+b^x}{2}\right)^{\frac{1}{x}}(a>0,b>0)$.

11. 求函数 $f(x)=\mathrm{e}^{-x^2}$ 的单调区间、凹凸区间、拐点和极值.

12. 证明下列不等式：

(1) $\mathrm{e}^x>1+x+\dfrac{x^2}{2}(x>0)$；　　(2) $x-\dfrac{x^3}{6}<\sin x<x(x>0)$.

13. 若函数 $y=ax^3+bx^2+cx+d$ 在点 $x=0$ 处取得极值 $y=0$，$(1,1)$ 为对应曲线的拐点，求常数 a,b,c,d 的值.

14. 已知曲线 $y=ax^3+bx^2+cx+d$ 在点 $x=-2$ 处的切线是水平的，$(1,-10)$ 为其拐点，且曲线经过点 $(-2,44)$，求常数 a,b,c,d 的值.

15. 求函数 $y=|x-2|\mathrm{e}^x$ 在区间 $[0,3]$ 上的最值.

16. 某厂生产某商品的固定成本为 20 000 元，且每生产 1 件商品，成本增加 100 元. 已知总收益 R（单位：元）是年产量 q（单位：件）的函数，且

$$R=R(q)=\begin{cases}400q-\dfrac{1}{2}q^2, & 0\leqslant q\leqslant 400,\\ 80\,000, & q>400.\end{cases}$$

问：该厂每年生产多少件商品时，总利润最大？最大利润为多少？

17. 描绘逻辑斯谛函数 $y=\dfrac{c}{1+b\mathrm{e}^{-ax}}(a,b,c>0)$ 的图形.

18. 现实生活中，罐头和饮料的包装外形以圆柱体居多，在圆柱体体积一定的条件下，如何设计和加工圆柱体包装产品，才能使制作包装的材料成本、制作过程中材料的消耗成本和加工费用最低？结合导数应用的相关知识，对该问题进行探讨和研究.

第五章 不定积分

我们已经了解了如何求一个已知函数的导数这一微分学的基本问题. 现在尝试反过来考虑:如何寻求一个可导函数,使它的导数正好等于已知函数? 这正是积分学的基本问题之一. 本章主要讨论不定积分的概念、性质和求不定积分的常用方法.

第一节　不定积分的概念与性质

一、原函数的概念

定义 1　设函数 $F(x)$ 和 $f(x)$ 在区间 I 上有定义. 如果

$$F'(x)=f(x) \quad 或 \quad \mathrm{d}F(x)=f(x)\mathrm{d}x,$$

则称 $F(x)$ 是函数 $f(x)$ 在区间 I 上的一个**原函数**.

先通过简单例子尝试找到已知函数的原函数. 设区间 $I=(-\infty,+\infty)$，因为在 I 上，$(x^3)'=3x^2$，$(\sin x)'=\cos x$，所以由原函数的定义可知，x^3 是 $3x^2$ 在 I 上的一个原函数，$\sin x$ 是 $\cos x$ 在 I 上的一个原函数. 又因为任意常数 C 的导数恒为零，所以 x^3+C，$\sin x+C$ 无疑也分别是 $3x^2$ 和 $\cos x$ 在 I 上的原函数.

更一般地，若 $F(x)$ 是 $f(x)$ 在区间 I 上的一个原函数，则 $[F(x)+C]'=f(x)$，其中 C 为任意常数. 由此可见，找到 $f(x)$ 在区间 I 上的一个原函数 $F(x)$，便能通过在其后加上任意常数 C，找到属于它的无穷多个原函数，这便是原函数的不唯一性.

根据基本初等函数的导数公式，总能直接得到公式中导数对应的一个原函数，进而找到其无穷多个原函数. 但基于函数形式的多样性，也许仍存在大量函数无法通过公式直接找到其原函数. 关于原函数，我们自然地提出以下三个问题：

(1) 什么样的函数有原函数？

(2) 如果函数有原函数，如何找出它的一个原函数？

(3) 假如已找出函数的一个原函数，那么通过在其后加上任意常数 C，就可以得到其无穷多个原函数，但这些就是它的全部原函数吗？

针对第一个问题，本章先给出回答，其证明在下一章给出.

定理 1（原函数存在性定理）　**如果函数 $f(x)$ 在区间 I 上连续，那么在区间 I 上一定存在可导函数 $F(x)$，使得对于任意 $x\in I$，都有 $F'(x)=f(x)$.**

定理 1 简而言之，就是连续函数一定有原函数. 因初等函数在其定义区间内连续，故每个初等函数在其定义区间内都有原函数. 例如，函数 $f(x)=\dfrac{1}{\sqrt{x^2-1}}$ 在区间 $(1,+\infty)$ 上连续，则它在 $(1,+\infty)$ 上一定有原函数.

第二个和第三个问题正是本章亟待解决的主要问题. 基于此，我们先给出不定积分的概念.

二、不定积分的概念

介绍不定积分之前先给出一个定理，它恰好回答了上文中的第三个问题.

定理 2　**设函数 $F(x)$ 是 $f(x)$ 在区间 I 上的一个原函数，则**

(1) $F(x)+C$ 也是 $f(x)$ 在区间 I 上的原函数,其中 C 为任意常数;

(2) $f(x)$ 在区间 I 上的任意两个原函数之间只相差一个常数.

证 基于前文,结论(1)的证明从略,只证结论(2).

设 $F(x)$ 和 $G(x)$ 是 $f(x)$ 在区间 I 上的任意两个原函数,则

$$[G(x)-F(x)]'=G'(x)-F'(x)=f(x)-f(x)=0, \quad x\in I.$$

因导数恒为零的函数必为常数,故

$$G(x)-F(x)\equiv C, \quad x\in I.$$

定理2表明函数 $f(x)$ 在区间 I 上的全体原函数可用以下集合表示:

$$\{F(x)+C \mid C\in\mathbf{R}\}.$$

定义2 函数 $f(x)$ 在区间 I 上的全体原函数称为 $f(x)$ 在区间 I 上的**不定积分**,记作 $\int f(x)\mathrm{d}x$,其中记号"$\int$"称为**积分号**,$f(x)$ 称为**被积函数**,x 称为**积分变量**,$f(x)\mathrm{d}x$ 称为**被积表达式**.

结合定理2,有

$$\int f(x)\mathrm{d}x=\{F(x)+C \mid C\in\mathbf{R}\}.$$

上式可简记为

$$\int f(x)\mathrm{d}x=F(x)+C,$$

其中 C 为任意常数,称之为**积分常数**. $\int f(x)\mathrm{d}x$ 可表示 $f(x)$ 的任意一个原函数. 以后在不定积分的计算中,我们都以该简记形式表示,且在无特殊说明的情况下,均用 C 表示任意常数.

由本节开始所举的两个简单例子,容易得到

$$\int 3x^2\mathrm{d}x=x^3+C, \quad \int\cos x\,\mathrm{d}x=\sin x+C.$$

由不定积分的定义可得出以下结论.

(1) 对函数先求不定积分后求导或微分,有

$$\left[\int f(x)\mathrm{d}x\right]'=[F(x)+C]'=f(x)$$

或

$$\mathrm{d}\left[\int f(x)\mathrm{d}x\right]=\mathrm{d}[F(x)+C]=f(x)\mathrm{d}x.$$

(2) 对函数先求导或微分后求不定积分,有

$$\int F'(x)\mathrm{d}x=\int f(x)\mathrm{d}x=F(x)+C$$

或

$$\int\mathrm{d}F(x)=\int f(x)\mathrm{d}x=F(x)+C.$$

例1 求不定积分 $\int\frac{1}{x}\mathrm{d}x$.

解 当 $x>0$ 时,因为 $(\ln x)'=\frac{1}{x}$,所以

$$\int\frac{1}{x}\mathrm{d}x=\ln x+C, \quad x>0.$$

当 $x<0$ 时,因为 $[\ln(-x)]'=-\dfrac{1}{-x}=\dfrac{1}{x}$,所以

$$\int\frac{1}{x}\mathrm{d}x=\ln(-x)+C,\quad x<0.$$

综上所述,$\int\frac{1}{x}\mathrm{d}x=\ln|x|+C, x\neq 0$.

三、不定积分的几何意义

定义 3　若 $F(x)$ 是 $f(x)$ 的一个原函数,则称曲线 $y=F(x)$ 为 $f(x)$ 的一条**积分曲线**.

由 $\int f(x)\mathrm{d}x=F(x)+C$ 可知,几何上 $\int f(x)\mathrm{d}x$ 表示由 $f(x)$ 的某条积分曲线沿 y 轴方向任意平移得到的所有积分曲线构成的曲线族. 在该曲线族的各曲线上横坐标相同点 x_0 处作切线,则这些切线互相平行(见图 5-1).

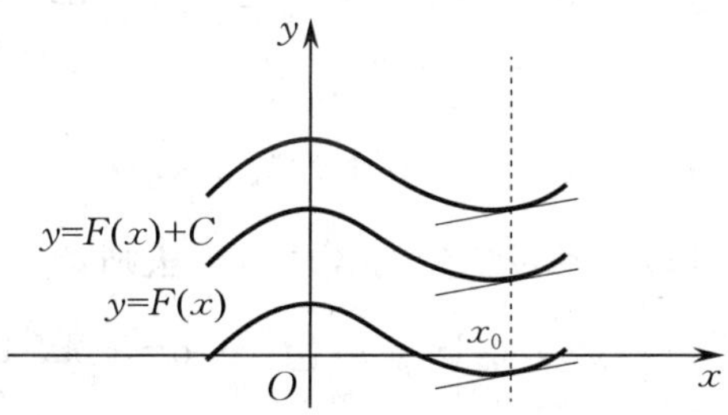

图 5-1

例 2　求通过点(2,5),且其切线斜率为 $2x$ 的曲线方程.

解　设所求曲线方程为 $y=f(x)$,则由题意知 $f(2)=5, f'(x)=2x$. 因为 $(x^2)'=2x$,所以

$$y=f(x)=\int 2x\,\mathrm{d}x=x^2+C.$$

又由 $f(2)=5$,得 $C=1$,故所求曲线方程为 $y=x^2+1$.

四、基本积分公式及不定积分的性质

1. 基本积分公式

我们发现求原函数比求导数要困难很多,于是如何准确地找到存在的原函数成为当前迫切要解决的问题. 由于目前并没有丰富的寻找原函数的途径,我们只能先按照已有的导数公式倒推出部分函数的不定积分(如例 1、例 2),进而得到如下基本积分公式.

(1) $\int k\,\mathrm{d}x=kx+C$(k 为常数);　　(2) $\int x^{\mu}\mathrm{d}x=\dfrac{1}{\mu+1}x^{\mu+1}+C(\mu\neq-1)$;

(3) $\int\dfrac{1}{x}\mathrm{d}x=\ln|x|+C$;　　(4) $\int \mathrm{e}^x\mathrm{d}x=\mathrm{e}^x+C$;

(5) $\int a^x\mathrm{d}x=\dfrac{a^x}{\ln a}+C(a>0,a\neq1)$;　　(6) $\int\sin x\,\mathrm{d}x=-\cos x+C$;

(7) $\int \cos x\,dx = \sin x + C$；　(8) $\int \frac{1}{\cos^2 x}dx = \int \sec^2 x\,dx = \tan x + C$；

(9) $\int \frac{1}{\sin^2 x}dx = \int \csc^2 x\,dx = -\cot x + C$；　(10) $\int \sec x \tan x\,dx = \sec x + C$；

(11) $\int \csc x \cot x\,dx = -\csc x + C$；　(12) $\int \frac{1}{\sqrt{1-x^2}}dx = \arcsin x + C$；

(13) $\int \frac{1}{1+x^2}dx = \arctan x + C$.

读者必须牢记以上基本积分公式，因为后面我们会发现很多复杂函数的不定积分经过恒等变形后，最终都会化为上述基本不定积分. 后续还将学习更多不定积分的性质和运算技巧，基本积分公式也将得到进一步完善.

2. 不定积分的性质

设函数 $f(x)$ 和 $g(x)$ 的原函数都存在，由不定积分的定义可得以下两条性质.

性质 1　$\int [f(x) \pm g(x)]dx = \int f(x)dx \pm \int g(x)dx$.

性质 1 可推广到有限多个函数代数和的情况.

性质 2　$\int kf(x)dx = k\int f(x)dx$，其中常数 $k \neq 0$.

综合这两条性质可以得到以下不定积分的线性运算法则：

$$\int [k_1 f(x) + k_2 g(x)]dx = k_1\int f(x)dx + k_2\int g(x)dx,$$

其中 k_1, k_2 为两个任意非零常数.

例 3　求下列不定积分：

(1) $\int \frac{1}{x^2}dx$；　(2) $\int x\sqrt{x}\,dx$.

解　(1) $\int \frac{1}{x^2}dx = \int x^{-2}dx = \frac{1}{-2+1}x^{-2+1} + C = -\frac{1}{x} + C$.

(2) $\int x\sqrt{x}\,dx = \int x^{\frac{3}{2}}dx = \frac{1}{\frac{3}{2}+1}x^{\frac{3}{2}+1} + C = \frac{2}{5}x^{\frac{5}{2}} + C$.

在求解不定积分时，需要注意观察被积函数的特征. 例如，例 3 中的被积函数都是幂函数，可直接由基本积分公式计算得到相应的不定积分. 但不是所有的不定积分都可由基本积分公式直接得到.

例 4　求下列不定积分：

(1) $\int \left(5 - x + x^3 - \frac{1}{\sqrt[3]{x^2}}\right)dx$；　(2) $\int \frac{x^2}{2(1+x^2)}dx$.

解　(1) $\int \left(5 - x + x^3 - \frac{1}{\sqrt[3]{x^2}}\right)dx = \int (5 - x + x^3 - x^{-\frac{2}{3}})dx$

$$= \int 5dx - \int x\,dx + \int x^3 dx - \int x^{-\frac{2}{3}}dx$$

$$=5x-\frac{1}{2}x^2+\frac{1}{4}x^4-3x^{\frac{1}{3}}+C.$$

(2) $\displaystyle\int\frac{x^2}{2(1+x^2)}\mathrm{d}x=\frac{1}{2}\int\frac{x^2+1-1}{1+x^2}\mathrm{d}x=\frac{1}{2}\int\left(1-\frac{1}{1+x^2}\right)\mathrm{d}x$

$$=\frac{1}{2}\left(\int\mathrm{d}x-\int\frac{1}{1+x^2}\mathrm{d}x\right)=\frac{1}{2}x-\frac{1}{2}\arctan x+C.$$

从例 4 可以看出，用不定积分的性质或对被积函数做恒等变形，可把某些复杂的不定积分拆解为若干简单不定积分的和或差，最终使用基本积分公式可获得结果. 该过程也可能导致计算中出现多个任意常数，通常无须在计算中写出这些任意常数，只要在最后统一用一个任意常数 C 表示.

所有不定积分的计算结果正确与否，均可通过求导验证. 例如，验证例 4 的(2)，由

$$\left(\frac{1}{2}x-\frac{1}{2}\arctan x+C\right)'=\frac{1}{2}-\frac{1}{2(1+x^2)}=\frac{x^2}{2(1+x^2)},$$

可知该不定积分的计算结果正确.

例 5　求下列不定积分：

(1) $\displaystyle\int\frac{x^4}{x^2+1}\mathrm{d}x$；　　(2) $\displaystyle\int(2^x-2^{-x})\mathrm{d}x$；　　(3) $\displaystyle\int\mathrm{e}^x3^{-x}\mathrm{d}x$.

解　(1) $\displaystyle\int\frac{x^4}{x^2+1}\mathrm{d}x=\int\frac{x^4-1+1}{x^2+1}\mathrm{d}x=\int(x^2-1)\mathrm{d}x+\int\frac{1}{x^2+1}\mathrm{d}x$

$$=\frac{1}{3}x^3-x+\arctan x+C.$$

(2) $\displaystyle\int(2^x-2^{-x})\mathrm{d}x=\int2^x\mathrm{d}x-\int\left(\frac{1}{2}\right)^x\mathrm{d}x=\frac{1}{\ln 2}\cdot2^x-\frac{1}{\ln\frac{1}{2}}\cdot2^{-x}+C$

$$=\frac{1}{\ln 2}(2^x+2^{-x})+C.$$

(3) $\displaystyle\int\mathrm{e}^x3^{-x}\mathrm{d}x=\int\left(\frac{\mathrm{e}}{3}\right)^x\mathrm{d}x=\frac{1}{\ln\frac{\mathrm{e}}{3}}\left(\frac{\mathrm{e}}{3}\right)^x+C=\frac{\mathrm{e}^x}{(1-\ln 3)3^x}+C.$

例 6　求下列不定积分：

(1) $\displaystyle\int\tan^2x\,\mathrm{d}x$；　　(2) $\displaystyle\int\cos^2\frac{x}{2}\mathrm{d}x$；　　(3) $\displaystyle\int\frac{1}{\sin^2x\cos^2x}\mathrm{d}x$.

解　(1) $\displaystyle\int\tan^2x\,\mathrm{d}x=\int(\sec^2x-1)\mathrm{d}x=\int\sec^2x\,\mathrm{d}x-\int\mathrm{d}x=\tan x-x+C.$

(2) $\displaystyle\int\cos^2\frac{x}{2}\mathrm{d}x=\int\frac{1+\cos x}{2}\mathrm{d}x=\frac{1}{2}\int\mathrm{d}x+\frac{1}{2}\int\cos x\,\mathrm{d}x=\frac{1}{2}x+\frac{1}{2}\sin x+C.$

(3) $\displaystyle\int\frac{1}{\sin^2x\cos^2x}\mathrm{d}x=\int\frac{\sin^2x+\cos^2x}{\sin^2x\cos^2x}\mathrm{d}x=\int\left(\frac{1}{\cos^2x}+\frac{1}{\sin^2x}\right)\mathrm{d}x$

$$=\int\sec^2x\,\mathrm{d}x+\int\csc^2x\,\mathrm{d}x=\tan x-\cot x+C.$$

例 7 已知某商品产量的变化率是时间的函数:$f(t)=At+B$,其中 A,B 为常数.设此商品的产量为函数 $F(t)$,且 $F(0)=0$,求产量函数 $F(t)$.

解 因 $F'(t)=f(t)$,故该问题转化为求不定积分:

$$F(t)=\int f(t)\,\mathrm{d}t=\int (At+B)\,\mathrm{d}t=A\int t\,\mathrm{d}t+B\int \mathrm{d}t=\frac{1}{2}At^2+Bt+C.$$

又由 $F(0)=0$,得 $C=0$,因此产量函数为 $F(t)=\frac{1}{2}At^2+Bt$.

习题 5-1

1. 求下列不定积分:

(1) $\int 6x^5\mathrm{d}x$;

(2) $\int (x^2+4x-7)\,\mathrm{d}x$;

(3) $\int \frac{1}{x^3\sqrt{x}}\mathrm{d}x$;

(4) $\int \sqrt{x\sqrt{x}}\,\mathrm{d}x$;

(5) $\int\left(\frac{3}{\sqrt{1-x^2}}-\frac{5}{1+x^2}\right)\mathrm{d}x$;

(6) $\int \frac{1+x+x^2}{x(1+x^2)}\mathrm{d}x$;

(7) $\int \frac{1+x}{\sqrt{x}}\mathrm{d}x$;

(8) $\int\left(\mathrm{e}^x-\frac{3}{x}\right)\mathrm{d}x$;

(9) $\int 4^x\mathrm{e}^x\,\mathrm{d}x$;

(10) $\int \frac{\mathrm{e}^{2x}-1}{\mathrm{e}^x+1}\mathrm{d}x$;

(11) $\int \cot^2 x\,\mathrm{d}x$;

(12) $\int \sin^2\frac{x}{2}\mathrm{d}x$;

(13) $\int \frac{1}{1+\cos 2x}\mathrm{d}x$;

(14) $\int \sec x(\sec x-\tan x)\mathrm{d}x$;

(15) $\int \frac{1}{\sin^2\frac{x}{2}\cos^2\frac{x}{2}}\mathrm{d}x$;

(16) $\int \frac{\cos 2x}{\cos x+\sin x}\mathrm{d}x$.

2. 一曲线通过点$(\mathrm{e}^2,5)$,且曲线上任一点处的切线斜率等于该点横坐标的倒数,求该曲线的方程.

3. 设 e^x 是 $f(x)$ 的一个原函数,求 $\int x^2 f(\ln x)\mathrm{d}x$.

4. 某工厂生产某商品,每日生产商品的边际成本(单位:元/个)是日产量 q(单位:个)的函数:$C'(q)=10+\frac{2}{\sqrt{q}}$.已知每日生产该商品的固定成本为 1 000 元,求每日的总成本函数 $C(q)$.

第二节　换元积分法

上一节中，我们用基本积分公式和不定积分的性质来求解不定积分. 事实上，这是不够的，尤其对一些相对复杂的不定积分，我们需要更多有效的方法. 本节将介绍的换元积分法正是众多方法中常用且极具代表性的一种.

换元积分法分为两类：第一换元积分法和第二换元积分法. 两类方法的本质都是通过在原不定积分中引入中间变量，将其转化为一个更容易计算的不定积分.

一、第一换元积分法

定理 1　**设函数 $f(u)$ 具有原函数 $F(u)$，且 $u=\varphi(x)$ 可导，则有如下第一换元积分公式：**

$$\int f[\varphi(x)]\varphi'(x)\,\mathrm{d}x=\int f[\varphi(x)]\,\mathrm{d}\varphi(x)=\left[\int f(u)\,\mathrm{d}u\right]\Big|_{u=\varphi(x)}$$

$$=[F(u)+C]\Big|_{u=\varphi(x)}=F[\varphi(x)]+C.$$

证　利用复合函数的求导法则，容易验证

$$\frac{\mathrm{d}F[\varphi(x)]}{\mathrm{d}x}=F'[\varphi(x)]\varphi'(x)=f[\varphi(x)]\varphi'(x),$$

因此 $F[\varphi(x)]$ 是 $f[\varphi(x)]\varphi'(x)$ 的一个原函数，从而由不定积分的定义，定理 1 成立.

例 1　求不定积分 $\int \frac{1}{2}\cos\frac{x}{2}\mathrm{d}x$.

解　因 $\mathrm{d}\left(\frac{x}{2}\right)=\frac{1}{2}\mathrm{d}x$，故 $\int\frac{1}{2}\cos\frac{x}{2}\mathrm{d}x=\int\cos\frac{x}{2}\mathrm{d}\left(\frac{x}{2}\right)$. 令 $u=\frac{x}{2}$，则

$$\int\frac{1}{2}\cos\frac{x}{2}\mathrm{d}x=\left(\int\cos u\,\mathrm{d}u\right)\Big|_{u=\frac{x}{2}}=(\sin u+C)\Big|_{u=\frac{x}{2}}=\sin\frac{x}{2}+C.$$

一般地，记 $\int f[\varphi(x)]\varphi'(x)\,\mathrm{d}x=\int g(x)\,\mathrm{d}x$，对不易计算的不定积分 $\int g(x)\,\mathrm{d}x$ $\left(\text{如例 1 中的}\int\frac{1}{2}\cos\frac{x}{2}\mathrm{d}x\right)$，先通过凑微分将它化为 $\int f[\varphi(x)]\,\mathrm{d}\varphi(x)$ $\left[\text{如}\int\cos\frac{x}{2}\mathrm{d}\left(\frac{x}{2}\right)\right]$，再令 $u=\varphi(x)$ $\left(\text{如令 } u=\frac{x}{2}\right)$，换元后得到一个比原不定积分容易计算的不定积分 $\int f(u)\,\mathrm{d}u$ $\left(\text{如}\int\cos u\,\mathrm{d}u\right)$，最后将积分结果的中间变量 u 换回原积分变量 x 即可. 因此，第一换元积分法又称为**凑微分法**.

例 2　求下列不定积分：

(1) $\int\frac{1}{2x+3}\mathrm{d}x$；　　(2) $\int\frac{\mathrm{e}^{\sqrt{x}}}{\sqrt{x}}\mathrm{d}x$；

(3) $\int x\sqrt{1-x^2}\,dx$；　　(4) $\int \frac{1}{x^2-a^2}dx\ (a>0)$；

(5) $\int \frac{1}{a^2+x^2}dx\ (a>0)$；　　(6) $\int \frac{1}{\sqrt{a^2-x^2}}dx\ (a>0)$.

解 (1) 因 $d(2x+3)=2dx$，故

$$\int \frac{1}{2x+3}dx=\frac{1}{2}\int\frac{d(2x+3)}{2x+3}=\left(\frac{1}{2}\int\frac{1}{u}du\right)\Big|_{u=2x+3}$$
$$=\left(\frac{1}{2}\ln|u|+C\right)\Big|_{u=2x+3}=\frac{1}{2}\ln|2x+3|+C.$$

(2) 因 $d(2\sqrt{x})=\frac{1}{\sqrt{x}}dx$，故

$$\int\frac{e^{\sqrt{x}}}{\sqrt{x}}dx=\int e^{\sqrt{x}}d(2\sqrt{x})=2\int e^{\sqrt{x}}d(\sqrt{x})=\left(2\int e^u du\right)\Big|_{u=\sqrt{x}}$$
$$=(2e^u+C)\Big|_{u=\sqrt{x}}=2e^{\sqrt{x}}+C.$$

(3) 因 $d(1-x^2)=-2x\,dx$，故

$$\int x\sqrt{1-x^2}\,dx=-\frac{1}{2}\int(1-x^2)^{\frac{1}{2}}d(1-x^2)=\left(-\frac{1}{2}\int u^{\frac{1}{2}}du\right)\Big|_{u=1-x^2}$$
$$=\left[-\frac{1}{2}\left(\frac{2}{3}u^{\frac{3}{2}}\right)+C\right]\Big|_{u=1-x^2}=-\frac{1}{3}(1-x^2)^{\frac{3}{2}}+C.$$

第一换元积分法最重要的步骤是凑出合适的微分以便换元，为进一步转化为更好计算的不定积分形式做准备.当我们熟悉这一方法后，可以在解题过程中逐步实现凑微分，而中间变量也可以不写出来.

(4) $$\int\frac{1}{x^2-a^2}dx=\int\frac{1}{2a}\left(\frac{1}{x-a}-\frac{1}{x+a}\right)dx=\frac{1}{2a}\left(\int\frac{1}{x-a}dx-\int\frac{1}{x+a}dx\right)$$
$$=\frac{1}{2a}\left[\int\frac{1}{x-a}d(x-a)-\int\frac{1}{x+a}d(x+a)\right]$$
$$=\frac{1}{2a}(\ln|x-a|-\ln|x+a|)+C$$
$$=\frac{1}{2a}\ln\left|\frac{x-a}{x+a}\right|+C.$$

(5) $$\int\frac{1}{a^2+x^2}dx=\int\frac{1}{a^2}\cdot\frac{1}{1+\left(\frac{x}{a}\right)^2}dx=\frac{1}{a}\int\frac{1}{1+\left(\frac{x}{a}\right)^2}d\left(\frac{x}{a}\right)=\frac{1}{a}\arctan\frac{x}{a}+C.$$

(6) $$\int\frac{1}{\sqrt{a^2-x^2}}dx=\int\frac{1}{a\sqrt{1-\left(\frac{x}{a}\right)^2}}dx=\int\frac{1}{\sqrt{1-\left(\frac{x}{a}\right)^2}}d\left(\frac{x}{a}\right)=\arcsin\frac{x}{a}+C.$$

例 3 求下列不定积分：

(1) $\int\tan x\,dx$；　　(2) $\int\sec x\,dx$；　　(3) $\int\sin^2x\,dx$；

(4) $\int\cos^3x\,dx$；　　(5) $\int\sin^2x\cos^3x\,dx$；　　(6) $\int\sin 2x\cos 3x\,dx$；

(7) $\int \sec^4 x\,\mathrm{d}x$.

解 (1) $\int \tan x\,\mathrm{d}x = \int \frac{\sin x}{\cos x}\mathrm{d}x = -\int \frac{1}{\cos x}\mathrm{d}(\cos x) = -\ln|\cos x| + C$.

(2) $$\int \sec x\,\mathrm{d}x = \int \frac{\sec x(\sec x + \tan x)}{\sec x + \tan x}\mathrm{d}x = \int \frac{\sec^2 x + \sec x \tan x}{\sec x + \tan x}\mathrm{d}x$$

$$= \int \frac{1}{\sec x + \tan x}\mathrm{d}(\tan x + \sec x) = \ln|\sec x + \tan x| + C.$$

(3) $$\int \sin^2 x\,\mathrm{d}x = \int \frac{1-\cos 2x}{2}\mathrm{d}x = \frac{1}{2}\left(\int \mathrm{d}x - \int \cos 2x\,\mathrm{d}x\right)$$

$$= \frac{1}{2}\int \mathrm{d}x - \frac{1}{4}\int \cos 2x\,\mathrm{d}(2x) = \frac{1}{2}x - \frac{1}{4}\sin 2x + C.$$

(4) $$\int \cos^3 x\,\mathrm{d}x = \int \cos^2 x \cdot \cos x\,\mathrm{d}x = \int (1-\sin^2 x)\mathrm{d}(\sin x)$$

$$= \int \mathrm{d}(\sin x) - \int \sin^2 x\,\mathrm{d}(\sin x) = \sin x - \frac{1}{3}\sin^3 x + C.$$

(5) $$\int \sin^2 x \cos^3 x\,\mathrm{d}x = \int \sin^2 x(1-\sin^2 x)\,\mathrm{d}(\sin x) = \int (\sin^2 x - \sin^4 x)\,\mathrm{d}(\sin x)$$

$$= \int \sin^2 x\,\mathrm{d}(\sin x) - \int \sin^4 x\,\mathrm{d}(\sin x)$$

$$= \frac{1}{3}\sin^3 x - \frac{1}{5}\sin^5 x + C.$$

(6) $$\int \sin 2x \cdot \cos 3x\,\mathrm{d}x = \frac{1}{2}\int (\sin 5x - \sin x)\,\mathrm{d}x = \frac{1}{10}\int \sin 5x\,\mathrm{d}(5x) - \frac{1}{2}\int \sin x\,\mathrm{d}x$$

$$= -\frac{1}{10}\cos 5x + \frac{1}{2}\cos x + C.$$

(7) $$\int \sec^4 x\,\mathrm{d}x = \int \sec^2 x \cdot \sec^2 x\,\mathrm{d}x = \int (1+\tan^2 x)\mathrm{d}(\tan x)$$

$$= \int \mathrm{d}(\tan x) + \int \tan^2 x\,\mathrm{d}(\tan x) = \tan x + \frac{1}{3}\tan^3 x + C.$$

仿照例 3 的思路,易得

$$\int \cot x\,\mathrm{d}x = \ln|\sin x| + C, \quad \int \csc x\,\mathrm{d}x = \ln|\csc x - \cot x| + C.$$

同时,例 3 中部分小题的计算过程可为被积函数形如 $\sin^{2m}x\cos^{2n}x$,$\sin^{2n+1}x\cos^m x$ 或 $\sin^n x\cos^{2m+1}x\,(m,n\in\mathbf{N})$ 的不定积分的求解提供思路.

例 4　求下列不定积分:

(1) $\int \frac{\ln x}{x}\mathrm{d}x$;　(2) $\int \frac{1}{x\ln x}\mathrm{d}x$;　(3) $\int \frac{1}{(x\ln x)\ln(\ln x)}\mathrm{d}x$.

解 (1) $\int \frac{\ln x}{x}\mathrm{d}x = \int \ln x \cdot \frac{1}{x}\mathrm{d}x = \int \ln x\,\mathrm{d}(\ln x) = \frac{1}{2}\ln^2 x + C$.

(2) $\int \frac{1}{x\ln x}\mathrm{d}x = \int \frac{1}{\ln x}\cdot\frac{1}{x}\mathrm{d}x = \int \frac{1}{\ln x}\mathrm{d}(\ln x) = \ln|\ln x| + C$.

(3) $\displaystyle\int \frac{1}{(x\ln x)\ln(\ln x)}dx = \int \frac{1}{\ln(\ln x)}\cdot\frac{1}{x\ln x}dx = \int \frac{1}{\ln(\ln x)}d[\ln(\ln x)]$

$= \ln|\ln(\ln x)| + C.$

例 5 求下列不定积分：

(1) $\displaystyle\int \frac{1}{\sqrt{1-x^2}\arccos^2 x}dx$；　(2) $\displaystyle\int e^{\arctan x}\frac{1}{1+x^2}dx$；　(3) $\displaystyle\int \frac{1}{e^x+e^{-x}}dx$.

解 (1) $\displaystyle\int \frac{1}{\sqrt{1-x^2}\arccos^2 x}dx = -\int \frac{1}{\arccos^2 x}d(\arccos x) = \frac{1}{\arccos x} + C.$

(2) $\displaystyle\int e^{\arctan x}\frac{1}{1+x^2}dx = \int e^{\arctan x}d(\arctan x) = e^{\arctan x} + C.$

(3) $\displaystyle\int \frac{1}{e^x+e^{-x}}dx = \int \frac{e^x}{1+e^{2x}}dx = \int \frac{1}{1+(e^x)^2}d(e^x) = \arctan e^x + C.$

总之，需要利用各种运算技巧对被积表达式进行有效变形，才能凑出合适的微分，有时甚至需要多次凑微分才能达到最终目的. 我们将常见的凑微分形式总结如下：

(1) $\displaystyle\int f(ax+b)dx = \frac{1}{a}\int f(ax+b)d(ax+b)\ (a\neq 0)$；

(2) $\displaystyle\int f(x^\mu)x^{\mu-1}dx = \frac{1}{\mu}\int f(x^\mu)d(x^\mu)\ (\mu\neq 0)$；

(3) $\displaystyle\int f(\ln x)\frac{1}{x}dx = \int f(\ln x)d(\ln x)$；

(4) $\displaystyle\int f(e^x)e^x dx = \int f(e^x)d(e^x)$；

(5) $\displaystyle\int f(\cos x)\sin x\,dx = -\int f(\cos x)d(\cos x)$；

(6) $\displaystyle\int f(\sin x)\cos x\,dx = \int f(\sin x)d(\sin x)$；

(7) $\displaystyle\int f(\tan x)\sec^2 x\,dx = \int f(\tan x)d(\tan x)$；

(8) $\displaystyle\int f(\cot x)\csc^2 x\,dx = -\int f(\cot x)d(\cot x)$；

(9) $\displaystyle\int f(\arcsin x)\frac{1}{\sqrt{1-x^2}}dx = \int f(\arcsin x)d(\arcsin x)$；

(10) $\displaystyle\int f(\arctan x)\frac{1}{1+x^2}dx = \int f(\arctan x)d(\arctan x)$.

二、第二换元积分法

为了便于理解第二换元积分法，我们先反过来观察第一换元积分公式：

$$\int f(u)du \xlongequal{u=\varphi(x)} \int f[\varphi(x)]d\varphi(x) = \int f[\varphi(x)]\varphi'(x)dx = \int g(x)dx,$$

其中 $g(x)=f[\varphi(x)]\varphi'(x)$. 若函数 $g(x)$ 具有原函数 $G(x)$，$u=\varphi(x)$ 单调、可导且 $\varphi'(x)\neq 0$，则

$$\int f(u)\,\mathrm{d}u=[G(x)+C]\Big|_{x=\varphi^{-1}(u)}=G[\varphi^{-1}(u)]+C,$$

其中 $x=\varphi^{-1}(u)$ 是 $u=\varphi(x)$ 的反函数.

以上不定积分 $\int f(u)\,\mathrm{d}u$ 的计算过程也是借助中间变量实现的,我们将该过程称为**第二换元积分法**.第一换元积分法和第二换元积分法反映的是正、逆两种换元方式.经计算,有

$$\begin{aligned}\frac{\mathrm{d}}{\mathrm{d}u}G[\varphi^{-1}(u)]&=G'(x)\frac{1}{\varphi'(x)}=g(x)\frac{1}{\varphi'(x)}=f[\varphi(x)]\varphi'(x)\frac{1}{\varphi'(x)}\\&=f[\varphi(x)]=f(u),\end{aligned}$$

即第二换元积分法依然可由复合函数的求导法则得到验证.

为方便计算,将第二换元积分法中表示积分变量的字母替换为熟悉的形式,可得如下定理.

定理 2　**设函数 $\varphi(u)$ 单调、可导且 $\varphi'(u)\neq 0$. 若函数 $f[\varphi(u)]\varphi'(u)$ 具有原函数 $G(u)$,则有如下第二换元积分公式:**

$$\begin{aligned}\int f(x)\,\mathrm{d}x&\xlongequal{x=\varphi(u)}\int f[\varphi(u)]\,\mathrm{d}\varphi(u)=\left[\int f[\varphi(u)]\varphi'(u)\,\mathrm{d}u\right]\Big|_{u=\varphi^{-1}(x)}\\&=[G(u)]\Big|_{u=\varphi^{-1}(x)},\end{aligned}$$

其中 $u=\varphi^{-1}(x)$ 是 $x=\varphi(u)$ 的反函数.

现在尝试用第二换元积分法求解例 1 中的不定积分 $\int\frac{1}{2}\cos\frac{x}{2}\mathrm{d}x$. 令 $x=2u$,则

$$\int\frac{1}{2}\cos\frac{x}{2}\mathrm{d}x=\int\frac{1}{2}\cos u\,\mathrm{d}(2u)=\int\cos u\,\mathrm{d}u=\sin u+C,$$

将 $u=\frac{x}{2}$ 代回,得

$$\int\frac{1}{2}\cos\frac{x}{2}\mathrm{d}x=\sin\frac{x}{2}+C.$$

上例说明,对于有些不定积分,两类换元积分法均适用,这也给我们解题提供了更多的思路.

例 6　求不定积分 $\int\sqrt{a^2-x^2}\,\mathrm{d}x\ (a>0)$.

分析　解决问题的难点在于处理根式 $\sqrt{a^2-x^2}$,考虑利用三角公式 $\sin^2u+\cos^2u=1$. 令 $x=a\sin u\left(-\frac{\pi}{2}<u<\frac{\pi}{2}\right)$,此时它不仅存在反函数 $u=\arcsin\frac{x}{a}$,同时通过换元可将根式化简为 $a\cos u$.

解　设 $x=a\sin u\left(-\frac{\pi}{2}<u<\frac{\pi}{2}\right)$,则

$$\begin{aligned}\int\sqrt{a^2-x^2}\,\mathrm{d}x&=\int a\cos u\,\mathrm{d}(a\sin u)=a^2\int\cos^2u\,\mathrm{d}u=\frac{a^2}{2}\int(1+\cos 2u)\,\mathrm{d}u\\&=\frac{a^2}{2}\left(u+\frac{1}{2}\sin 2u\right)+C.\end{aligned}$$

通过 $u=\arcsin\frac{x}{a}$ 将原积分变量 x 代回时,发现需要计算 $\sin 2u$. 因

$$\sin 2u=2\sin u\cos u=2\frac{x}{a}\sqrt{1-\left(\frac{x}{a}\right)^2}=\frac{2x\sqrt{a^2-x^2}}{a^2},$$

故有

$$\int\sqrt{a^2-x^2}\,\mathrm{d}x=\frac{1}{2}\left(a^2\arcsin\frac{x}{a}+x\sqrt{a^2-x^2}\right)+C.$$

下面的例7、例8与例6的分析思路类似，均通过三角公式进行变量代换(简称为三角代换)，实现用第二换元积分法求解不定积分.

例7 求不定积分 $\int\frac{1}{\sqrt{x^2+a^2}}\mathrm{d}x\ (a>0)$.

解 设 $x=a\tan u\left(-\frac{\pi}{2}<u<\frac{\pi}{2}\right)$，则

$$u=\arctan\frac{x}{a},\quad \sqrt{x^2+a^2}=\sqrt{a^2\tan^2u+a^2}=a\sec u,\quad \mathrm{d}x=a\sec^2u\,\mathrm{d}u.$$

于是

$$\int\frac{1}{\sqrt{x^2+a^2}}\mathrm{d}x=\int\frac{a\sec^2u}{a\sec u}\mathrm{d}u=\int\sec u\,\mathrm{d}u=\ln|\sec u+\tan u|+C.$$

将原积分变量 x 代回时，有 $\tan u=\frac{x}{a}$，但需要进一步计算 $\sec u$. 由图5-2不难得到 $\sec u=\frac{1}{\cos u}=\frac{\sqrt{x^2+a^2}}{a}$，故有

$$\int\frac{1}{\sqrt{x^2+a^2}}\mathrm{d}x=\ln\left|\frac{x+\sqrt{x^2+a^2}}{a}\right|+C=\ln(x+\sqrt{x^2+a^2})+C_1,$$

其中 $C_1=C-\ln a$.

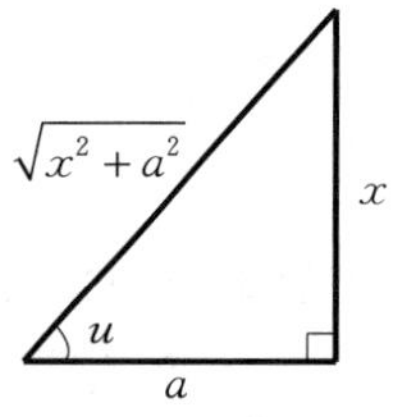

图5-2

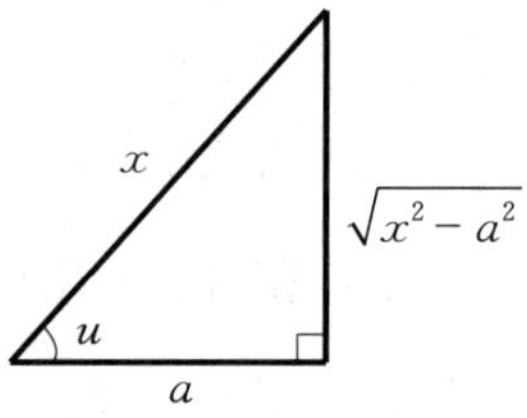

图5-3

例8 求不定积分 $\int\frac{1}{\sqrt{x^2-a^2}}\mathrm{d}x\ (a>0)$.

解 被积函数的定义域分为 $(a,+\infty)$ 和 $(-\infty,-a)$ 两部分，因此需分开讨论.

当 $x\in(a,+\infty)$ 时，设 $x=a\sec u\left(0<u<\frac{\pi}{2}\right)$，则

$$\mathrm{d}x=a\sec u\tan u\,\mathrm{d}u,\quad \sqrt{x^2-a^2}=\sqrt{a^2\sec^2u-a^2}=a\tan u.$$

于是

$$\int\frac{1}{\sqrt{x^2-a^2}}\mathrm{d}x=\int\frac{a\sec u\tan u}{a\tan u}\mathrm{d}u=\int\sec u\,\mathrm{d}u=\ln|\sec u+\tan u|+C.$$

将原积分变量 x 代回时，有 $\sec u=\frac{x}{a}$，但需要进一步计算 $\tan u$. 由图5-3不难得到 $\tan u=$

$\frac{\sqrt{x^2-a^2}}{a}$，故有

$$\int \frac{1}{\sqrt{x^2-a^2}}\mathrm{d}x=\ln\left|\frac{x+\sqrt{x^2-a^2}}{a}\right|+C=\ln|x+\sqrt{x^2-a^2}|+C_1,$$

其中 $C_1=C-\ln a$.

以上结果在 $x\in(-\infty,-a)$ 时同样成立，请读者自行验证（提示：令 $x=-u$）.

三角代换在第二换元积分法中常被使用，当不定积分中含 $\sqrt{a^2-x^2}$，$\sqrt{x^2+a^2}$，$\sqrt{x^2-a^2}$ 时，可分别选择 $x=a\sin u$，$x=a\tan u$，$x=a\sec u$ 进行换元. 但这并非绝对，譬如用第一换元积分法求 $\int x\sqrt{x^2+a^2}\,\mathrm{d}x$ 更优，要在了解理论方法的基础上灵活处理.

在下面的例 9 中，我们将直接使用上文中已得到的两个结果：

$$\int \frac{1}{\sqrt{a^2-x^2}}\mathrm{d}x=\arcsin\frac{x}{a}+C,\quad \int \frac{1}{\sqrt{x^2+a^2}}\mathrm{d}x=\ln(x+\sqrt{x^2+a^2})+C\quad(a>0).$$

熟悉方法后，可省略中间变量 u 的表达，解题过程会更简洁.

例 9　求下列不定积分：

(1) $\int \frac{1}{\sqrt{1+x-x^2}}\mathrm{d}x$；　　(2) $\int \frac{1}{\sqrt{9x^2+4}}\mathrm{d}x$.

解　(1) $$\int \frac{1}{\sqrt{1+x-x^2}}\mathrm{d}x=\int \frac{1}{\sqrt{\left(-x^2+x-\frac{1}{4}\right)+\frac{5}{4}}}\mathrm{d}x$$

$$=\int \frac{1}{\sqrt{\left(\frac{\sqrt{5}}{2}\right)^2-\left(x-\frac{1}{2}\right)^2}}\mathrm{d}\left(x-\frac{1}{2}\right)$$

$$=\arcsin\frac{x-\frac{1}{2}}{\frac{\sqrt{5}}{2}}+C=\arcsin\frac{2x-1}{\sqrt{5}}+C.$$

(2) $$\int \frac{1}{\sqrt{9x^2+4}}\mathrm{d}x=\frac{1}{3}\int \frac{1}{\sqrt{(3x)^2+2^2}}\mathrm{d}(3x)=\frac{1}{3}\ln(3x+\sqrt{9x^2+4})+C.$$

在第二换元积分法中，除三角代换外，还常用到以下换元技巧.

例 10　求下列不定积分：

(1) $\int \frac{1}{\sqrt{x}+\sqrt[4]{x}}\mathrm{d}x$；　　(2) $\int \frac{1}{(2-x)\sqrt{1-x}}\mathrm{d}x$.

解　(1) 令 $u=\sqrt[4]{x}\ (u>0)$，即 $x=u^4$，则 $\mathrm{d}x=4u^3\mathrm{d}u$. 于是

$$\int \frac{1}{\sqrt{x}+\sqrt[4]{x}}\mathrm{d}x=\int \frac{4u^3}{u^2+u}\mathrm{d}u=4\int \frac{u^2}{u+1}\mathrm{d}u=4\int \frac{u^2-1+1}{u+1}\mathrm{d}u=4\int\left(u-1+\frac{1}{u+1}\right)\mathrm{d}u$$

$$=4\left[\frac{1}{2}u^2-u+\ln(1+u)\right]+C=2\sqrt{x}-4\sqrt[4]{x}+4\ln(1+\sqrt[4]{x})+C.$$

(2) 令 $u=\sqrt{1-x}\ (u>0)$,即 $x=1-u^2$,则 $\mathrm{d}x=-2u\mathrm{d}u$. 于是

$$\int\frac{1}{(2-x)\sqrt{1-x}}\mathrm{d}x=\int\frac{-2u}{(1+u^2)u}\mathrm{d}u=-2\int\frac{1}{1+u^2}\mathrm{d}u=-2\arctan u+C$$

$$=-2\arctan\sqrt{1-x}+C.$$

例 11 求下列不定积分:

(1) $\displaystyle\int\frac{1}{x\sqrt{x^2+1}}\mathrm{d}x$;　　　(2) $\displaystyle\int\frac{1}{x(x^n+1)}\mathrm{d}x\ (n\in\mathbf{N}^*)$.

解 (1) 当 $x>0$ 时,令 $u=\dfrac{1}{x}\ (u>0)$,即 $x=\dfrac{1}{u}$,则 $\mathrm{d}x=-\dfrac{1}{u^2}\mathrm{d}u$. 于是

$$\int\frac{1}{x\sqrt{x^2+1}}\mathrm{d}x=\int\frac{-\frac{1}{u^2}}{\frac{1}{u}\sqrt{\frac{1}{u^2}+1}}\mathrm{d}u=-\int\frac{1}{\sqrt{1+u^2}}\mathrm{d}u=-\ln(u+\sqrt{1+u^2})+C$$

$$=-\ln\left(\frac{1}{x}+\sqrt{1+\frac{1}{x^2}}\right)+C=-\ln\frac{1+\sqrt{x^2+1}}{x}+C.$$

当 $x<0$ 时,令 $x=-u\ (u>0)$,则 $\mathrm{d}x=-\mathrm{d}u$. 于是

$$\int\frac{1}{x\sqrt{x^2+1}}\mathrm{d}x=\int\frac{-1}{-u\sqrt{u^2+1}}\mathrm{d}u=\int\frac{1}{u\sqrt{u^2+1}}\mathrm{d}u$$

$$=-\ln\frac{1+\sqrt{u^2+1}}{u}+C=-\ln\frac{1+\sqrt{x^2+1}}{-x}+C.$$

综上可得 $\displaystyle\int\frac{1}{x\sqrt{x^2+1}}\mathrm{d}x=-\ln\frac{1+\sqrt{x^2+1}}{|x|}+C$.

(2) 令 $u=\dfrac{1}{x}\ (u\neq 0)$,即 $x=\dfrac{1}{u}$,则 $\mathrm{d}x=-\dfrac{1}{u^2}\mathrm{d}u$. 于是

$$\int\frac{1}{x(x^n+1)}\mathrm{d}x=\int\frac{-\frac{1}{u^2}}{\frac{1}{u}\left(\frac{1}{u^n}+1\right)}\mathrm{d}u=-\int\frac{u^{n-1}}{1+u^n}\mathrm{d}u=-\frac{1}{n}\int\frac{1}{1+u^n}\mathrm{d}(1+u^n)$$

$$=-\frac{1}{n}\ln|1+u^n|+C=-\frac{1}{n}\ln\left|1+\frac{1}{x^n}\right|+C.$$

一般地,若不定积分中含有形如 $\sqrt[n]{ax+b}$ 或 $\sqrt[m]{\dfrac{ax+b}{cx+d}}\left(\dfrac{a}{c}\neq\dfrac{b}{d}\right)$ 的根式时,可以考虑直接将它用 u 代换(第四节中将更进一步讨论含此根式的不定积分). 在例 11 中,我们令 $u=\dfrac{1}{x}$,不定积分因此往有利于计算的方向演化. 这种变量代换的方法称为**倒代换法**,常在被积函数为分式,且分母中积分变量的幂次较高而难以积分时使用.

例 12　求不定积分 $\int \frac{mx+n}{x^2+px+q}\mathrm{d}x\ (p^2-4q<0)$.

解　由于 $\frac{mx+n}{x^2+px+q}=\frac{m\left(x+\frac{p}{2}\right)+n-\frac{1}{2}mp}{\left(x+\frac{p}{2}\right)^2+q-\frac{1}{4}p^2}$，令 $u=x+\frac{p}{2}$，则 $\mathrm{d}u=\mathrm{d}x$，同时为方便运算，记 $A=m$，$B=n-\frac{1}{2}mp$，$a^2=q-\frac{1}{4}p^2\ (a>0)$，于是

$$\frac{mx+n}{x^2+px+q}=\frac{Au+B}{u^2+a^2}.$$

由第二换元积分法，有

$$\begin{aligned}\int \frac{mx+n}{x^2+px+q}\mathrm{d}x&=\int \frac{Au+B}{u^2+a^2}\mathrm{d}u=\frac{A}{2}\int \frac{1}{u^2+a^2}\mathrm{d}(u^2+a^2)+B\int \frac{1}{u^2+a^2}\mathrm{d}u\\&=\frac{A}{2}\ln(u^2+a^2)+\frac{B}{a}\arctan\frac{u}{a}+C\\&=\frac{m}{2}\ln(x^2+px+q)+\frac{2n-mp}{\sqrt{4q-p^2}}\arctan\frac{2x+p}{\sqrt{4q-p^2}}+C.\end{aligned}$$

在使用换元积分法时，我们无法严格划分或指定可套用的换元方法，往往需要根据实际情况进行尝试和分析，有时甚至需要多种方法结合使用，这对后续介绍的其他积分方法同样适用.

最后，将本节所得的部分结果也纳入基本积分公式中(续第一节中的基本积分公式).

(14) $\int \tan x\,\mathrm{d}x=-\ln|\cos x|+C$；

(15) $\int \cot x\,\mathrm{d}x=\ln|\sin x|+C$；

(16) $\int \sec x\,\mathrm{d}x=\ln|\sec x+\tan x|+C$；

(17) $\int \csc x\,\mathrm{d}x=\ln|\csc x-\cot x|+C$；

(18) $\int \frac{1}{a^2+x^2}\mathrm{d}x=\frac{1}{a}\arctan\frac{x}{a}+C\ (a>0)$；

(19) $\int \frac{1}{x^2-a^2}\mathrm{d}x=\frac{1}{2a}\ln\left|\frac{x-a}{x+a}\right|+C\ (a>0)$；

(20) $\int \frac{1}{\sqrt{a^2-x^2}}\mathrm{d}x=\arcsin\frac{x}{a}+C\ (a>0)$；

(21) $\int \frac{1}{\sqrt{x^2+a^2}}\mathrm{d}x=\ln(x+\sqrt{x^2+a^2})+C\ (a>0)$；

(22) $\int \frac{1}{\sqrt{x^2-a^2}}\mathrm{d}x=\ln|x+\sqrt{x^2-a^2}|+C\ (a>0)$.

习题 5 - 2

1. 在下列横线上填入适当的系数,使等式成立:

(1) $\mathrm{d}x=$__________ $\mathrm{d}(3-2x)$;

(2) $\mathrm{e}^{2x}\mathrm{d}x=$__________ $\mathrm{d}(\mathrm{e}^{2x})$;

(3) $\dfrac{1}{1+9x^2}\mathrm{d}x=$__________ $\mathrm{d}(\arctan 3x)$;

(4) $\dfrac{1}{x}\mathrm{d}x=$__________ $\mathrm{d}(5-7\ln|x|)$;

(5) $\cos\dfrac{3}{2}x\,\mathrm{d}x=$__________ $\mathrm{d}\left(\sin\dfrac{3}{2}x\right)$;

(6) $\dfrac{x}{\sqrt{1-x^2}}\mathrm{d}x=$__________ $\mathrm{d}(\sqrt{1-x^2})$.

2. 用换元积分法求下列不定积分:

(1) $\displaystyle\int(3-2x)^{99}\mathrm{d}x$;

(2) $\displaystyle\int\frac{1}{\sqrt{1+2x}}\mathrm{d}x$;

(3) $\displaystyle\int(1+x)^{-2}\mathrm{d}x$;

(4) $\displaystyle\int\frac{x}{\sqrt{1-x^2}}\mathrm{d}x$;

(5) $\displaystyle\int\frac{1}{1+\mathrm{e}^x}\mathrm{d}x$;

(6) $\displaystyle\int x\mathrm{e}^{x^2}\mathrm{d}x$;

(7) $\displaystyle\int\frac{1}{(x+1)(x-2)}\mathrm{d}x$;

(8) $\displaystyle\int\frac{1}{4x^2-1}\mathrm{d}x$;

(9) $\displaystyle\int\frac{2x-5}{x^2-5x+4}\mathrm{d}x$;

(10) $\displaystyle\int\frac{1}{x(1+2\ln x)}\mathrm{d}x$;

(11) $\displaystyle\int\frac{1+\ln x}{(x\ln x)^4}\mathrm{d}x$;

(12) $\displaystyle\int\frac{1}{x\sqrt{1-\ln^2 x}}\mathrm{d}x$;

(13) $\displaystyle\int\cos^4 x\,\mathrm{d}x$;

(14) $\displaystyle\int\sin^3 x\,\mathrm{d}x$;

(15) $\displaystyle\int\sin 5x\sin 7x\,\mathrm{d}x$;

(16) $\displaystyle\int\tan^3 x\sec x\,\mathrm{d}x$;

(17) $\displaystyle\int\frac{\sin x+\cos x}{\sqrt{\sin x-\cos x}}\mathrm{d}x$;

(18) $\displaystyle\int\frac{1+x}{\sqrt{9-4x^2}}\mathrm{d}x$;

(19) $\displaystyle\int\frac{2^{\arccos x}}{\sqrt{1-x^2}}\mathrm{d}x$;

(20) $\displaystyle\int\frac{1}{x^2+2x+6}\mathrm{d}x$;

(21) $\displaystyle\int\frac{\sin\sqrt{x}}{\sqrt{x}}\mathrm{d}x$;

(22) $\displaystyle\int\frac{1}{\sqrt{x}(1+\sqrt[3]{x})}\mathrm{d}x$;

(23) $\displaystyle\int\frac{\sqrt{x+1}}{x}\mathrm{d}x$;

(24) $\displaystyle\int\frac{\sqrt{x+1}-1}{\sqrt{x+1}+1}\mathrm{d}x$;

(25) $\int \frac{1}{x\sqrt{x^2-1}}\mathrm{d}x$；　　(26) $\int \frac{1}{x^2\sqrt{x^2+1}}\mathrm{d}x$；

(27) $\int \frac{1}{x+\sqrt{1-x^2}}\mathrm{d}x$；　　(28) $\int \frac{\arcsin\sqrt{x}}{\sqrt{x-x^2}}\mathrm{d}x$；

(29) $\int \frac{x^2}{\sqrt{a^2-x^2}}\mathrm{d}x\ (a>0)$；　　(30) $\int \frac{1}{x(x^7+2)}\mathrm{d}x$.

3. 设函数 $f(t)$ 具有连续的一阶导数，求不定积分 $\int xf(x^2)f'(x^2)\mathrm{d}x$.

第三节　分部积分法

根据两个函数乘积的微分或导数公式，可以得到一种有效的求解不定积分的方法——**分部积分法**. 对于某些不定积分，在直接积分或使用换元积分法都无法处理时，分部积分法有可能成为有效的解决方法.

定理 1　**若函数 $u=u(x)$ 与 $v=v(x)$ 可导，不定积分 $\int u'(x)v(x)\mathrm{d}x$ 存在，则不定积分 $\int u(x)v'(x)\mathrm{d}x$ 也存在，且有**

$$\int u(x)v'(x)\mathrm{d}x=u(x)v(x)-\int u'(x)v(x)\mathrm{d}x.$$

证　由两个函数乘积的微分公式有

$$\mathrm{d}[u(x)v(x)]=u(x)\mathrm{d}v(x)+v(x)\mathrm{d}u(x).$$

对上式两边先取不定积分，再移项，可得

$$\int u(x)\mathrm{d}v(x)=u(x)v(x)-\int v(x)\mathrm{d}u(x),$$

即

$$\int u(x)v'(x)\mathrm{d}x=u(x)v(x)-\int u'(x)v(x)\mathrm{d}x.$$

上式称为**分部积分公式**，一般简记作

$$\int u\mathrm{d}v=uv-\int v\mathrm{d}u.$$

应用分部积分公式的本质在于不定积分 $\int v\mathrm{d}u$ 应比 $\int u\mathrm{d}v$ 更便于计算. 一般情况下，当不定积分的被积函数可视为两个函数的乘积时，可考虑使用该公式.

例 1　求不定积分 $\int x\mathrm{e}^x\mathrm{d}x$.

解　令 $u=x$，$\mathrm{d}v=\mathrm{e}^x\mathrm{d}x=\mathrm{d}(\mathrm{e}^x)$，则 $\mathrm{d}u=\mathrm{d}x$，$v=\mathrm{e}^x$. 由分部积分公式，有

$$\int x\mathrm{e}^x\mathrm{d}x=\int x\mathrm{d}(\mathrm{e}^x)=x\mathrm{e}^x-\int \mathrm{e}^x\mathrm{d}x=x\mathrm{e}^x-\mathrm{e}^x+C.$$

在以上计算过程中,我们将原不定积分转化为更容易计算的 $\int e^x dx$.

若选择 $u=e^x, dv=x dx=d\left(\frac{1}{2}x^2\right)$,则 $du=e^x dx, v=\frac{1}{2}x^2$. 此时,使用分部积分公式,有

$$\int x e^x dx=\int e^x d\left(\frac{1}{2}x^2\right)=\frac{x^2 e^x}{2}-\int \frac{x^2}{2} d(e^x)=\frac{x^2 e^x}{2}-\frac{1}{2}\int x^2 e^x dx.$$

上式中 $\int x^2 e^x dx$ 比原不定积分 $\int x e^x dx$ 更难计算,显然这样选择 u 和 v 是不佳的.

对比该例函数 u 和 v 的两种选法不难发现,依然需要通过有效凑微分才能选对 u 和 v,进而实现不定积分由难到易的转化.

例 2 求不定积分 $\int x\cos x dx$.

解 令 $u=x, dv=\cos x dx=d(\sin x)$,则 $du=dx, v=\sin x$. 由分部积分公式,有

$$\int x\cos x dx=\int x d(\sin x)=x\sin x-\int \sin x dx=x\sin x+\cos x+C.$$

建议读者仿照例 1,尝试换一种方式选择 u 和 v,看看会出现怎样的结果.

例 3 求不定积分 $\int x^2 \ln x dx$.

解 因为无法直接得到 $\ln x dx$ 是哪个函数的微分表达式,所以只能令

$$u=\ln x,\quad dv=x^2 dx=d\left(\frac{1}{3}x^3\right).$$

由分部积分公式,有

$$\begin{aligned}\int x^2 \ln x dx&=\int \ln x d\left(\frac{x^3}{3}\right)=\frac{x^3 \ln x}{3}-\int \frac{x^3}{3} d(\ln x)\\&=\frac{x^3 \ln x}{3}-\frac{1}{3}\int x^2 dx=\frac{x^3 \ln x}{3}-\frac{1}{9}x^3+C.\end{aligned}$$

例 4 求不定积分 $\int x\arctan x dx$.

解 类似于例 3,只能令 $u=\arctan x, dv=x dx=d\left(\frac{1}{2}x^2\right)$. 由分部积分公式,有

$$\begin{aligned}\int x\arctan x dx&=\int \arctan x d\left(\frac{x^2}{2}\right)=\frac{x^2\arctan x}{2}-\frac{1}{2}\int x^2 d(\arctan x)\\&=\frac{x^2\arctan x}{2}-\frac{1}{2}\int \frac{x^2}{1+x^2}dx=\frac{x^2\arctan x}{2}-\frac{1}{2}\int \frac{1+x^2-1}{1+x^2}dx\\&=\frac{x^2\arctan x}{2}-\frac{x}{2}+\frac{\arctan x}{2}+C=\frac{1}{2}(x^2+1)\arctan x-\frac{1}{2}x+C.\end{aligned}$$

观察例 1 ~ 例 4 可以发现,当被积函数是幂函数与以 e 为底的指数函数的乘积、幂函数与三角函数[如 $\sin ax, \cos ax\ (a\neq 0)$]的乘积时,以前者为 u,对后者凑微分得到 v;当被积函数是幂函数与对数函数的乘积、幂函数与反三角函数的乘积时,以后者为 u,对前者凑微分得到 v. 这个规律对一般情况下 u 和 v 的确定有一定的参考价值.

例 5 求不定积分 $\int \arcsin x dx$.

解　令 $u=\arcsin x$，$\mathrm{d}v=\mathrm{d}x$，由分部积分公式，有

$$\int \arcsin x\,\mathrm{d}x=x\arcsin x-\int x\,\mathrm{d}(\arcsin x)=x\arcsin x-\int \frac{x}{\sqrt{1-x^2}}\mathrm{d}x$$

$$=x\arcsin x+\frac{1}{2}\int (1-x^2)^{-\frac{1}{2}}\mathrm{d}(1-x^2)=x\arcsin x+\sqrt{1-x^2}+C.$$

有时只对不定积分用一次分部积分公式解决不了问题，但连续使用多次分部积分公式后可以得到最终的结果.

例 6　求不定积分 $\int x^2\sin x\,\mathrm{d}x$.

解　令 $u=x^2$，$\mathrm{d}v=\sin x\,\mathrm{d}x=\mathrm{d}(-\cos x)$，则由例 2 的结果

$$\int x\cos x\,\mathrm{d}x=x\sin x+\cos x+C$$

与分部积分公式，有

$$\int x^2\sin x\,\mathrm{d}x=\int x^2\mathrm{d}(-\cos x)=-x^2\cos x-\int(-\cos x)\,\mathrm{d}(x^2)$$

$$=-x^2\cos x+2\int x\cos x\,\mathrm{d}x=-x^2\cos x+2(x\sin x+\cos x)+C.$$

例 7　求不定积分 $\int x^2\mathrm{e}^x\,\mathrm{d}x$.

解　令 $u=x^2$，$\mathrm{d}v=\mathrm{e}^x\,\mathrm{d}x=\mathrm{d}(\mathrm{e}^x)$，则由例 1 的结果

$$\int x\mathrm{e}^x\,\mathrm{d}x=x\mathrm{e}^x-\mathrm{e}^x+C$$

与分部积分公式，有

$$\int x^2\mathrm{e}^x\,\mathrm{d}x=\int x^2\mathrm{d}(\mathrm{e}^x)=x^2\mathrm{e}^x-\int \mathrm{e}^x\,\mathrm{d}(x^2)=x^2\mathrm{e}^x-2\int x\mathrm{e}^x\,\mathrm{d}x=(x^2-2x+2)\mathrm{e}^x+C.$$

例 8　求不定积分 $\int \mathrm{e}^x\sin x\,\mathrm{d}x$.

分析　令 $u=\sin x$，$\mathrm{d}v=\mathrm{e}^x\,\mathrm{d}x=\mathrm{d}(\mathrm{e}^x)$，则

$$\int \mathrm{e}^x\sin x\,\mathrm{d}x=\int \sin x\,\mathrm{d}(\mathrm{e}^x)=\mathrm{e}^x\sin x-\int \mathrm{e}^x\,\mathrm{d}(\sin x)=\mathrm{e}^x\sin x-\int \mathrm{e}^x\cos x\,\mathrm{d}x.$$

令 $u=\cos x$，$\mathrm{d}v=\mathrm{d}(\mathrm{e}^x)$，对上式中 $\int \mathrm{e}^x\cos x\,\mathrm{d}x$ 继续使用分部积分公式，得

$$\int \mathrm{e}^x\cos x\,\mathrm{d}x=\int \cos x\,\mathrm{d}(\mathrm{e}^x)=\mathrm{e}^x\cos x-\int \mathrm{e}^x\,\mathrm{d}(\cos x)=\mathrm{e}^x\cos x+\int \mathrm{e}^x\sin x\,\mathrm{d}x.$$

解法一　由分析有

$$\int \mathrm{e}^x\sin x\,\mathrm{d}x=\mathrm{e}^x\sin x-\left(\mathrm{e}^x\cos x+\int \mathrm{e}^x\sin x\,\mathrm{d}x\right).$$

可见连续使用两次分部积分公式，表达式中又出现了原不定积分，通过移项及添加任意常数 C，有

$$\int \mathrm{e}^x\sin x\,\mathrm{d}x=\frac{\mathrm{e}^x}{2}(\sin x-\cos x)+C.$$

解法二　由分析有

$$\int \mathrm{e}^x\sin x\,\mathrm{d}x=\mathrm{e}^x\sin x-\int \mathrm{e}^x\cos x\,\mathrm{d}x,\quad \int \mathrm{e}^x\cos x\,\mathrm{d}x=\mathrm{e}^x\cos x+\int \mathrm{e}^x\sin x\,\mathrm{d}x.$$

令 $I_1=\int e^x\sin x\,dx$, $I_2=\int e^x\cos x\,dx$,则上两式可写成

$$I_1=e^x\sin x-I_2,\quad I_2=e^x\cos x+I_1.$$

这两个积分中的每一个积分都能由另一个积分表示,由这两式解得

$$I_1=\int e^x\sin x\,dx=\frac{e^x}{2}(\sin x-\cos x)+C,$$

$$I_2=\int e^x\cos x\,dx=\frac{e^x}{2}(\sin x+\cos x)+C.$$

通过多个例题,我们展示了连续使用多次分部积分公式解题的技巧. 鉴于凑微分过程中 u 和 v 的结构已经呈现,在熟悉公式后,可不再具体写出 u 和 v. 值得注意的是,当重复使用该公式时,一般前后两次选择凑微分的函数形式保持一致对解决问题更有利.

例 9 求不定积分 $\int x^3\ln^2 x\,dx$.

解
$$\begin{aligned}\int x^3\ln^2 x\,dx&=\int \ln^2 x\,d\left(\frac{x^4}{4}\right)=\frac{x^4}{4}\ln^2 x-\int\frac{x^4}{4}d(\ln^2 x)\\&=\frac{x^4}{4}\ln^2 x-\int\frac{x^3}{2}\ln x\,dx=\frac{x^4}{4}\ln^2 x-\int\ln x\,d\left(\frac{x^4}{8}\right)\\&=\frac{x^4}{4}\ln^2 x-\left[\frac{x^4}{8}\ln x-\int\frac{x^4}{8}d(\ln x)\right]=\frac{x^4}{4}\ln^2 x-\left(\frac{x^4}{8}\ln x-\int\frac{x^3}{8}dx\right)\\&=\frac{x^4}{4}\left(\ln^2 x-\frac{1}{2}\ln x+\frac{1}{8}\right)+C.\end{aligned}$$

例 10 求不定积分 $J_n=\int\frac{1}{(x^2+a^2)^n}dx\ (n\in\mathbf{N}^*, a>0)$.

解
$$\begin{aligned}J_n&=\int(x^2+a^2)^{-n}dx=x(x^2+a^2)^{-n}-\int x\,d[(x^2+a^2)^{-n}]\\&=x(x^2+a^2)^{-n}+2n\int x^2(x^2+a^2)^{-n-1}dx.\end{aligned}$$

由于

$$\begin{aligned}\int x^2(x^2+a^2)^{-n-1}dx&=\int(x^2+a^2-a^2)(x^2+a^2)^{-n-1}dx\\&=\int(x^2+a^2)^{-n}dx-a^2\int(x^2+a^2)^{-n-1}dx\\&=J_n-a^2J_{n+1},\end{aligned}$$

因此

$$J_n=x(x^2+a^2)^{-n}+2n(J_n-a^2J_{n+1}),$$

整理可得

$$J_{n+1}=\frac{1}{2na^2}\cdot\frac{x}{(x^2+a^2)^n}+\frac{2n-1}{2n}\cdot\frac{1}{a^2}J_n.$$

上式把对不定积分 J_{n+1} 的计算转化为对 J_n 的计算,称之为 J_n 的递推公式. 由于

$$J_1=\int\frac{1}{x^2+a^2}dx=\frac{1}{a}\arctan\frac{x}{a}+C_1,$$

因此由递推公式可知

$$J_2=\frac{1}{2a^2}\cdot\frac{x}{x^2+a^2}+\frac{1}{2a^3}\arctan\frac{x}{a}+C_2,$$

$$J_3=\frac{1}{4a^2}\cdot\frac{x}{(x^2+a^2)^2}+\frac{3}{8a^4}\cdot\frac{x}{x^2+a^2}+\frac{3}{8a^5}\arctan\frac{x}{a}+C_3,$$

……

通过本节的例题，读者对使用分部积分公式时如何正确凑微分，即如何选择 u 和 v 有了一定的认知，以后仍需多加思考、练习和总结，才能更有效地使用分部积分公式.

习题 5－3

1. 用分部积分公式求下列不定积分：

(1) $\int \ln x\,\mathrm{d}x$；　　(2) $\int \sec^3 x\,\mathrm{d}x$；

(3) $\int x\mathrm{e}^{-x}\,\mathrm{d}x$；　　(4) $\int x\sin x\,\mathrm{d}x$；

(5) $\int x^2\cos x\,\mathrm{d}x$；　　(6) $\int x\sin x\cos x\,\mathrm{d}x$；

(7) $\int \frac{\ln x}{x^3}\mathrm{d}x$；　　(8) $\int \arcsin^2 x\,\mathrm{d}x$；

(9) $\int \mathrm{e}^{-x}\cos x\,\mathrm{d}x$；　　(10) $\int x\tan^2 x\,\mathrm{d}x$；

(11) $\int \frac{\ln(\cos x)}{\cos^2 x}\mathrm{d}x$；　　(12) $\int \cos(\ln x)\,\mathrm{d}x$.

2. 设函数 $f(x)$ 的一个原函数为 $\frac{\sin x}{x}$，求不定积分 $\int x f'(x)\,\mathrm{d}x$.

第四节　有理函数的不定积分

有理函数是指由两个多项式函数的商所表示的函数，其一般形式为

$$\frac{P(x)}{Q(x)}=\frac{a_0x^n+a_1x^{n-1}+\cdots+a_{n-1}x+a_n}{b_0x^m+b_1x^{m-1}+\cdots+b_{m-1}x+b_m},$$

其中 m 和 n 都是非负整数，$a_0,a_1,a_2,\cdots,a_n$ 与 $b_0,b_1,b_2,\cdots,b_m$ 都是实数，且 $a_0\neq 0,b_0\neq 0$. 当 $m>n$ 时，称该有理函数是有理真分式；当 $m\leqslant n$ 时，称它为有理假分式.

我们只需分析有理真分式的不定积分，因为有理假分式总能根据多项式的除法化为一个多项式函数与一个有理真分式的和，而多项式函数的不定积分总是易求的. 例如，有理假分式

$$\frac{x^2-5x+6}{x+3}=x-8+\frac{30}{x+3}.$$

有理函数的不定积分是一类典型的不定积分，我们在前面的例题中已有涉及. 这类不定积

分无论多复杂,原则上都能按照有序的步骤得到结果.

一、部分分式分解

不妨假设 $\dfrac{P(x)}{Q(x)}$ 是一个有理真分式,由代数知识,可以对其进行部分分式分解,即将其表示成若干个部分分式之和.

若对 $Q(x)$ 在实数范围内做标准分解的结果为

$$Q(x)=b_0(x-a_1)^{k_1}\cdots(x-a_s)^{k_s}(x^2+p_1x+q_1)^{l_1}\cdots(x^2+p_tx+q_t)^{l_t},$$

其中 $p_i^2-4q_i<0(i=1,2,\cdots,t)$,则 $\dfrac{P(x)}{Q(x)}$ 可表示为以下部分分式之和:

$$\begin{aligned}\frac{P(x)}{Q(x)}=&\frac{A_1}{x-a_1}+\frac{A_2}{(x-a_1)^2}+\cdots+\frac{A_{k_1}}{(x-a_1)^{k_1}}+\cdots+\frac{B_1}{x-a_s}+\frac{B_2}{(x-a_s)^2}\\&+\cdots+\frac{B_{k_s}}{(x-a_s)^{k_s}}+\frac{m_1x+n_1}{x^2+p_1x+q_1}+\frac{m_2x+n_2}{(x^2+p_1x+q_1)^2}+\cdots\\&+\frac{m_{l_1}x+n_{l_1}}{(x^2+p_1x+q_1)^{l_1}}+\cdots+\frac{r_1x+w_1}{x^2+p_tx+q_t}+\frac{r_2x+w_2}{(x^2+p_tx+q_t)^2}+\cdots\\&+\frac{r_{l_t}x+w_{l_t}}{(x^2+p_tx+q_t)^{l_t}},\end{aligned}$$

其中除 x 外的其余字母均为常数.

例 1 将以下有理函数化为部分分式之和:

(1) $\dfrac{2x+17}{x^2+3x-10}$;　　(2) $\dfrac{x^2+x+19}{(x-2)(x^2+1)^2}$.

解 (1) 由 $x^2+3x-10=(x+5)(x-2)$,可设

$$\frac{2x+17}{x^2+3x-10}=\frac{A}{x+5}+\frac{B}{x-2}.$$

等式两边同乘 $(x+5)(x-2)$,有

$$2x+17=A(x-2)+B(x+5).$$

分别令上式中的 $x=-5,x=2$,解得 $A=-1,B=3$. 因此

$$\frac{2x+17}{x^2+3x-10}=-\frac{1}{x+5}+\frac{3}{x-2}.$$

(2) 设

$$\frac{x^2+x+19}{(x-2)(x^2+1)^2}=\frac{A}{x-2}+\frac{Bx+C}{x^2+1}+\frac{Dx+E}{(x^2+1)^2}.$$

等式两边同时乘以 $(x-2)(x^2+1)^2$,有

$$\begin{aligned}x^2+x+19&=A(x^2+1)^2+(Bx+C)(x-2)(x^2+1)+(Dx+E)(x-2)\\&=(A+B)x^4+(C-2B)x^3+(2A+B-2C+D)x^2\\&\quad+(C-2B-2D+E)x+(A-2C-2E).\end{aligned}$$

因为上式对任意 x 都成立,所以可得方程组

$$\begin{cases}A+B=0,\\C-2B=0,\\2A+B-2C+D=1,\\C-2B-2D+E=1,\\A-2C-2E=19,\end{cases}$$

解得 $A=1,B=-1,C=-2,D=-4,E=-7$. 因此

$$\frac{x^2+x+19}{(x-2)(x^2+1)^2}=\frac{1}{x-2}+\frac{-x-2}{x^2+1}+\frac{-4x-7}{(x^2+1)^2}=\frac{1}{x-2}-\frac{x+2}{x^2+1}-\frac{4x+7}{(x^2+1)^2}.$$

二、有理函数不定积分的计算

综上,有理函数的不定积分将转化为以下几类不同形式的函数的不定积分之和.

第一类:多项式函数;

第二类:$\dfrac{A}{x-a}$;

第三类:$\dfrac{A}{(x-a)^k}(k=2,3,\cdots)$;

第四类:$\dfrac{mx+n}{x^2+px+q}(p^2-4q<0)$;

第五类:$\dfrac{mx+n}{(x^2+px+q)^l}(l=2,3,\cdots;p^2-4q<0)$.

前四类函数的不定积分在前文中均已经通过例题介绍过求解方法. 我们来分析第五类:

$$\int\frac{mx+n}{(x^2+px+q)^l}\mathrm{d}x\quad(l=2,3,\cdots;p^2-4q<0).$$

仿照第二节的例 12,令 $u=x+\dfrac{p}{2}$,则 $\mathrm{d}u=\mathrm{d}x$,记 $a^2=q-\dfrac{1}{4}p^2(a>0)$,于是

$$\begin{aligned}\int\frac{mx+n}{(x^2+px+q)^l}\mathrm{d}x&=\int\frac{mu+n-\frac{1}{2}mp}{(u^2+a^2)^l}\mathrm{d}u\\&=\frac{m}{2}\int\frac{1}{(u^2+a^2)^l}\mathrm{d}(u^2+a^2)+\left(n-\frac{1}{2}mp\right)\int\frac{1}{(u^2+a^2)^l}\mathrm{d}u.\end{aligned}$$

上式中的第一个不定积分可以通过第一换元积分法求出,在此不再赘述;第二个不定积分的算法参考第三节例 10. 至此,以上五类函数的不定积分均可通过计算得到,由此得到计算有理函数不定积分的一般方法.

例 2　求下列不定积分:

(1) $\displaystyle\int\frac{x^3}{x+3}\mathrm{d}x$;　　(2) $\displaystyle\int\frac{2x+17}{x^2+3x-10}\mathrm{d}x$;　　(3) $\displaystyle\int\frac{x^2+x+19}{(x-2)(x^2+1)^2}\mathrm{d}x$.

解　(1) 被积函数是一个有理假分式,先将其化为有理真分式:

$$\frac{x^3}{x+3}=x^2-3x+9-\frac{27}{x+3}.$$

于是

$$\int \frac{x^3}{x+3}\mathrm{d}x=\int (x^2-3x+9)\,\mathrm{d}x-\int \frac{27}{x+3}\mathrm{d}x=\frac{1}{3}x^3-\frac{3}{2}x^2+9x-27\ln|x+3|+C.$$

(2) 由例 1 可得 $\dfrac{2x+17}{x^2+3x-10}=-\dfrac{1}{x+5}+\dfrac{3}{x-2}$,则

$$\int \frac{2x+17}{x^2+3x-10}\mathrm{d}x=-\int \frac{1}{x+5}\mathrm{d}x+\int \frac{3}{x-2}\mathrm{d}x=-\ln|x+5|+3\ln|x-2|+C.$$

(3) 由例 1 可得 $\dfrac{x^2+x+19}{(x-2)(x^2+1)^2}=\dfrac{1}{x-2}-\dfrac{x+2}{x^2+1}-\dfrac{4x+7}{(x^2+1)^2}$,则

$$\int \frac{x^2+x+19}{(x-2)(x^2+1)^2}\mathrm{d}x=\int \frac{1}{x-2}\mathrm{d}x-\int \frac{x+2}{x^2+1}\mathrm{d}x-\int \frac{4x+7}{(x^2+1)^2}\mathrm{d}x.$$

分别计算上式右边的三个不定积分:

$$\int \frac{1}{x-2}\mathrm{d}x=\ln|x-2|+C_1,$$

$$\begin{aligned}\int \frac{x+2}{x^2+1}\mathrm{d}x&=\int \frac{x}{x^2+1}\mathrm{d}x+2\int \frac{1}{x^2+1}\mathrm{d}x=\frac{1}{2}\int \frac{1}{x^2+1}\mathrm{d}(x^2+1)+2\int \frac{1}{x^2+1}\mathrm{d}x\\&=\frac{1}{2}\ln(x^2+1)+2\arctan x+C_2,\end{aligned}$$

$$\begin{aligned}\int \frac{4x+7}{(x^2+1)^2}\mathrm{d}x&=2\int \frac{1}{(x^2+1)^2}\mathrm{d}(x^2+1)+7\int \frac{1}{(x^2+1)^2}\mathrm{d}x\\&=-\frac{2}{x^2+1}+7\int \frac{1}{(x^2+1)^2}\mathrm{d}x\\&=-\frac{2}{x^2+1}+7\left[\frac{x}{2(x^2+1)}+\frac{1}{2}\arctan x+C_3\right].\end{aligned}$$

综上所述,有

$$\begin{aligned}\int \frac{x^2+x+19}{(x-2)(x^2+1)^2}\mathrm{d}x&=\ln|x-2|-\frac{1}{2}\ln(x^2+1)-2\arctan x\\&\quad+\frac{2}{x^2+1}-7\left[\frac{x}{2(x^2+1)}+\frac{1}{2}\arctan x\right]+C\\&=\frac{1}{2}\left[\ln\frac{(x-2)^2}{x^2+1}-11\arctan x+\frac{4-7x}{x^2+1}\right]+C,\end{aligned}$$

其中 C_1,C_2,C_3 合并为任意常数 C.

虽然由部分分式分解和这五类不定积分必能得到任意有理函数的不定积分,但是当部分分式分解后出现的第五类函数越多时,计算将越繁杂. 因此,求解有理函数的不定积分并非易事. 我们有时会遇到其他不定积分经换元后转化成有理函数不定积分的问题,下面对这种情况予以适当讨论.

三、可转化为有理函数的不定积分

1. 形如 $\int R(\sin x,\cos x)\,\mathrm{d}x$ 的不定积分

$R(\sin x,\cos x)$ 表示由三角函数 $\sin x,\cos x$ 及常数经过有限次的四则运算得到的函数,称其为三角函数有理式,称 $\int R(\sin x,\cos x)\,\mathrm{d}x$ 为三角函数有理式的不定积分. 此类不

定积分一般能够通过换元$\left(\text{如 } u=\tan\frac{x}{2}\right)$,转化为有理函数的不定积分.

基于三角公式

$$\sin x=\frac{2\tan\frac{x}{2}}{1+\tan^2\frac{x}{2}},\quad \cos x=\frac{1-\tan^2\frac{x}{2}}{1+\tan^2\frac{x}{2}},$$

若令 $u=\tan\frac{x}{2}$,则有 $x=2\arctan u$,$\mathrm{d}x=\frac{2}{1+u^2}\mathrm{d}u$,$\sin x=\frac{2u}{1+u^2}$,$\cos x=\frac{1-u^2}{1+u^2}$. 于是

$$\int R(\sin x,\cos x)\,\mathrm{d}x=\int R\left(\frac{2u}{1+u^2},\frac{1-u^2}{1+u^2}\right)\frac{2}{1+u^2}\mathrm{d}u.$$

例 3　求不定积分 $\int\frac{1}{2+\sin x}\mathrm{d}x$.

解　令 $u=\tan\frac{x}{2}$,则

$$\begin{aligned}\int\frac{1}{2+\sin x}\mathrm{d}x&=\int\frac{1}{2+\frac{2u}{1+u^2}}\cdot\frac{2}{1+u^2}\mathrm{d}u=\int\frac{1}{u^2+u+1}\mathrm{d}u\\&=\int\frac{1}{\left(u+\frac{1}{2}\right)^2+\left(\frac{\sqrt{3}}{2}\right)^2}\mathrm{d}\left(u+\frac{1}{2}\right)=\frac{2}{\sqrt{3}}\arctan\frac{2u+1}{\sqrt{3}}+C\\&=\frac{2}{\sqrt{3}}\arctan\left[\frac{1}{\sqrt{3}}\left(2\tan\frac{x}{2}+1\right)\right]+C.\end{aligned}$$

若将例 3 的被积函数稍做变化,我们将看到不一样的处理方式.

例 4　求不定积分 $\int\frac{1}{2+\sin^2 x}\mathrm{d}x$.

解　利用三角函数的相关性质整理被积函数,可得

$$\begin{aligned}\frac{1}{2+\sin^2 x}&=\frac{1}{2(\sin^2 x+\cos^2 x)+\sin^2 x}=\frac{1}{3\sin^2 x+2\cos^2 x}\\&=\frac{\sec^2 x}{3\tan^2 x+2}=\frac{\tan^2 x+1}{3\tan^2 x+2}.\end{aligned}$$

令 $x=\arctan u$,则 $\mathrm{d}x=\frac{1}{1+u^2}\mathrm{d}u$. 于是

$$\begin{aligned}\int\frac{1}{2+\sin^2 x}\mathrm{d}x&=\int\frac{u^2+1}{3u^2+2}\cdot\frac{1}{1+u^2}\mathrm{d}u=\int\frac{1}{3u^2+2}\mathrm{d}u=\frac{1}{3}\int\frac{1}{u^2+\frac{2}{3}}\mathrm{d}u\\&=\frac{\sqrt{6}}{6}\arctan\frac{\sqrt{6}}{2}u+C=\frac{\sqrt{6}}{6}\arctan\left(\frac{\sqrt{6}}{2}\tan x\right)+C.\end{aligned}$$

如果在例 4 中使用一般形式的换元 $u=\tan\frac{x}{2}$,同样可以得到结果,但过程会复杂得多(读者可以自行尝试),所以换元的方式并非固定不变的.

2. 形如 $\int R\left(x,\sqrt[m]{\frac{ax+b}{cx+d}}\right)\mathrm{d}x$ 的不定积分

对有理函数的不定积分有了一定了解后，我们回顾第二节例 10 中的两个不定积分 $\int\frac{1}{\sqrt{x}+\sqrt[4]{x}}\,\mathrm{d}x$ 和 $\int\frac{1}{(2-x)\sqrt{1-x}}\mathrm{d}x$. 若重新观察它们的计算步骤，不难发现分别令 $u=\sqrt[4]{x}$ 和 $u=\sqrt{1-x}$ 后，两个不定积分恰好转化为有理函数的不定积分. 本节我们将对此类不定积分以更为一般的形式进行讨论.

若 $R(x,y)$ 能表示为两个以 x,y 为变量的多项式函数的商，则它是 x,y 的有理函数. 考虑形如 $\int R\left(x,\sqrt[m]{\frac{ax+b}{cx+d}}\right)\mathrm{d}x$ 的不定积分，其中 m 是自然数，$ad-bc\neq 0$，令 $u=\sqrt[m]{\frac{ax+b}{cx+d}}$，则有 $x=\varphi(u)=\frac{du^m-b}{a-cu^m}$. 于是

$$\int R\left(x,\sqrt[m]{\frac{ax+b}{cx+d}}\right)\mathrm{d}x=\int R\left[\varphi(u),u\right]\varphi'(u)\,\mathrm{d}u,$$

这是一个有理函数的不定积分.

例 5 求不定积分 $\int\frac{x}{\sqrt[3]{x+1}}\mathrm{d}x$.

解 令 $u=\sqrt[3]{x+1}$，则 $x=u^3-1$，$\mathrm{d}x=3u^2\mathrm{d}u$. 于是

$$\begin{aligned}\int\frac{x}{\sqrt[3]{x+1}}\mathrm{d}x&=\int\frac{u^3-1}{u}\cdot 3u^2\mathrm{d}u=\int(3u^4-3u)\,\mathrm{d}u=\frac{3}{5}u^5-\frac{3}{2}u^2+C\\&=\frac{3}{5}(x+1)^{\frac{5}{3}}-\frac{3}{2}(x+1)^{\frac{2}{3}}+C.\end{aligned}$$

例 6 求不定积分 $\int\frac{1}{\sqrt{x^2+x}}\mathrm{d}x$.

解 令 $u=\sqrt{\frac{x+1}{x}}$，则 $x=\frac{1}{u^2-1}$，$\mathrm{d}x=\frac{-2u}{(u^2-1)^2}\mathrm{d}u$. 于是

$$\begin{aligned}\int\frac{1}{\sqrt{x^2+x}}\mathrm{d}x&=\int\frac{1}{x\sqrt{\frac{x+1}{x}}}\mathrm{d}x=\int\frac{1}{\frac{1}{u^2-1}\cdot u}\cdot\frac{-2u}{(u^2-1)^2}\mathrm{d}u\\&=-\int\frac{2}{u^2-1}\mathrm{d}u=-\int\frac{2}{(u-1)(u+1)}\mathrm{d}u=\int\frac{1}{u+1}\mathrm{d}u-\int\frac{1}{u-1}\mathrm{d}u\\&=\ln\left|\frac{u+1}{u-1}\right|+C=\ln\left|\frac{\sqrt{\frac{x+1}{x}}+1}{\sqrt{\frac{x+1}{x}}-1}\right|+C=\ln\left|\frac{1}{2}+x+\sqrt{x^2+x}\right|+C_1,\end{aligned}$$

其中 $C_1=C+\ln 2$.

值得注意的是，在掌握求解不定积分的多种方法后，在不同的方法中进行选择显得尤为重要. 例如，对于不定积分 $\int\frac{1}{\sqrt{x}+\sqrt{x+1}}\mathrm{d}x$，能选择将其转化为有理函数的不定积分吗？若

能，是否容易计算呢？若不能，能否用其他方法？请读者思考.

本章讨论的不定积分，其最终结果都表示成了初等函数的形式. 实际上，某些初等函数的不定积分，如 $\int e^{\pm x^2}dx$，$\int \sin x^2 dx$，$\int \frac{\sin x}{x}dx$ 等，是无法用初等函数进行表示的. 通过后续学习我们会了解到，可以用无穷的形式对其进行表示.

习题 5 - 4

1. 求下列不定积分：

(1) $\int \frac{x+3}{x^2-5x+6}dx$；　　(2) $\int \frac{x^2-5x+6}{x+3}dx$；

(3) $\int \frac{x^2+1}{(x+1)^2(x-1)}dx$；　　(4) $\int \frac{2}{(x+1)(x+2)(x+3)}dx$；

(5) $\int \frac{1}{3+\cos x}dx$；　　(6) $\int \frac{1}{\sin x+\cos x+1}dx$；

(7) $\int \frac{1}{\sqrt{x}+\sqrt[3]{x}}dx$；　　(8) $\int \frac{1}{x\sqrt{2x+1}}dx$；

(9) $\int \frac{1}{x}\sqrt{\frac{1+x}{x}}dx$；　　(10) $\int \frac{1}{x^4+1}dx$.

总复习题五

(A)

一、选择题

1. 以下函数中，不是 $e^{2x}-e^{-2x}$ 的原函数的是(　　).

A. $\frac{1}{2}(e^{2x}+e^{-2x})$　　B. $\frac{1}{2}(e^{2x}-e^{-2x})$

C. $\frac{1}{2}(e^{x}+e^{-x})^2$　　D. $\frac{1}{2}(e^{x}-e^{-x})^2$

2. 以下式子中，正确的是(　　).

A. $\int f'(x)dx=f(x)$　　B. $\int df(x)=f(x)$

C. $d\left[\int f(x)dx\right]=f(x)$　　D. $\frac{d}{dx}\left[\int f(x)dx\right]=f(x)$

3. 设 $F(x)$ 是 $f(x)$ 的一个原函数，则 $\int e^{-x}f(e^{-x})dx=$(　　).

A. $-F(e^{-x})+C$　　B. $F(e^{-x})+C$

C. $-F(e^x)+C$　　D. $F(e^x)+C$

4. 设 $F'(x)=G'(x)$，则以下式子中正确的是(　　).

A. $F(x)=G(x)$　　B. $\left[\int F(x)\,dx\right]'=\left[\int G(x)\,dx\right]'$

C. $\int F(x)\,dx=\int G(x)\,dx$　　D. $\int dF(x)=\int dG(x)$

5. 若不定积分 $\int f(x)\,dx=F(x)+C$，$b\neq 0$，则 $\int f(a-bx)\,dx=$(　　).

A. $F(a-bx)+C$　　B. $-\frac{1}{b}F(a-bx)+C$

C. $aF(a-bx)+C$　　D. $\frac{1}{a}F(a-bx)+C$

二、解答题

1. 求下列不定积分：

(1) $\int \frac{1}{x^4}dx$；　　(2) $\int(\sqrt{x}-2)x\,dx$；

(3) $\int \frac{\sqrt{x}-2\sqrt[3]{x^2}-1}{\sqrt[4]{x}}dx$；　　(4) $\int\left(\sin\frac{x}{2}+\cos\frac{x}{2}\right)^2dx$；

(5) $\int \frac{1+\cos^2 x}{1+\cos 2x}dx$；　　(6) $\int \frac{\cos 2x}{\cos^2 x\sin^2 x}dx$；

(7) $\int \frac{7\cdot 3^x-5\cdot 2^x}{3^x}dx$；　　(8) $\int \sin^4 x\,dx$；

(9) $\int \frac{1-\sin x}{(x+\cos x)^2}dx$；　　(10) $\int \tan^{10}x\sec^2 x\,dx$；

(11) $\int\left(1-\frac{1}{x^2}\right)\sin\left(x+\frac{1}{x}\right)dx$；　　(12) $\int \frac{1}{x^2+2x+3}dx$；

(13) $\int \frac{1}{\sqrt{4x^2+9}}dx$；　　(14) $\int \frac{\sqrt{a^2-x^2}}{x^4}dx\ (a>0)$；

(15) $\int \frac{1}{x\sqrt{x^4-1}}dx$；　　(16) $\int \sqrt{\frac{a+x}{a-x}}dx\ (a>0)$；

(17) $\int x^2\sin 2x\,dx$；　　(18) $\int x\ln(x-1)\,dx$；

(19) $\int \arccos x\,dx$；　　(20) $\int \arccos^2 x\,dx$；

(21) $\int \frac{\ln^2 x}{x^2}dx$；　　(22) $\int \sin\sqrt{x}\,dx$；

(23) $\int \arctan\sqrt{x}\,dx$；　　(24) $\int \frac{xe^x}{(e^x+1)^2}dx$；

(25) $\int \frac{x^{11}}{x^8+3x^4+2}dx$；　　(26) $\int \frac{1}{x(x^2+1)}dx$.

（B）

1. 设 $\int f'(x^3)\mathrm{d}x = x^3 + C$，求 $f(x)$.

2. 设函数 $f(x)=|x|+2$，求 $\int f(x)\mathrm{d}x$.

3. 设函数 $f(x)$ 的二阶导数连续，且 e^{x^2} 为 $f(x)$ 的一个原函数，求 $\int x f''(x)\mathrm{d}x$.

4. 设 $U_n = \int \frac{x^n}{\sqrt{1-x^2}}\mathrm{d}x$ $(n \geqslant 2, n \in \mathbf{N}^*)$，证明：

$$U_n = -\frac{1}{n}x^{n-1}\sqrt{1-x^2} + \frac{n-1}{n}U_{n-2}.$$

5. 设 $f'(\cos x + 2) = \sin^2 x + \tan^2 x$，求 $f(x)$.

第六章 定积分及其应用

在第五章中，我们讨论了积分学中的一个基本问题——不定积分. 本章我们将讨论积分学中的另一个基本问题——定积分. 定积分与不定积分是两个完全不同的概念. 不定积分指的是函数在某区间 I 上的全体原函数，而定积分却是一种特定结构和式的极限. 然而在计算上，它们之间又有着紧密的联系.

第一节　定积分的概念

从古希腊开始，数学家们就在试图计算平面图形的面积. 在中学阶段，我们能够求解面积的平面图形大多数是以直线作为边的，而以曲线作为边的平面图形的面积又该如何求解呢？此外，在物理学中，已知物体做变速直线运动的运动方程，如何求解物体在一段给定的时间内所经过的路程呢？为了解决上述问题，定积分应运而生.

一、引例

1. 曲边梯形的面积问题

定义 1　设 $f(x)$ 为闭区间 $[a,b]$ 上的连续函数，且 $f(x)\geqslant 0$. 由曲线 $y=f(x)$ 和直线 $x=a$，$x=b$ 及 x 轴所围成的平面图形（见图 6-1），称为 $f(x)$ 在 $[a,b]$ 上的**曲边梯形**.

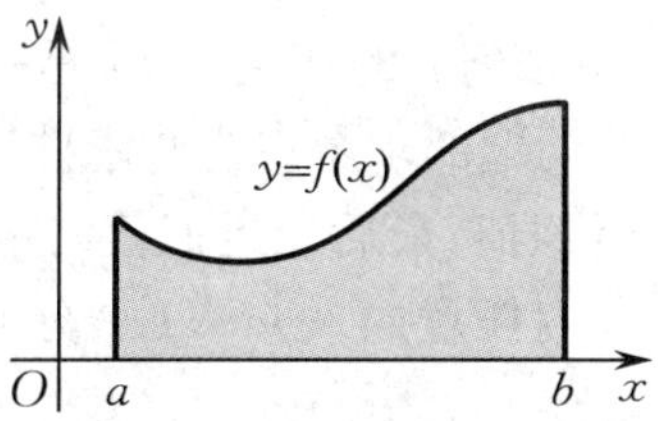

图 6-1

曲边梯形不是规则图形，其面积无法用规则图形的面积公式来进行计算，但我们可以用古希腊人创立的“穷竭法”来计算曲边梯形的面积. 具体思路如下.

(1) 分割. 我们先考虑把区间 $[a,b]$ 划分为很多个小区间. 具体地，在 $[a,b]$ 内插入 $n-1$ 个分点

$$a=x_0<x_1<x_2<\cdots<x_{n-1}<x_n=b,$$

把 $[a,b]$ 分成 n 个小区间

$$[x_0,x_1],\quad [x_1,x_2],\quad \cdots,\quad [x_{n-1},x_n],$$

其长度依次记为

$$\Delta x_1=x_1-x_0,\quad \Delta x_2=x_2-x_1,\quad \cdots,\quad \Delta x_n=x_n-x_{n-1}.$$

过每一个分点 $x_i(i=1,2,\cdots,n-1)$ 作垂直于 x 轴的线段，把曲边梯形划分成 n 个小曲边梯形（见图 6-2）.

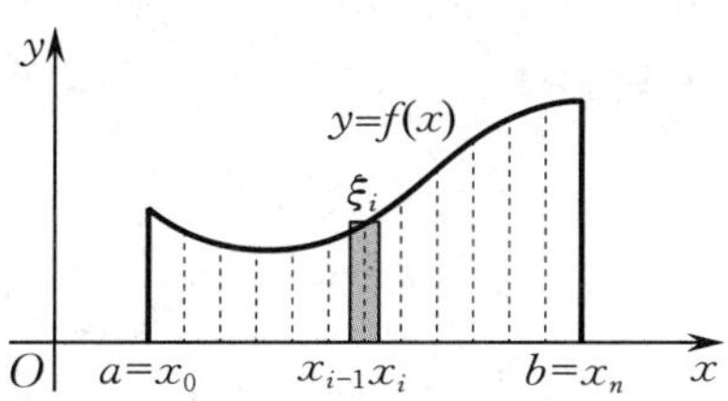

图 6-2

(2) 近似代替. 在每个小曲边梯形的底边$[x_{i-1},x_i]$上任取一点$\xi_i(x_{i-1}\leqslant\xi_i\leqslant x_i)$,以$[x_{i-1},x_i]$为底边、$f(\xi_i)$为高的小矩形的面积$f(\xi_i)\Delta x_i$近似代替对应的小曲边梯形的面积$\Delta A_i$,即

$$\Delta A_i\approx f(\xi_i)\Delta x_i,\quad i=1,2,\cdots,n.$$

(3) 求和. 把步骤(2)中得到的n个小矩形的面积相加,得到所求曲边梯形的面积A的近似值,即

$$A\approx f(\xi_1)\Delta x_1+f(\xi_2)\Delta x_2+\cdots+f(\xi_n)\Delta x_n=\sum_{i=1}^{n}f(\xi_i)\Delta x_i.$$

(4) 取极限. 显然,相邻的两个分点间的距离越小,所得的近似值就越接近曲边梯形的面积A. 若要使近似值向精确值转化,只需要保证所有小区间的长度随小区间的个数n的无限增加而无限缩小. 故记$\lambda=\max\limits_{1\leqslant i\leqslant n}\{\Delta x_i\}$,令$\lambda\to 0$(此时$n\to\infty$),并取步骤(3)中和式的极限,便可得到曲边梯形的面积A的精确值,即

$$A=\lim_{\lambda\to 0}\sum_{i=1}^{n}f(\xi_i)\Delta x_i.$$

2. 变速直线运动的路程问题

设有一质点做变速直线运动,在时刻t的速度$v(t)$是一已知的连续函数,求质点从时刻T_1到时刻T_2所经过的路程s. 这个问题的求解思想与求曲边梯形的面积类似,先划分时间区间,然后用匀速代替变速求路程的近似值,最后让近似值向精确值转化. 具体思路如下.

(1) 分割. 在时间区间$[T_1,T_2]$内任意插入$n-1$个分点

$$T_1=t_0<t_1<t_2<\cdots<t_{n-1}<t_n=T_2,$$

把$[T_1,T_2]$分成n个小时间区间$[t_{i-1},t_i]$,其长度记为

$$\Delta t_i=t_i-t_{i-1},\quad i=1,2,\cdots,n.$$

(2) 近似代替. 在每个小时间区间$[t_{i-1},t_i]$上任取一点τ_i,以$v(\tau_i)$作为该小时间区间内质点的速度(质点在该小时间区间内可近似看作做匀速直线运动),从而可用$v(\tau_i)\Delta t_i$近似代替质点在该小时间区间内所经过的路程Δs_i,即

$$\Delta s_i\approx v(\tau_i)\Delta t_i,\quad i=1,2,\cdots,n.$$

(3) 求和. 把质点在每个小时间区间内所经过的路程的近似值相加,得到总路程s的近似值,即

$$s\approx\sum_{i=1}^{n}v(\tau_i)\Delta t_i.$$

(4) 取极限. 显然,每个小时间区间的长度越小,这段时间内的速度变化就越小,所得的近似值就越接近精确值. 故记$\lambda=\max\limits_{1\leqslant i\leqslant n}\{\Delta t_i\}$,令$\lambda\to 0$,并取步骤(3)中和式的极限,便可得到质点从$T_1$到$T_2$所经过的路程$s$的精确值,即

$$s=\lim_{\lambda\to 0}\sum_{i=1}^{n}v(\tau_i)\Delta t_i.$$

3. 总成本问题

设某商品的边际成本$C'(x)$为产量x的连续函数,求产量x从α变到β时的总成本. 对于这个问题,我们可以仿照上面的两个例子进行计算.

(1) 分割. 在区间$[\alpha,\beta]$内任意插入 $n-1$ 个分点

$$\alpha=x_0<x_1<x_2<\cdots<x_{n-1}<x_n=\beta,$$

把$[\alpha,\beta]$划分成 n 个小产量段$[x_{i-1},x_i]$,并记每个小产量段的产量为

$$\Delta x_i=x_i-x_{i-1},\quad i=1,2,\cdots,n.$$

(2) 近似代替. 在每个小产量段$[x_{i-1},x_i]$上任取一点 ξ_i,把 $C'(\xi_i)$ 作为该段内的近似平均成本,故可用 $C'(\xi_i)\Delta x_i$ 近似代替该段内的总成本 ΔC_i,即

$$\Delta C_i\approx C'(\xi_i)\Delta x_i,\quad i=1,2,\cdots,n.$$

(3) 求和. 把每个小产量段内总成本的近似值相加,得到总成本 C 的近似值,即

$$C\approx\sum_{i=1}^{n}C'(\xi_i)\Delta x_i.$$

(4) 取极限. 记 $\lambda=\max\limits_{1\leqslant i\leqslant n}\{\Delta x_i\}$,令 $\lambda\to0$,则有

$$C=\lim_{\lambda\to0}\sum_{i=1}^{n}C'(\xi_i)\Delta x_i,$$

即为所求的总成本.

二、定积分的定义

从上面三个例子中我们可以发现,尽管它们所代表的实际意义不同,但是都通过"分割、近似代替、求和、取极限"这四步,得到了特定结构和式的极限. 我们把这种特定结构和式的极限定义为函数在相应区间上的定积分.

定义 2 设函数 $f(x)$ 在闭区间$[a,b]$上有界.

(1) 分割. 在$[a,b]$内任意插入 $n-1$ 个分点

$$a=x_0<x_1<x_2<\cdots<x_{n-1}<x_n=b,$$

把$[a,b]$分成 n 个小区间$[x_{i-1},x_i]$,并记每个小区间的长度为

$$\Delta x_i=x_i-x_{i-1},\quad i=1,2,\cdots,n.$$

(2) 近似代替. 在每个小区间$[x_{i-1},x_i]$上任取一点 ξ_i,做乘积

$$f(\xi_i)\Delta x_i,\quad i=1,2,\cdots,n.$$

(3) 求和. 将步骤(2) 中得到的 n 个乘积求和,得

$$\sum_{i=1}^{n}f(\xi_i)\Delta x_i.$$

(4) 取极限. 记 $\lambda=\max\limits_{1\leqslant i\leqslant n}\{\Delta x_i\}$,令 $\lambda\to0$,取极限

$$\lim_{\lambda\to0}\sum_{i=1}^{n}f(\xi_i)\Delta x_i. \tag{6-1}$$

如果对于区间$[a,b]$的任意分法和对于$[x_{i-1},x_i]$上点 ξ_i 的任意取法,只要当 $\lambda\to0$ 时,极限(6-1) 总趋于同一个定值 I,则称函数 $f(x)$ 在$[a,b]$上**可积**,并称这个极限值 I 为 $f(x)$ 在$[a,b]$上的**定积分**,记作

$$\int_a^b f(x)\mathrm{d}x=\lim_{\lambda\to0}\sum_{i=1}^{n}f(\xi_i)\Delta x_i,$$

其中 $f(x)$ 称为**被积函数**,$f(x)\mathrm{d}x$ 称为**被积表达式**,x 称为**积分变量**,a 称为**积分下限**,b 称为

积分上限,$[a,b]$ 称为**积分区间**,$\sum_{i=1}^{n} f(\xi_i)\Delta x_i$ 称为**积分和**.

根据定积分的定义,前面所举的例子可以用定积分表述如下:

(1) 由曲线 $y=f(x)[f(x)\geqslant 0]$ 和直线 $x=a$,$x=b$,$y=0$ 所围成的曲边梯形的面积为

$$A=\int_a^b f(x)\mathrm{d}x;$$

(2) 质点以速度 $v=v(t)$ 做变速直线运动,它从时刻 T_1 到时刻 T_2 所经过的路程为

$$s=\int_{T_1}^{T_2} v(t)\mathrm{d}t;$$

(3) 已知某商品的边际成本 $C'(x)$,则产量 x 从 α 变到 β 时的总成本为

$$C=\int_\alpha^\beta C'(x)\mathrm{d}x.$$

注 (1) 在定义 2 中,极限过程之所以用 $\lambda\to 0$ 而不用 $n\to\infty$,是因为对区间的分割是任意的,当 $n\to\infty$ 时,并不能保证所有划分出来的小区间的长度都趋于零;而当 $\lambda\to 0$ 时,所有小区间的长度都趋于零,且 n 必然趋于无穷大.

(2) 定积分与不定积分是两个截然不同的概念. 定积分是一个数值,若定积分存在,则其值只与被积函数 $f(x)$ 及积分区间 $[a,b]$ 有关,与积分变量的记法无关,即

$$\int_a^b f(x)\mathrm{d}x=\int_a^b f(t)\mathrm{d}t.$$

(3) 在定义 2 中,规定了积分下限小于积分上限. 当积分下限大于等于积分上限时,补充如下规定:

① $\int_a^a f(x)\mathrm{d}x=0$.

② $\int_a^b f(x)\mathrm{d}x=-\int_b^a f(x)\mathrm{d}x\,(a>b)$.

我们自然会想,是不是所有的函数都是可积的? 答案显然是否定的. 那什么样的函数是可积的呢? 下面的定理回答了这个问题.

定理 1 **若 $f(x)$ 为闭区间 $[a,b]$ 上的连续函数,则 $f(x)$ 在 $[a,b]$ 上可积.**

定理 2 **若 $f(x)$ 在闭区间 $[a,b]$ 上单调,则 $f(x)$ 在 $[a,b]$ 上可积.**

定理 3 **若 $f(x)$ 是在闭区间 $[a,b]$ 上只有有限个第一类间断点的有界函数,则 $f(x)$ 在 $[a,b]$ 上可积.**

例 1 利用定积分的定义求定积分 $\int_0^1 x^2\mathrm{d}x$.

解 因为被积函数 x^2 在 $[0,1]$ 上连续,所以它一定可积. 按定义 2 中的步骤计算:

(1) 分割. 因为积分值与 $[0,1]$ 的分法及点 ξ_i 的取法无关,所以我们可将 $[0,1]$ 分割成 n 等份,取分点 $x_0=0,x_1=\frac{1}{n},x_2=\frac{2}{n},\cdots,x_{n-1}=\frac{n-1}{n},x_n=1$,每个小区间 $[x_{i-1},x_i]$ 的长度 $\Delta x_i=\frac{1}{n}(i=1,2,\cdots,n)$.

(2) 近似代替. 取 $\xi_i=x_i=\frac{i}{n}$,则 $\Delta A_i\approx f(\xi_i)\Delta x_i=\left(\frac{i}{n}\right)^2\cdot\frac{1}{n}\ (i=1,2,\cdots,n)$.

(3) 求和. $A \approx \sum_{i=1}^{n} f(\xi_i)\Delta x_i = \frac{1}{n^3}\sum_{i=1}^{n} i^2 = \frac{1}{6}\left(1+\frac{1}{n}\right)\left(2+\frac{1}{n}\right)$.

(4) 取极限. 令 $\lambda = \max\limits_{1\leqslant i\leqslant n}\{\Delta x_i\}$，当 $\lambda \to 0$ 时，$n \to \infty$，则有

$$\int_0^1 x^2 \mathrm{d}x = \lim_{\lambda\to 0}\sum_{i=1}^{n} f(\xi_i)\Delta x_i = \lim_{n\to\infty}\frac{1}{6}\left(1+\frac{1}{n}\right)\left(2+\frac{1}{n}\right) = \frac{1}{3}.$$

定积分的几何意义为：在区间 $[a,b]$ 上，如果 $f(x)\geqslant 0$，则 $\int_a^b f(x)\mathrm{d}x$ 表示由曲线 $y=f(x)$ 和直线 $x=a$，$x=b$ 及 x 轴所围成的曲边梯形的面积（见图 6-3）；如果 $f(x)\leqslant 0$，则 $\int_a^b f(x)\mathrm{d}x$ 表示由曲线 $y=f(x)$ 和直线 $x=a$，$x=b$ 及 x 轴所围成的曲边梯形的面积的负值（见图 6-4）；如果 $f(x)$ 既取得正值又取得负值，则 $\int_a^b f(x)\mathrm{d}x$ 表示由曲线 $y=f(x)$ 和直线 $x=a$，$x=b$ 及 x 轴所围平面图形中 x 轴上方的平面图形面积之和减去 x 轴下方的平面图形面积之和，即 $\int_a^b f(x)\mathrm{d}x = A_1 - A_2 + A_3$（见图 6-5）.

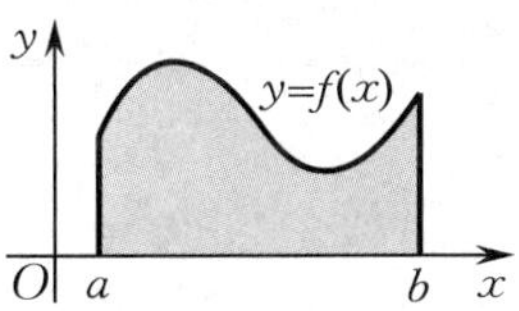

图 6-3

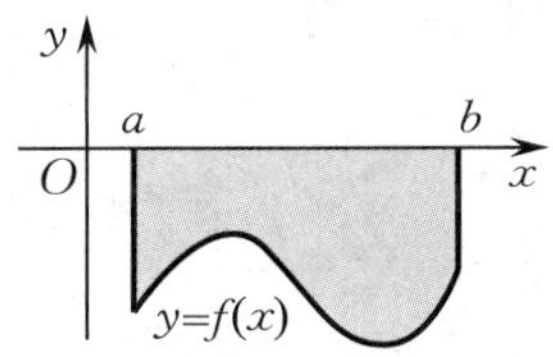

图 6-4

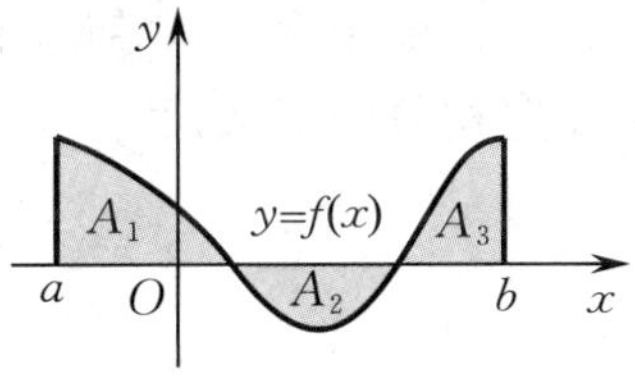

图 6-5

例 2　利用定积分的几何意义求定积分 $\int_0^{2\pi}\sin x\,\mathrm{d}x$.

解　由被积函数 $y=\sin x$ 在 $[0,2\pi]$ 上的图形可知，x 轴上方的平面图形与 x 轴下方的平面图形的面积相同，设为 S，则

$$\int_0^{2\pi}\sin x\,\mathrm{d}x = S - S = 0.$$

习题 6-1

1. 利用定积分的定义求下列定积分：

(1) $\int_0^1 (x^2+1)\mathrm{d}x$；　　(2) $\int_1^2 (x+2)\mathrm{d}x$.

2. 利用定积分的几何意义证明：

(1) $\int_{-2}^{2}\sqrt{4-x^2}\,\mathrm{d}x = 2\int_0^2\sqrt{4-x^2}\,\mathrm{d}x = 2\pi$；　　(2) $\int_0^{\pi}\cos x\,\mathrm{d}x = 0$；

(3) $\int_0^1 |x-1|\,\mathrm{d}x = \frac{1}{2}$.

3. 已知做自由落体运动的物体的速度 v（单位：m/s）与时间 t（单位：s）的关系为 $v(t) = gt$（重力加速度 g 取 9.8 m/s），利用定积分的思想求从时刻 $t=8$ s 到 $t=10$ s 物体所经过的路程.

4. 狄利克雷函数为 $f(x)=\begin{cases}1, & x \text{ 为有理数},\\ 0, & x \text{ 为无理数},\end{cases}$ 证明: $f(x)$ 在 $[0,1]$ 上不可积.

第二节　定积分的性质

本节主要介绍定积分的性质. 因为定积分只与被积函数及积分区间有关,所以定积分的性质也主要与被积函数和积分区间有关. 在下列性质中,均认定函数 $f(x)$, $g(x)$ 在指定区间上可积.

性质 1 (**线性性质**)　(1) $\int_a^b kf(x)\mathrm{d}x = k\int_a^b f(x)\mathrm{d}x$ (k 为常数).

(2) $\int_a^b [f(x) \pm g(x)]\mathrm{d}x = \int_a^b f(x)\mathrm{d}x \pm \int_a^b g(x)\mathrm{d}x$.

证　只证结论(2),结论(1)请读者自行证明.

由定积分的定义,有

$$\begin{aligned}\int_a^b [f(x) \pm g(x)]\mathrm{d}x &= \lim_{\lambda \to 0}\sum_{i=1}^{n}[f(\xi_i) \pm g(\xi_i)]\Delta x_i \\ &= \lim_{\lambda \to 0}\sum_{i=1}^{n} f(\xi_i)\Delta x_i \pm \lim_{\lambda \to 0}\sum_{i=1}^{n} g(\xi_i)\Delta x_i \\ &= \int_a^b f(x)\mathrm{d}x \pm \int_a^b g(x)\mathrm{d}x.\end{aligned}$$

注　对于任意有限个函数的代数和,性质 1 中的结论(2)都成立.

性质 2 (**积分区间的可加性**)　对于任意 $c \in [a,b]$,有

$$\int_a^b f(x)\mathrm{d}x = \int_a^c f(x)\mathrm{d}x + \int_c^b f(x)\mathrm{d}x.$$

证　因为函数 $f(x)$ 在区间 $[a,b]$ 上可积,所以对于 $[a,b]$ 的任意划分,积分和的极限总是不变的. 因此,我们在分割区间时,可以使 c 是其中一个分点,那么 $[a,b]$ 上的积分和等于 $[a,c]$ 上的积分和加 $[b,c]$ 上的积分和,记 $x_m=c$,于是

$$\sum_{i=1}^{n} f(\xi_i)\Delta x_i = \sum_{i=1}^{m} f(\xi_i)\Delta x_i + \sum_{i=m+1}^{n} f(\xi_i)\Delta x_i.$$

令 $\lambda \to 0$,上式两边同时取极限,可得

$$\int_a^b f(x)\mathrm{d}x = \int_a^c f(x)\mathrm{d}x + \int_c^b f(x)\mathrm{d}x.$$

注　当 c 不介于 a,b 之间时,上式仍然成立. 例如,若 $a<b<c$,则

$$\int_a^c f(x)\mathrm{d}x = \int_a^b f(x)\mathrm{d}x + \int_b^c f(x)\mathrm{d}x,$$

于是

$$\int_a^b f(x)\mathrm{d}x = \int_a^c f(x)\mathrm{d}x - \int_b^c f(x)\mathrm{d}x = \int_a^c f(x)\mathrm{d}x + \int_c^b f(x)\mathrm{d}x.$$

性质 3（矩形性质）　如果在区间$[a,b]$上$f(x)\equiv 1$，则$\int_a^b 1\mathrm{d}x=\int_a^b \mathrm{d}x=b-a$.

性质 4　如果在区间$[a,b]$上$f(x)\geqslant 0$，则$\int_a^b f(x)\mathrm{d}x\geqslant 0$.

证　因为$f(x)\geqslant 0$，所以$f(\xi_i)\geqslant 0(i=1,2,\cdots,n)$. 又由于$\Delta x_i\geqslant 0(i=1,2,\cdots,n)$，因此$\sum_{i=1}^{n}f(\xi_i)\Delta x_i\geqslant 0$，从而由极限的保号性可得

$$\int_a^b f(x)\mathrm{d}x=\lim_{\lambda\to 0}\sum_{i=1}^{n}f(\xi_i)\Delta x_i\geqslant 0.$$

推论 1（单调性）　如果在区间$[a,b]$上$f(x)\leqslant g(x)$，则$\int_a^b f(x)\mathrm{d}x\leqslant\int_a^b g(x)\mathrm{d}x$.

推论 2　$\left|\int_a^b f(x)\mathrm{d}x\right|\leqslant\int_a^b |f(x)|\mathrm{d}x\ (a<b)$.

证　因为$-|f(x)|\leqslant f(x)\leqslant|f(x)|$，所以由推论 1 及性质 1 得

$$-\int_a^b |f(x)|\mathrm{d}x\leqslant\int_a^b f(x)\mathrm{d}x\leqslant\int_a^b |f(x)|\mathrm{d}x,$$

即

$$\left|\int_a^b f(x)\mathrm{d}x\right|\leqslant\int_a^b |f(x)|\mathrm{d}x.$$

注　函数$|f(x)|$在$[a,b]$上的可积性可由$f(x)$在$[a,b]$上的可积性推出，这里我们不做证明.

性质 5（定积分估值定理）　设M,m分别是函数$f(x)$在区间$[a,b]$上的最大值及最小值，则

$$m(b-a)\leqslant\int_a^b f(x)\mathrm{d}x\leqslant M(b-a).$$

证　由推论 1 及性质 1 与性质 3 得

$$\int_a^b f(x)\mathrm{d}x\leqslant\int_a^b M\mathrm{d}x=M\int_a^b \mathrm{d}x=M(b-a).$$

类似地，可证明左边的不等式.

性质 5 说明，由被积函数在积分区间上的最大值及最小值，可以估计定积分值的大致范围.

性质 6（定积分中值定理）　如果函数$f(x)$在区间$[a,b]$上连续，则在$[a,b]$上至少存在一点ξ，使得

$$\int_a^b f(x)\mathrm{d}x=f(\xi)(b-a)\quad(a\leqslant\xi\leqslant b).$$

证　因函数$f(x)$在$[a,b]$上连续，故$f(x)$在$[a,b]$上可积，且有最大值M和最小值m. 根据定积分估值定理，有

$$m\leqslant\frac{1}{b-a}\int_a^b f(x)\mathrm{d}x\leqslant M,$$

即常数 $\mu=\dfrac{1}{b-a}\int_a^b f(x)\mathrm{d}x$ 介于函数 $f(x)$ 的最小值 m 及最大值 M 之间. 根据闭区间上连续函数的介值定理,在 $[a,b]$ 上至少存在一点 ξ,使得 $f(\xi)=\mu$,即

$$f(\xi)=\frac{1}{b-a}\int_a^b f(x)\mathrm{d}x \quad (a\leqslant\xi\leqslant b),$$

亦即

$$\int_a^b f(x)\mathrm{d}x=f(\xi)(b-a) \quad (a\leqslant\xi\leqslant b).$$

上述各性质均可进行几何解释,此处仅解释性质 6. 当 $f(x)\geqslant 0$ 时,由曲线 $y=f(x)$ 和直线 $x=a$, $x=b$ 及 x 轴所围成的曲边梯形的面积等于以 $[a,b]$ 为底边、$f(\xi)$ 为高的一个矩形的面积(见图 6-6),并称 $\dfrac{1}{b-a}\int_a^b f(x)\mathrm{d}x$ 为函数 $f(x)$ 在区间 $[a,b]$ 上的**平均值**.

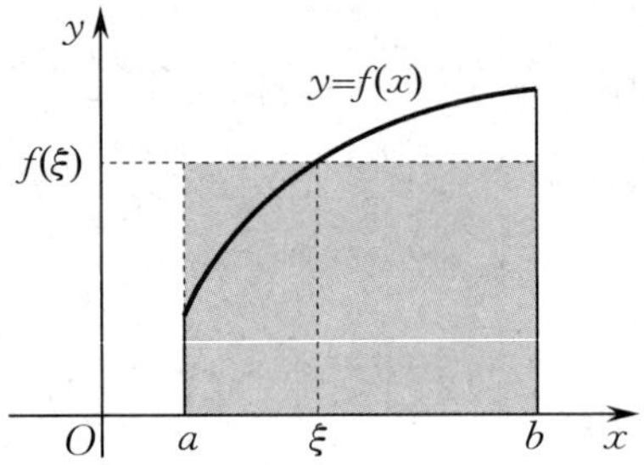

图 6-6

例 1 估计定积分 $\int_{-1}^4 (x^2-1)\mathrm{d}x$ 的值.

解 因函数 $f(x)=x^2-1$ 在 $[-1,4]$ 上连续,故其在 $[-1,4]$ 上可积,且最大值为 15,最小值为 -1. 由定积分估值定理,得

$$-5\leqslant\int_{-1}^4 (x^2-1)\mathrm{d}x\leqslant 75.$$

例 2 证明:$\dfrac{2}{5}\leqslant\int_1^2 \dfrac{x}{x^2+1}\mathrm{d}x\leqslant\dfrac{1}{2}$.

证 因函数 $f(x)=\dfrac{x}{x^2+1}$ 在 $[1,2]$ 上连续,故其在 $[1,2]$ 上可积. 又因

$$f'(x)=\frac{1-x^2}{(x^2+1)^2}<0 \quad (1<x<2),$$

故函数 $f(x)$ 在 $[1,2]$ 上单调递减,从而有 $f(2)=\dfrac{2}{5}\leqslant f(x)\leqslant f(1)=\dfrac{1}{2}$. 由定积分估值定理,得

$$\frac{2}{5}\leqslant\int_1^2 \frac{x}{x^2+1}\mathrm{d}x\leqslant\frac{1}{2}.$$

例 3 比较下面两个定积分的大小:

$$I_1=\int_1^2 \ln x\,\mathrm{d}x, \quad I_2=\int_1^2 \ln^2 x\,\mathrm{d}x.$$

解 当 $1\leqslant x\leqslant 2$ 时, $0\leqslant\ln x\leqslant 1$,所以 $\ln x\geqslant\ln^2 x$,从而根据推论 1 得 $I_1\geqslant I_2$.

习题 6 - 2

1. 若$\int_0^1 f(x)\mathrm{d}x=3$，$\int_0^2 f(x)\mathrm{d}x=2$，$\int_0^2 g(x)\mathrm{d}x=-1$，求下列定积分的值：

(1) $\int_1^2 f(x)\mathrm{d}x$；　　(2) $\int_2^0 g(x)\mathrm{d}x$；

(3) $\int_0^1 2f(u)\mathrm{d}u$；　　(4) $\int_0^2 [2f(x)-3g(x)]\mathrm{d}x$.

2. 比较下列各对定积分的大小：

(1) $\int_1^2 x^2\mathrm{d}x$ 与 $\int_1^2 x^3\mathrm{d}x$；　　(2) $\int_2^1 \left(\frac{1}{3}\right)^x\mathrm{d}x$ 与$\int_2^1 3^x\mathrm{d}x$；

(3) $\int_0^1 \mathrm{e}^x\mathrm{d}x$ 与$\int_0^1 (1+x)\mathrm{d}x$；　　(4) $\int_0^1 \ln(1+x)\mathrm{d}x$ 与$\int_0^1 x\mathrm{d}x$.

3. 估计下列定积分的值：

(1) $\int_1^3 (x^2+1)\mathrm{d}x$；　　(2) $\int_{\frac{\pi}{3}}^{\frac{4\pi}{3}} (1+\sin^2 x)\mathrm{d}x$；

(3) $\int_{\frac{1}{\sqrt{3}}}^{\sqrt{3}} x\arctan x\mathrm{d}x$；　　(4) $\int_0^1 \mathrm{e}^{x^2}\mathrm{d}x$.

4. 设函数 $f(x)$ 在区间$[a,b]$上连续，$g(x)$ 在$[a,b]$上可积且不变号，证明：存在一点 $\xi\in(a,b)$，使得$\int_a^b f(x)g(x)\mathrm{d}x=f(\xi)\int_a^b g(x)\mathrm{d}x$.

5. 设函数 $f(x)$ 在闭区间$[0,1]$上连续，在开区间$(0,1)$内可导，且$3\int_{\frac{2}{3}}^1 f(x)\mathrm{d}x=f(0)$，证明：在$(0,1)$内存在一点 c，使得 $f'(c)=0$.

第三节　微积分基本公式

课程思政

在第一节中我们发现，利用定积分的定义去计算定积分，是烦琐且困难的. 因而，必须寻求计算定积分的新方法. 定积分是一个特殊结构和式的极限，表面上与被积函数的原函数毫不相干，但实际上，定积分与被积函数的原函数有着非常密切的内在联系，这种联系为我们提供了计算定积分的一种简便有效的方法.

一、积分上限函数及其导数

定义 1　设函数 $f(x)$ 在区间$[a,b]$上连续，任意取定 $x\in[a,b]$，则 $f(x)$ 在$[a,x]$上也连续，从而 $f(x)$ 在$[a,x]$上可积. 故定积分$\int_a^x f(t)\mathrm{d}t$ 在区间$[a,b]$上定义了 x 的一个函数，记作 $\Phi(x)$，即

$$\Phi(x)=\int_a^x f(t)\mathrm{d}t \quad (a\leqslant x\leqslant b), \tag{6-2}$$

称 $\Phi(x)$ 为**积分上限函数或变上限积分**.

积分上限函数具有下述重要性质.

定理 1 **如果函数 $f(x)$ 在闭区间$[a,b]$上连续,则积分上限函数 $\Phi(x)=\int_a^x f(t)\mathrm{d}t$ 在$[a,b]$上可导,且其导数为**

$$\Phi'(x)=\frac{\mathrm{d}}{\mathrm{d}x}\int_a^x f(t)\mathrm{d}t=f(x) \quad (a\leqslant x\leqslant b). \tag{6-3}$$

也就是说,函数 $\Phi(x)$ 是被积函数 $f(x)$ 在闭区间$[a,b]$上的一个原函数.

证 设 $x\in(a,b)$,且在点 x 处取得增量 $\Delta x\,[\Delta x\neq 0, x+\Delta x\in(a,b)]$,则

$$\begin{aligned}\Delta\Phi(x)&=\Phi(x+\Delta x)-\Phi(x)=\int_a^{x+\Delta x}f(t)\mathrm{d}t-\int_a^x f(t)\mathrm{d}t\\&=\int_a^x f(t)\mathrm{d}t+\int_x^{x+\Delta x}f(t)\mathrm{d}t-\int_a^x f(t)\mathrm{d}t\\&=\int_x^{x+\Delta x}f(t)\mathrm{d}t.\end{aligned}$$

由于函数 $f(t)$ 在$[a,b]$上连续,因此由定积分中值定理可知,存在一个介于 $x, x+\Delta x$ 之间的点 ξ,使得

$$\Delta\Phi(x)=\int_x^{x+\Delta x}f(t)\mathrm{d}t=f(\xi)\Delta x,$$

从而 $\dfrac{\Delta\Phi(x)}{\Delta x}=f(\xi)$. 又当 $\Delta x\to 0$ 时,$\xi\to x$,故

$$\Phi'(x)=\lim_{\Delta x\to 0}\frac{\Delta\Phi(x)}{\Delta x}=\lim_{\Delta x\to 0}f(\xi)=\lim_{\xi\to x}f(\xi)=f(x).$$

若 $x=a$,取 $\Delta x>0$,且 $a+\Delta x\in(a,b)$,同理可证 $\Phi'_+(a)=f(a)$;

若 $x=b$,取 $\Delta x<0$,且 $b+\Delta x\in(a,b)$,同理可证 $\Phi'_-(b)=f(b)$.

综上所述,$\Phi'(x)=\dfrac{\mathrm{d}}{\mathrm{d}x}\displaystyle\int_a^x f(t)\mathrm{d}t=f(x)(a\leqslant x\leqslant b)$.

推论 1 设函数 $f(x)$ 在闭区间$[a,b]$上连续,$\varphi(x)$,$\psi(x)$ 在$[a,b]$上可导,且 $a\leqslant\varphi(x)\leqslant b$,$a\leqslant\psi(x)\leqslant b$,则有

(1) $\dfrac{\mathrm{d}}{\mathrm{d}x}\displaystyle\int_a^{\varphi(x)}f(t)\mathrm{d}t=f[\varphi(x)]\varphi'(x)$;

(2) $\dfrac{\mathrm{d}}{\mathrm{d}x}\displaystyle\int_{\psi(x)}^{\varphi(x)}f(t)\mathrm{d}t=f[\varphi(x)]\varphi'(x)-f[\psi(x)]\psi'(x)$.

证 (1) 令 $u=\varphi(x)$,则由式(6-3)及复合函数求导的链式法则,有

$$\frac{\mathrm{d}}{\mathrm{d}x}\int_a^{\varphi(x)}f(t)\mathrm{d}t=\frac{\mathrm{d}}{\mathrm{d}u}\int_a^u f(t)\mathrm{d}t\cdot\frac{\mathrm{d}u}{\mathrm{d}x}=f(u)\varphi'(x)=f[\varphi(x)]\varphi'(x).$$

(2) 由

$$\int_{\psi(x)}^{\varphi(x)}f(t)\mathrm{d}t=\int_{\psi(x)}^a f(t)\mathrm{d}t+\int_a^{\varphi(x)}f(t)\mathrm{d}t=\int_a^{\varphi(x)}f(t)\mathrm{d}t-\int_a^{\psi(x)}f(t)\mathrm{d}t,$$

再由结论(1)可证结论(2).

例 1　求下列函数的导数:

(1) $\int_a^x \sin \frac{t}{2}\mathrm{d}t$;　　(2) $\int_a^{x^2} \arctan t^2 \mathrm{d}t$;　　(3) $\int_{\sin x}^{e^x} \ln(2+t)\mathrm{d}t$.

解　(1) 由定理 1 得 $\left(\int_a^x \sin\frac{t}{2}\mathrm{d}t\right)' = \sin\frac{x}{2}$.

(2) 由推论 1 的结论(1) 得 $\left(\int_a^{x^2} \arctan t^2\mathrm{d}t\right)' = \arctan(x^2)^2 \cdot (x^2)' = 2x\arctan x^4$.

(3) 由推论 1 的结论(2) 得

$$\begin{aligned}\left[\int_{\sin x}^{e^x}\ln(2+t)\mathrm{d}t\right]' &= \ln(2+e^x)\cdot(e^x)' - \ln(2+\sin x)\cdot(\sin x)' \\ &= e^x\ln(2+e^x) - \cos x\ln(2+\sin x).\end{aligned}$$

例 2　求极限 $\lim\limits_{x\to 0}\frac{1}{\sin x}\int_0^{\sin x} e^{-t^2}\mathrm{d}t$.

解　原极限为$\frac{0}{0}$ 型未定式,由洛必达法则,得

$$\lim_{x\to 0}\frac{1}{\sin x}\int_0^{\sin x}e^{-t^2}\mathrm{d}t = \lim_{x\to 0}\frac{e^{-\sin^2 x}\cdot\cos x}{\cos x} = 1.$$

例 3　设函数 $\Phi(x) = \int_a^x (x-t)^2 f(t)\mathrm{d}t$,证明:$\Phi'(x) = 2\int_a^x (x-t)f(t)\mathrm{d}t$.

证　$\Phi(x) = \int_a^x (x^2-2xt+t^2)f(t)\mathrm{d}t = \int_a^x x^2 f(t)\mathrm{d}t - \int_a^x 2xtf(t)\mathrm{d}t + \int_a^x t^2 f(t)\mathrm{d}t$.

由于定积分是对 t 积分,x 与 t 无关,因此

$$\Phi(x) = x^2\int_a^x f(t)\mathrm{d}t - 2x\int_a^x tf(t)\mathrm{d}t + \int_a^x t^2 f(t)\mathrm{d}t.$$

由定理 1,有

$$\begin{aligned}\Phi'(x) &= 2x\int_a^x f(t)\mathrm{d}t + x^2 f(x) - 2\int_a^x tf(t)\mathrm{d}t - 2x\cdot xf(x) + x^2 f(x) \\ &= 2\left[\int_a^x xf(t)\mathrm{d}t - \int_a^x tf(t)\mathrm{d}t\right] = 2\int_a^x [xf(t) - tf(t)]\mathrm{d}t \\ &= 2\int_a^x (x-t)f(t)\mathrm{d}t.\end{aligned}$$

二、微积分基本公式

定理 1 揭示了导数与定积分这两个从表面上看似不相关的概念之间的内在联系,同时也证明了“连续函数必有原函数”这一基本结论,并以定积分的形式给出了函数 $f(x)$ 的一个原函数. 此外,它还揭示了定积分与不定积分之间的密切关系,使我们能够通过原函数计算定积分,从而大大简化定积分的计算.

定理 2　**设函数 $f(x)$ 在闭区间$[a,b]$上连续,$F(x)$ 是 $f(x)$ 在$[a,b]$上的任意一个原函数,则**

$$\int_a^b f(x)\mathrm{d}x = F(b) - F(a) = F(x)\Big|_a^b. \tag{6-4}$$

证 因为 $\Phi(x)=\int_a^x f(t)\mathrm{d}t$ 与 $F(x)$ 都是 $f(x)$ 的原函数,所以

$$F(x)-\Phi(x)=C \quad (a\leqslant x\leqslant b),$$

其中 C 为某一常数. 令 $x=a$,则 $\Phi(a)=\int_a^a f(t)\mathrm{d}t=0$,故

$$F(a)-\Phi(a)=F(a)=C,$$

从而

$$\Phi(x)=\int_a^x f(t)\mathrm{d}t=F(x)-C=F(x)-F(a).$$

令 $x=b$,有 $\Phi(b)=\int_a^b f(x)\mathrm{d}x=F(b)-F(a)$,故定理 2 成立.

式(6-4) 称为**微积分基本公式**. 因为它是由牛顿(Newton) 与莱布尼茨分别独立建立的,所以也称为**牛顿-莱布尼茨公式**.

例 4 求下列定积分:

(1) $\int_0^1(x^2+1)\mathrm{d}x$; (2) $\int_0^1\frac{1}{\sqrt{1-x^2}}\mathrm{d}x$; (3) $\int_{-1}^1|2x+1|\mathrm{d}x$.

解 (1) $\int_0^1(x^2+1)\mathrm{d}x=\int_0^1 x^2\mathrm{d}x+\int_0^1\mathrm{d}x=\frac{1}{3}x^3\Big|_0^1+1=\frac{4}{3}$.

(2) $\int_0^1\frac{1}{\sqrt{1-x^2}}\mathrm{d}x=\arcsin x\Big|_0^1=\frac{\pi}{2}$.

(3) 因为

$$|2x+1|=\begin{cases}-(2x+1), & x<-\frac{1}{2},\\ 2x+1, & x\geqslant-\frac{1}{2},\end{cases}$$

所以

$$\begin{aligned}\int_{-1}^1|2x+1|\mathrm{d}x&=\int_{-1}^{-\frac{1}{2}}-(2x+1)\mathrm{d}x+\int_{-\frac{1}{2}}^1(2x+1)\mathrm{d}x\\&=(-x^2-x)\Big|_{-1}^{-\frac{1}{2}}+(x^2+x)\Big|_{-\frac{1}{2}}^1=\frac{5}{2}.\end{aligned}$$

例 5 求极限 $\lim\limits_{n\to\infty}\left(\frac{1}{n+\frac{1}{n}}+\frac{1}{n+\frac{4}{n}}+\cdots+\frac{1}{n+\frac{n^2}{n}}\right)$.

解 由定积分的定义,有

$$\begin{aligned}\text{原式}&=\lim_{n\to\infty}\frac{1}{n}\left[\frac{1}{1+\left(\frac{1}{n}\right)^2}+\frac{1}{1+\left(\frac{2}{n}\right)^2}+\cdots+\frac{1}{1+\left(\frac{n}{n}\right)^2}\right]\\&=\lim_{n\to\infty}\sum_{i=1}^n\frac{1}{1+\left(\frac{i}{n}\right)^2}\cdot\frac{1}{n}=\int_0^1\frac{1}{1+x^2}\mathrm{d}x\end{aligned}$$

$$=\arctan x\Big|_0^1=\frac{\pi}{4}.$$

例 6　设函数 $f(x)=\sqrt{x}-\int_0^a f(x)\mathrm{d}x$，其中 $a\neq-1$，求 $\int_0^a f(x)\mathrm{d}x$.

解　设 $I=\int_0^a f(x)\mathrm{d}x$，$I$ 是一个常数，则 $f(x)=\sqrt{x}-I$. 于是

$$\begin{aligned}I&=\int_0^a f(x)\mathrm{d}x=\int_0^a(\sqrt{x}-I)\mathrm{d}x=\int_0^a\sqrt{x}\,\mathrm{d}x-\int_0^a I\mathrm{d}x\\&=\frac{2}{3}x^{\frac{3}{2}}\Big|_0^a-Ia=\frac{2}{3}a^{\frac{3}{2}}-Ia,\end{aligned}$$

即 $(a+1)I=\frac{2}{3}a^{\frac{3}{2}}$，解得 $I=\int_0^a f(x)\mathrm{d}x=\frac{2a^{\frac{3}{2}}}{3(a+1)}$.

习题 6－3

1. 求下列函数的导数：

(1) $\int_a^{x^2}\sqrt{1+t^2}\,\mathrm{d}t$；　　(2) $\int_x^b\frac{1}{1-t^2}\mathrm{d}t$；

(3) $\int_0^{x^2}\sin 2t\,\mathrm{d}t$；　　(4) $\int_{\sqrt{x}}^{\cos x}\mathrm{e}^{t^2}\mathrm{d}t$.

2. 求由方程 $\int_a^y\mathrm{e}^{t^2}\mathrm{d}t+\int_a^{x^2}t\mathrm{e}^t\mathrm{d}t=0$ 所确定的隐函数 $y=y(x)$ 的导数 $\frac{\mathrm{d}y}{\mathrm{d}x}$.

3. 求下列极限：

(1) $\lim\limits_{x\to0}\frac{\int_0^x\cos t^2\mathrm{d}t}{2x}$；　　(2) $\lim\limits_{x\to+\infty}\frac{\left(\int_0^x\mathrm{e}^{t^2}\mathrm{d}t\right)^2}{\int_0^x\mathrm{e}^{2t^2}\mathrm{d}t}$.

4. 设函数 $F(x)=\int_0^{x^2}\mathrm{e}^{-t^2}\mathrm{d}t$，求 $F(x)$ 的极小值及 $\int_0^1 x^2F'(x)\mathrm{d}x$.

5. 求下列定积分：

(1) $\int_0^1(x+1)^2\mathrm{d}x$；　　(2) $\int_1^2\left(x^2+\frac{1}{x^4}\right)\mathrm{d}x$；

(3) $\int_1^{27}\frac{1}{\sqrt[3]{x}}\mathrm{d}x$；　　(4) $\int_0^1\frac{x^2}{x^2+1}\mathrm{d}x$；

(5) $\int_0^{\frac{\sqrt{3}}{2}}\frac{1}{\sqrt{1-x^2}}\mathrm{d}x$；　　(6) $\int_0^{\frac{\pi}{2}}\cos^2\frac{x}{2}\mathrm{d}x$；

(7) $\int_0^{\frac{\pi}{2}}\left|\frac{1}{2}-\sin x\right|\mathrm{d}x$；　　(8) $\int_0^2 f(x)\mathrm{d}x$，其中 $f(x)=\begin{cases}x, & x<1,\\ \frac{1}{2}x^2+1, & x\geqslant1.\end{cases}$

6. 设函数 $f(x)$ 在闭区间 $[a,b]$ 上连续，在开区间 (a,b) 内可导，且 $f'(x)<0$，证明：函数

$$F(x)=\frac{1}{x-a}\int_a^x f(t)\mathrm{d}t$$

在(a,b)内的导数$F'(x)<0$.

7. 设函数$f(x)$在区间$[a,b]$上可导,且$f'(x)\leqslant M$,$f(a)=0$,证明:

$$\int_a^b f(x)\mathrm{d}x\leqslant\frac{M}{2}(b-a)^2.$$

8. 设函数$f(x)$在区间$[a,b]$上连续,且$f(x)>0$,函数$F(x)=\int_a^x f(t)\mathrm{d}t+\int_b^x \frac{1}{f(t)}\mathrm{d}t$,$x\in[a,b]$,证明:

(1) $F'(x)\geqslant 2$;

(2) 方程$F(x)=0$在(a,b)内有且仅有一个实根.

第四节 定积分的换元积分法和分部积分法

通过上一节的学习,我们知道求定积分的问题一般可以归结为求原函数的问题.而不定积分的换元积分法与分部积分法可以求出一些函数的原函数,所以也可以用这两种方法来计算定积分.

一、定积分的换元积分法

定理1 **设函数$f(x)$在区间$[a,b]$上连续,函数$x=\varphi(t)$满足下列条件:**

(1) $a=\varphi(\alpha)$,$b=\varphi(\beta)$,且$a\leqslant\varphi(t)\leqslant b$,$t\in[\alpha,\beta]$(或$[\beta,\alpha]$);

(2) $\varphi(t)$有连续的导数$\varphi'(t)$,

则有定积分的换元积分公式

$$\int_a^b f(x)\mathrm{d}x=\int_\alpha^\beta f[\varphi(t)]\varphi'(t)\mathrm{d}t. \tag{6-5}$$

证 因为$f(x)$,$\varphi(t)$,$\varphi'(t)$均为连续函数,所以$f(x)$,$f[\varphi(t)]\varphi'(t)$都有原函数.设$F(x)$是$f(x)$在$[a,b]$上的一个原函数,即$F'(x)=f(x)$,则由微积分基本公式有

$$\int_a^b f(x)\mathrm{d}x=F(b)-F(a).$$

又由复合函数求导的链式法则,有

$$\frac{\mathrm{d}}{\mathrm{d}t}F[\varphi(t)]=F'[\varphi(t)]\varphi'(t)=f[\varphi(t)]\varphi'(t),$$

故$F[\varphi(t)]$是$f[\varphi(t)]\varphi'(t)$的一个原函数.于是由微积分基本公式及条件(1),得

$$\int_\alpha^\beta f[\varphi(t)]\varphi'(t)\mathrm{d}t=F[\varphi(\beta)]-F[\varphi(\alpha)]=F(b)-F(a).$$

故

$$\int_a^b f(x)\mathrm{d}x=\int_\alpha^\beta f[\varphi(t)]\varphi'(t)\mathrm{d}t.$$

回顾不定积分中应用换元积分法的思路：

$$\begin{aligned}\int f(x)\mathrm{d}x &\xlongequal{x=\varphi(t)}\int f[\varphi(t)]\mathrm{d}\varphi(t)=\int f[\varphi(t)]\varphi'(t)\mathrm{d}t\\ &=F(t)+C\xlongequal{t=\varphi^{-1}(x)}F[\varphi^{-1}(x)]+C.\end{aligned}$$

可见应用不定积分的换元积分法时，需经过换元和回代两个步骤，而回代则需要求函数 $x=\varphi(t)$ 的反函数. 在实际计算中，求 $x=\varphi(t)$ 的反函数有时需要经过复杂的计算. 但由式(6-5)可知，在定积分的换元积分法中，可以省略这一步.

定积分的换元积分法的步骤如下：

(1) 做变量代换 $x=\varphi(t)$；

(2) 确定新的积分限，即从 $\begin{cases}a=\varphi(\alpha),\\ b=\varphi(\beta)\end{cases}$ 中解出 $\begin{cases}\alpha=\varphi^{-1}(a),\\ \beta=\varphi^{-1}(b);\end{cases}$

(3) 在定积分中换元，同时变换积分限；

(4) 计算新的定积分.

例 1　求定积分 $\int_0^a\sqrt{a^2-x^2}\,\mathrm{d}x\,(a>0)$.

解　令 $x=a\sin t,0\leqslant t\leqslant\frac{\pi}{2}$，则 $\mathrm{d}x=a\cos t\mathrm{d}t$，$\sqrt{a^2-x^2}=\sqrt{a^2-a^2\sin^2 t}=a\sqrt{1-\sin^2 t}=a\cos t$，且当 $x=0$ 时，$t=0$；当 $x=a$ 时，$t=\frac{\pi}{2}$. 于是

$$\begin{aligned}\text{原式}&=\int_0^{\frac{\pi}{2}}a\cos t\cdot a\cos t\mathrm{d}t=a^2\int_0^{\frac{\pi}{2}}\cos^2 t\mathrm{d}t=a^2\int_0^{\frac{\pi}{2}}\frac{1+\cos 2t}{2}\mathrm{d}t\\ &=\frac{a^2}{2}\left(t+\frac{1}{2}\sin 2t\right)\Big|_0^{\frac{\pi}{2}}=\frac{\pi}{4}a^2.\end{aligned}$$

例 2　求定积分 $\int_{\frac{3}{4}}^1\frac{1}{\sqrt{1-x}-1}\mathrm{d}x$.

解　令 $\sqrt{1-x}=t$，则 $x=1-t^2$，$\mathrm{d}x=-2t\mathrm{d}t$，且当 $x=\frac{3}{4}$ 时，$t=\frac{1}{2}$；当 $x=1$ 时，$t=0$. 于是

$$\begin{aligned}\text{原式}&=\int_{\frac{1}{2}}^0\frac{-2t}{t-1}\mathrm{d}t=-2\int_{\frac{1}{2}}^0\frac{t-1+1}{t-1}\mathrm{d}t=-2\int_{\frac{1}{2}}^0\left(1+\frac{1}{t-1}\right)\mathrm{d}t=2\int_0^{\frac{1}{2}}\left(1+\frac{1}{t-1}\right)\mathrm{d}t\\ &=2(t+\ln|t-1|)\Big|_0^{\frac{1}{2}}=1-2\ln 2.\end{aligned}$$

例 3　求定积分 $\int_0^{\ln 2}\sqrt{\mathrm{e}^x-1}\,\mathrm{d}x$.

解　令 $\sqrt{\mathrm{e}^x-1}=t$，则 $x=\ln(1+t^2)$，$\mathrm{d}x=\frac{2t}{1+t^2}\mathrm{d}t$，且当 $x=0$ 时，$t=0$；当 $x=\ln 2$ 时，$t=1$. 于是

$$\begin{aligned}\text{原式}&=\int_0^1\frac{2t^2}{1+t^2}\mathrm{d}t=2\int_0^1\frac{t^2+1-1}{1+t^2}\mathrm{d}t=2\int_0^1\left(1-\frac{1}{1+t^2}\right)\mathrm{d}t\\ &=2(t-\arctan t)\Big|_0^1=2-\frac{\pi}{2}.\end{aligned}$$

在定积分的计算过程中,如果运用凑微分法,且未写出中间变量,则积分限无须改变,而可采用下述书写方法.

例 4 求定积分$\int_0^{\frac{\pi}{2}}\cos^5 x\sin x\,dx$.

解 $\int_0^{\frac{\pi}{2}}\cos^5 x\sin x\,dx=\int_0^{\frac{\pi}{2}}\cos^5 x\,d(-\cos x)=-\left.\frac{\cos^6 x}{6}\right|_0^{\frac{\pi}{2}}=\frac{1}{6}$.

例 5 求定积分$\int_0^{\pi}\sqrt{\sin^3 x-\sin^5 x}\,dx$.

解 由于$\sqrt{\sin^3 x-\sin^5 x}=\sin^{\frac{3}{2}}x\,|\cos x|$,且当$x\in\left[0,\frac{\pi}{2}\right]$时,$|\cos x|=\cos x$;当$x\in\left[\frac{\pi}{2},\pi\right]$时,$|\cos x|=-\cos x$,因此利用定积分对积分区间的可加性,有

$$\begin{aligned}\text{原式}&=\int_0^{\pi}\sin^{\frac{3}{2}}x\,|\cos x|\,dx=\int_0^{\frac{\pi}{2}}\sin^{\frac{3}{2}}x\,|\cos x|\,dx+\int_{\frac{\pi}{2}}^{\pi}\sin^{\frac{3}{2}}x\,|\cos x|\,dx\\&=\int_0^{\frac{\pi}{2}}\sin^{\frac{3}{2}}x\cos x\,dx+\int_{\frac{\pi}{2}}^{\pi}\sin^{\frac{3}{2}}x(-\cos x)\,dx\\&=\int_0^{\frac{\pi}{2}}\sin^{\frac{3}{2}}x\,d(\sin x)-\int_{\frac{\pi}{2}}^{\pi}\sin^{\frac{3}{2}}x\,d(\sin x)\\&=\left.\frac{2}{5}\sin^{\frac{5}{2}}x\right|_0^{\frac{\pi}{2}}-\left.\frac{2}{5}\sin^{\frac{5}{2}}x\right|_{\frac{\pi}{2}}^{\pi}=\frac{4}{5}.\end{aligned}$$

例 6 设$f(x)$为区间$[-a,a]$上的连续函数,证明:

(1) 若$f(x)$为偶函数,则$\int_{-a}^{a}f(x)\,dx=2\int_0^a f(x)\,dx$;

(2) 若$f(x)$为奇函数,则$\int_{-a}^{a}f(x)\,dx=0$.

证 $\int_{-a}^{a}f(x)\,dx=\int_{-a}^{0}f(x)\,dx+\int_0^a f(x)\,dx$.

(1) 因为$f(x)$为偶函数,所以$f(-x)=f(x)$. 对积分$\int_{-a}^{0}f(x)\,dx$做变量代换$x=-t$,则有

$$\int_{-a}^{0}f(x)\,dx=\int_a^0 f(-t)\,d(-t)=-\int_a^0 f(t)\,dt=\int_0^a f(t)\,dt=\int_0^a f(x)\,dx,$$

于是

$$\int_{-a}^{a}f(x)\,dx=2\int_0^a f(x)\,dx.$$

(2) 因为$f(x)$为奇函数,所以$f(-x)=-f(x)$. 同样对积分$\int_{-a}^{0}f(x)\,dx$做变量代换$x=-t$,则有

$$\int_{-a}^{0}f(x)\,dx=\int_a^0 f(-t)\,d(-t)=\int_a^0 f(t)\,dt=-\int_0^a f(t)\,dt=-\int_0^a f(x)\,dx,$$

于是

$$\int_{-a}^{a} f(x)\mathrm{d}x = 0.$$

例 7 求定积分$\int_{-a}^{a} \sqrt{a^2 - x^2}\,\mathrm{d}x\,(a > 0)$.

解 因为 $f(x)=\sqrt{a^2-x^2}$ 是偶函数，所以由例 6(1) 及例 1，有

$$\text{原式} = 2\int_0^a \sqrt{a^2 - x^2}\,\mathrm{d}x = 2 \cdot \frac{\pi}{4}a^2 = \frac{\pi}{2}a^2.$$

例 8 求定积分 $\int_{-2}^{2} \frac{x^3 \sin^2 x}{x^4 + 2x^2 + 2}\mathrm{d}x$.

解 因为 $f(x)=\frac{x^3 \sin^2 x}{x^4+2x^2+2}$ 是奇函数，所以由例 6(2)，可得原式 $=0$.

二、定积分的分部积分法

定理 2 **若函数 $u=u(x)$，$v=v(x)$ 在区间 $[a,b]$ 上具有连续导数，则有定积分的分部积分公式**

$$\int_a^b u\,\mathrm{d}v = uv\Big|_a^b - \int_a^b v\,\mathrm{d}u. \tag{6-6}$$

证 因为 $(uv)'=u'v+uv'$，等式两边在区间 $[a,b]$ 上取定积分，得

$$\int_a^b (uv)'\mathrm{d}x = \int_a^b u'v\,\mathrm{d}x + \int_a^b uv'\,\mathrm{d}x = \int_a^b v\,\mathrm{d}u + \int_a^b u\,\mathrm{d}v.$$

又因为$\int_a^b (uv)'\mathrm{d}x = uv\Big|_a^b$，所以$uv\Big|_a^b = \int_a^b v\,\mathrm{d}u + \int_a^b u\,\mathrm{d}v$，从而可得

$$\int_a^b u\,\mathrm{d}v = uv\Big|_a^b - \int_a^b v\,\mathrm{d}u.$$

在计算以两类不同函数的乘积为被积函数的定积分时，常用定积分的分部积分公式.

例 9 求定积分$\int_0^{\pi} x\sin x\,\mathrm{d}x$.

解 设 $u(x)=x$，$v(x)=-\cos x$，则由定积分的分部积分公式，有

$$\text{原式} = \int_0^{\pi} x\,\mathrm{d}(-\cos x) = -x\cos x\Big|_0^{\pi} - \int_0^{\pi}(-\cos x)\mathrm{d}x = \pi + \sin x\Big|_0^{\pi} = \pi.$$

例 10 求定积分$\int_0^{\frac{1}{2}} \arcsin x\,\mathrm{d}x$.

解 设 $u(x)=\arcsin x$，$v(x)=x$，则由定积分的分部积分公式，有

$$\begin{aligned}\text{原式} &= x\arcsin x\Big|_0^{\frac{1}{2}} - \int_0^{\frac{1}{2}} x\,\mathrm{d}(\arcsin x) = \frac{\pi}{12} - \int_0^{\frac{1}{2}} \frac{x}{\sqrt{1-x^2}}\mathrm{d}x \\ &= \frac{\pi}{12} + \frac{1}{2}\int_0^{\frac{1}{2}} \frac{1}{\sqrt{1-x^2}}\mathrm{d}(1-x^2) \\ &= \frac{\pi}{12} + \sqrt{1-x^2}\Big|_0^{\frac{1}{2}} = \frac{\pi}{12} + \frac{\sqrt{3}}{2} - 1.\end{aligned}$$

定积分的换元积分法与分部积分法常在一道题中交替使用.

例 11 求定积分$\int_1^4 \ln\sqrt{x}\,\mathrm{d}x$.

解 先用换元积分法,令$\sqrt{x}=t$,则$x=t^2$,$\mathrm{d}x=\mathrm{d}(t^2)$,且当$x=1$时,$t=1$;当$x=4$时,$t=2$. 于是原式$=\int_1^2 \ln t\,\mathrm{d}(t^2)$. 再用分部积分法,有

$$\begin{aligned}\text{原式}&=t^2\ln t\Big|_1^2-\int_1^2 t^2\,\mathrm{d}(\ln t)=4\ln 2-\int_1^2 t\,\mathrm{d}t\\&=4\ln 2-\frac{1}{2}t^2\Big|_1^2=4\ln 2-\frac{3}{2}.\end{aligned}$$

例 12 证明定积分公式:

$$I_n=\int_0^{\frac{\pi}{2}}\sin^n x\,\mathrm{d}x=\begin{cases}\dfrac{n-1}{n}\cdot\dfrac{n-3}{n-2}\cdot\cdots\cdot\dfrac{1}{2}\cdot\dfrac{\pi}{2}, & n\text{ 为正偶数},\\[2mm] \dfrac{n-1}{n}\cdot\dfrac{n-3}{n-2}\cdot\cdots\cdot\dfrac{2}{3}, & n\text{ 为大于 1 的正奇数}.\end{cases}$$

证 当$n\geqslant 2$时,由定积分的分部积分公式,有

$$\begin{aligned}I_n&=\int_0^{\frac{\pi}{2}}\sin^{n-1}x\,\mathrm{d}(-\cos x)=-\cos x\sin^{n-1}x\Big|_0^{\frac{\pi}{2}}+\int_0^{\frac{\pi}{2}}\cos x\,\mathrm{d}(\sin^{n-1}x)\\&=(n-1)\int_0^{\frac{\pi}{2}}\cos^2 x\ \sin^{n-2}x\,\mathrm{d}x=(n-1)\int_0^{\frac{\pi}{2}}(1-\sin^2 x)\sin^{n-2}x\,\mathrm{d}x\\&=(n-1)\int_0^{\frac{\pi}{2}}\sin^{n-2}x\,\mathrm{d}x-(n-1)\int_0^{\frac{\pi}{2}}\sin^n x\,\mathrm{d}x=(n-1)I_{n-2}-(n-1)I_n,\end{aligned}$$

故

$$I_n=\frac{n-1}{n}I_{n-2}.$$

如果把n换成$n-2$,则有

$$I_{n-2}=\frac{n-3}{n-2}I_{n-4}.$$

依次进行下去,直到I_n的下标递减到 0 或 1 为止. 于是有

$$I_{2m}=\frac{2m-1}{2m}\cdot\frac{2m-3}{2m-2}\cdot\cdots\cdot\frac{1}{2}\cdot I_0,$$

$$I_{2m+1}=\frac{2m}{2m+1}\cdot\frac{2m-2}{2m-1}\cdot\cdots\cdot\frac{2}{3}\cdot I_1,$$

其中$m=1,2,\cdots$. 又因为$I_0=\int_0^{\frac{\pi}{2}}\sin^0 x\,\mathrm{d}x=\frac{\pi}{2}$,$I_1=\int_0^{\frac{\pi}{2}}\sin x\,\mathrm{d}x=1$,所以

$$I_n=\begin{cases}\dfrac{n-1}{n}\cdot\dfrac{n-3}{n-2}\cdot\cdots\cdot\dfrac{1}{2}\cdot\dfrac{\pi}{2}, & n\text{ 为正偶数},\\[2mm] \dfrac{n-1}{n}\cdot\dfrac{n-3}{n-2}\cdot\cdots\cdot\dfrac{2}{3}, & n\text{ 为大于 1 的正奇数}.\end{cases}$$

习题 6－4

1. 求下列定积分：

(1) $\int_0^1 \mathrm{e}^{-x}\mathrm{d}x$；

(2) $\int_{-2}^1 \frac{1}{5+2x}\mathrm{d}x$；

(3) $\int_0^{\frac{\pi}{2}}(1-\sin^3 x)\mathrm{d}x$；

(4) $\int_0^{\frac{1}{2}}\frac{\arcsin x}{\sqrt{1-x^2}}\mathrm{d}x$；

(5) $\int_0^4 \frac{1}{\sqrt{x}+1}\mathrm{d}x$；

(6) $\int_0^1 \frac{1}{\sqrt{4-x^2}}\mathrm{d}x$；

(7) $\int_0^1 \frac{1}{x^2+2x+2}\mathrm{d}x$；

(8) $\int_1^{\mathrm{e}} \frac{\ln x+1}{x}\mathrm{d}x$；

(9) $\int_0^{\frac{\pi}{4}}\tan^2 x\,\mathrm{d}x$；

(10) $\int_0^{\pi}\sqrt{1+\cos 2x}\,\mathrm{d}x$；

(11) $\int_0^4 \frac{\sqrt{x}}{1+\sqrt{x}}\mathrm{d}x$；

(12) $\int_{\frac{1}{\sqrt{2}}}^1 \frac{\sqrt{1-x^2}}{x^2}\mathrm{d}x$；

(13) $\int_1^2 \frac{\sqrt{x^2-1}}{x^4}\mathrm{d}x$；

(14) $\int_0^1 \frac{x^2}{(1+x^2)^2}\mathrm{d}x$；

(15) $\int_0^1 x\mathrm{e}^{-x}\mathrm{d}x$；

(16) $\int_0^{\frac{\sqrt{3}}{2}}\arccos x\,\mathrm{d}x$；

(17) $\int_1^4 \frac{\ln x}{\sqrt{x}}\mathrm{d}x$；

(18) $\int_0^4 \mathrm{e}^{\sqrt{x}}\mathrm{d}x$；

(19) $\int_0^{\frac{\pi}{2}}\mathrm{e}^{2x}\cos x\,\mathrm{d}x$；

(20) $\int_{-1}^1 \frac{x^2\sin x^3+1}{1+x^2}\mathrm{d}x$.

2. 设函数 $f(x)$ 有二阶连续导数，且 $f(\pi)=1$，$\int_0^{\pi}[f(x)+f''(x)]\sin x\,\mathrm{d}x=3$，求 $f(0)$.

3. 设函数 $f(x)$ 在区间$[0,1]$上连续，证明：

(1) $\int_0^{\frac{\pi}{2}}f(\sin x)\mathrm{d}x=\int_0^{\frac{\pi}{2}}f(\cos x)\mathrm{d}x$，特别地，$\int_0^{\frac{\pi}{2}}\sin^n x\,\mathrm{d}x=\int_0^{\frac{\pi}{2}}\cos^n x\,\mathrm{d}x$；

(2) $\int_0^{\pi}xf(\sin x)\mathrm{d}x=\frac{\pi}{2}\int_0^{\pi}f(\sin x)\mathrm{d}x$，并由此计算$\int_0^{\pi}\frac{x\sin x}{1+\cos^2 x}\mathrm{d}x$.

第五节　反常积分

前面讲的定积分有两个限制：一是积分区间必须是有限的，二是被积函数在积分区间上必须是有界的. 但是往往在解决实际问题时，需要讨论无限区间上的积分或被积函数在积分区间上无界的情形，这就需要把定积分的概念进行推广. 我们把推广后的定积分称为反常积分(或广义积分).反常积分分成两类:一类是无穷限的反常积分,另一类是瑕积分.

一、无穷限的反常积分

定义 1 设函数 $f(x)$ 在 $[a,+\infty)$ 上连续.任取 $b>a$,若极限

$$\lim_{b\to+\infty}\int_a^b f(x)\mathrm{d}x$$

存在,则称此极限值为函数 $f(x)$ 在无限区间 $[a,+\infty)$ 上的**反常积分**,简称**无穷限的反常积分**,记作 $\int_a^{+\infty}f(x)\mathrm{d}x$,即

$$\int_a^{+\infty}f(x)\mathrm{d}x=\lim_{b\to+\infty}\int_a^b f(x)\mathrm{d}x.$$

此时也称反常积分 $\int_a^{+\infty}f(x)\mathrm{d}x$ **收敛**,否则称反常积分 $\int_a^{+\infty}f(x)\mathrm{d}x$ **发散**,这时 $\int_a^{+\infty}f(x)\mathrm{d}x$ 仅仅是一个记号,没有数值意义.

类似地,可以定义函数 $f(x)$ 在 $(-\infty,b]$ 及 $(-\infty,+\infty)$ 上的反常积分:

$$\int_{-\infty}^b f(x)\mathrm{d}x=\lim_{a\to-\infty}\int_a^b f(x)\mathrm{d}x,$$

$$\int_{-\infty}^{+\infty}f(x)\mathrm{d}x=\int_{-\infty}^c f(x)\mathrm{d}x+\int_c^{+\infty}f(x)\mathrm{d}x,$$

其中反常积分 $\int_{-\infty}^{+\infty}f(x)\mathrm{d}x$ 收敛的充要条件是对于任意 $c\in(-\infty,+\infty)$,反常积分 $\int_{-\infty}^c f(x)\mathrm{d}x$ 与 $\int_c^{+\infty}f(x)\mathrm{d}x$ 都收敛.若上述两个反常积分中至少有一个发散,则称反常积分 $\int_{-\infty}^{+\infty}f(x)\mathrm{d}x$ 发散.因为反常积分 $\int_{-\infty}^{+\infty}f(x)\mathrm{d}x$ 的敛散性不依赖于 c 的选择,所以为了方便计算,常取 $c=0$.

由微积分基本公式可知,若 $F(x)$ 是 $f(x)$ 的一个原函数,则

$$\int_a^{+\infty}f(x)\mathrm{d}x=\lim_{b\to+\infty}\int_a^b f(x)\mathrm{d}x=\lim_{b\to+\infty}[F(b)-F(a)]=\lim_{b\to+\infty}F(b)-F(a).$$

记 $F(+\infty)=\lim_{b\to+\infty}F(b)$,$F(x)\Big|_a^{+\infty}=F(+\infty)-F(a)$,则

$$\int_a^{+\infty}f(x)\mathrm{d}x=F(+\infty)-F(a)=F(x)\Big|_a^{+\infty}.$$

用此公式时,并不需要知道反常积分 $\int_a^{+\infty}f(x)\mathrm{d}x$ 是否收敛.事实上,$F(+\infty)$ 存在则该反常积分收敛,否则该反常积分发散.

类似地,有

$$\int_{-\infty}^b f(x)\mathrm{d}x=F(b)-F(-\infty)=F(x)\Big|_{-\infty}^b,$$

其中 $F(-\infty)=\lim_{a\to-\infty}F(a)$.

类似于定积分,我们也可得到反常积分的几何意义:当 $f(x)\geqslant 0$,$x\in[a,+\infty)$,且反常积分 $\int_a^{+\infty}f(x)\mathrm{d}x$ 收敛时,$\int_a^{+\infty}f(x)\mathrm{d}x$ 表示由曲线 $y=f(x)$、直线 $x=a$ 和 x 轴所围成的区域

的面积(见图 6－7).

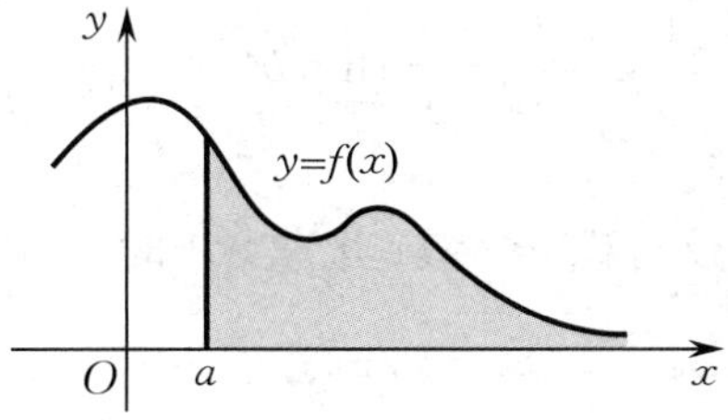

图 6－7

例 1　求下列反常积分:

(1) $\int_{-\infty}^{+\infty}\frac{1}{1+x^2}\mathrm{d}x$;

(2) $\int_0^{+\infty}x\mathrm{e}^{-px}\mathrm{d}x$($p$ 是常数,且 $p>0$);

(3) $\int_1^{+\infty}\frac{1}{x^2+x}\mathrm{d}x$.

解　(1) $\int_{-\infty}^{+\infty}\frac{1}{1+x^2}\mathrm{d}x=\int_{-\infty}^{0}\frac{1}{1+x^2}\mathrm{d}x+\int_0^{+\infty}\frac{1}{1+x^2}\mathrm{d}x$

$$=\arctan x\Big|_{-\infty}^{0}+\arctan x\Big|_0^{+\infty}=\frac{\pi}{2}+\frac{\pi}{2}=\pi.$$

(2) $\int_0^{+\infty}x\mathrm{e}^{-px}\mathrm{d}x=-\frac{1}{p}\int_0^{+\infty}x\mathrm{d}(\mathrm{e}^{-px})=-\frac{1}{p}x\mathrm{e}^{-px}\Big|_0^{+\infty}+\frac{1}{p}\int_0^{+\infty}\mathrm{e}^{-px}\mathrm{d}x$

$$=-\frac{1}{p^2}\int_0^{+\infty}\mathrm{e}^{-px}\mathrm{d}(-px)=-\frac{1}{p^2}\mathrm{e}^{-px}\Big|_0^{+\infty}=\frac{1}{p^2}.$$

(3) $\int_1^{+\infty}\frac{1}{x^2+x}\mathrm{d}x=\int_1^{+\infty}\frac{1}{x(x+1)}\mathrm{d}x=\int_1^{+\infty}\left(\frac{1}{x}-\frac{1}{x+1}\right)\mathrm{d}x$

$$=[\ln x-\ln(x+1)]\Big|_1^{+\infty}=\left(\ln\frac{x}{x+1}\right)\Big|_1^{+\infty}=\ln 2.$$

注　在例 1(3) 问中,若由

$$\int_1^{+\infty}\left(\frac{1}{x}-\frac{1}{x+1}\right)\mathrm{d}x=\int_1^{+\infty}\frac{1}{x}\mathrm{d}x-\int_1^{+\infty}\frac{1}{x+1}\mathrm{d}x$$

及

$$\int_1^{+\infty}\frac{1}{x}\mathrm{d}x=\ln x\Big|_1^{+\infty}=+\infty,\quad\int_1^{+\infty}\frac{1}{x+1}\mathrm{d}x=\ln(x+1)\Big|_1^{+\infty}=+\infty,$$

就得出反常积分$\int_1^{+\infty}\frac{1}{x^2+x}\mathrm{d}x$ 发散是不正确的,因为这个反常积分对应的极限是 $\infty-\infty$ 型未定式.

例 2　讨论反常积分$\int_a^{+\infty}\frac{1}{x^p}\mathrm{d}x$($p\in\mathbf{R}$)的敛散性.

解　当 $p=1$ 时,

$$\int_a^{+\infty}\frac{1}{x^p}\mathrm{d}x=\int_a^{+\infty}\frac{1}{x}\mathrm{d}x=\ln x\Big|_a^{+\infty}=+\infty.$$

当 $p \neq 1$ 时,

$$\int_a^{+\infty} \frac{1}{x^p}\mathrm{d}x = \frac{1}{1-p}x^{1-p}\Big|_a^{+\infty} = \frac{1}{1-p}\lim_{b\to+\infty} b^{1-p} - \frac{a^{1-p}}{1-p} = \begin{cases} +\infty, & p<1, \\ \dfrac{a^{1-p}}{p-1}, & p>1. \end{cases}$$

综上所述,当 $p \leqslant 1$ 时,原反常积分发散;当 $p > 1$ 时,原反常积分收敛于$\dfrac{a^{1-p}}{p-1}$.

二、瑕积分

下面我们把定积分推广到被积函数在积分区间上无界的情形.

定义 2 如果函数 $f(x)$ 在点 a 的任一邻域内都无界,那么点 a 称为 $f(x)$ 的**瑕点**.

定义 3 设函数 $f(x)$ 在区间 $(a,b]$ 上连续,点 a 为 $f(x)$ 的瑕点. 任取 $\varepsilon > 0$,若极限

$$\lim_{\varepsilon\to0^+}\int_{a+\varepsilon}^{b} f(x)\mathrm{d}x$$

存在,则称此极限值为函数 $f(x)$ 在区间 $(a,b]$ 上的反常积分或**瑕积分**,仍记为$\int_a^b f(x)\mathrm{d}x$,即

$$\int_a^b f(x)\mathrm{d}x = \lim_{\varepsilon\to0^+}\int_{a+\varepsilon}^{b} f(x)\mathrm{d}x.$$

此时也称反常积分$\int_a^b f(x)\mathrm{d}x$ **收敛**,否则称反常积分$\int_a^b f(x)\mathrm{d}x$ **发散**.

类似地,设函数 $f(x)$ 在区间 $[a,b)$ 上连续,点 b 为 $f(x)$ 的瑕点. 任取 $\varepsilon > 0$,若极限

$$\lim_{\varepsilon\to0^+}\int_{a}^{b-\varepsilon} f(x)\mathrm{d}x$$

存在,则称此极限值为函数 $f(x)$ 在区间 $[a,b)$ 上的反常积分,仍记为$\int_a^b f(x)\mathrm{d}x$,即

$$\int_a^b f(x)\mathrm{d}x = \lim_{\varepsilon\to0^+}\int_{a}^{b-\varepsilon} f(x)\mathrm{d}x.$$

此时也称反常积分$\int_a^b f(x)\mathrm{d}x$ 收敛,否则称反常积分$\int_a^b f(x)\mathrm{d}x$ 发散.

若函数 $f(x)$ 在区间 $[a,b]$ 上除点 $c(a<c<b)$ 外都连续,点 c 为 $f(x)$ 的瑕点,则当两个反常积分$\int_a^c f(x)\mathrm{d}x$ 与$\int_c^b f(x)\mathrm{d}x$ 都收敛时,反常积分$\int_a^b f(x)\mathrm{d}x$ 收敛,即

$$\int_a^b f(x)\mathrm{d}x = \lim_{\varepsilon\to0^+}\int_{a}^{c-\varepsilon} f(x)\mathrm{d}x + \lim_{\varepsilon\to0^+}\int_{c+\varepsilon}^{b} f(x)\mathrm{d}x.$$

若上式右边的两个极限中至少有一个不存在,则反常积分$\int_a^b f(x)\mathrm{d}x$ 发散.

关于瑕积分的几何意义,可依照无穷限的反常积分的情形给出.

例 3 求反常积分$\int_0^1 \dfrac{1}{\sqrt{1-x^2}}\mathrm{d}x$.

解 因 $x=1$ 为瑕点,故

$$\int_0^1 \frac{1}{\sqrt{1-x^2}}\mathrm{d}x = \lim_{\varepsilon\to0^+}\int_0^{1-\varepsilon} \frac{1}{\sqrt{1-x^2}}\mathrm{d}x = \lim_{\varepsilon\to0^+}\arcsin x\Big|_0^{1-\varepsilon} = \lim_{\varepsilon\to0^+}\arcsin(1-\varepsilon) = \frac{\pi}{2}.$$

例 4　求反常积分$\int_{-1}^{1}\frac{1}{x^2}\mathrm{d}x$.

解　因 $x=0$ 为瑕点,故

$$\int_{-1}^{1}\frac{1}{x^2}\mathrm{d}x=\int_{-1}^{0}\frac{1}{x^2}\mathrm{d}x+\int_{0}^{1}\frac{1}{x^2}\mathrm{d}x.$$

又因为

$$\int_{-1}^{0}\frac{1}{x^2}\mathrm{d}x=\lim_{\varepsilon\to 0^+}\int_{-1}^{0-\varepsilon}\frac{1}{x^2}\mathrm{d}x=\lim_{\varepsilon\to 0^+}\left(-\frac{1}{x}\right)\bigg|_{-1}^{-\varepsilon}=+\infty,$$

即反常积分$\int_{-1}^{0}\frac{1}{x^2}\mathrm{d}x$ 发散,所以反常积分$\int_{-1}^{1}\frac{1}{x^2}\mathrm{d}x$ 发散.

注　形如$\int_a^b f(x)\mathrm{d}x$ 的积分,可能是定积分,也可能是反常积分,在实际计算时,需要考察被积函数在积分区间上的有界性,以免出错.

例如,若把$\int_{-1}^{1}\frac{1}{x^2}\mathrm{d}x$ 看成定积分,则有

$$\int_{-1}^{1}\frac{1}{x^2}\mathrm{d}x=-\frac{1}{x}\bigg|_{-1}^{1}=-1-1=-2.$$

以上结果显然是错误的.

例 5　讨论反常积分$\int_0^1\frac{1}{x^q}\mathrm{d}x\,(q\in\mathbf{R})$的敛散性.

解　当 $q=1$ 时,有

$$\int_0^1\frac{1}{x}\mathrm{d}x=\lim_{\varepsilon\to 0^+}\int_{0+\varepsilon}^{1}\frac{1}{x}\mathrm{d}x=\lim_{\varepsilon\to 0^+}\ln x\bigg|_{\varepsilon}^{1}=+\infty.$$

当 $q\neq 1$ 时,有

$$\int_0^1\frac{1}{x^q}\mathrm{d}x=\lim_{\varepsilon\to 0^+}\int_{0+\varepsilon}^{1}\frac{1}{x^q}\mathrm{d}x=\lim_{\varepsilon\to 0^+}\frac{x^{1-q}}{1-q}\bigg|_{\varepsilon}^{1}=\frac{1}{1-q}-\lim_{\varepsilon\to 0^+}\frac{\varepsilon^{1-q}}{1-q}=\begin{cases}\dfrac{1}{1-q}, & q<1,\\ +\infty, & q>1.\end{cases}$$

综上所述,当 $q<1$ 时,原反常积分收敛于$\frac{1}{1-q}$;当 $q\geqslant 1$ 时,原反常积分发散.

三、Γ 函数

定义 4　含参变量 s 的反常积分

$$\Gamma(s)=\int_0^{+\infty}x^{s-1}\mathrm{e}^{-x}\mathrm{d}x\quad(s>0)$$

称为 Γ 函数.

Γ 函数是一个非常重要的反常积分,可以证明它是收敛的(证明从略).下面我们给出 Γ 函数的一些重要性质.

性质 1　Γ 函数满足递推公式 $\Gamma(s+1)=s\Gamma(s)(s>0)$.

证　$\Gamma(s+1)=\int_0^{+\infty}x^{s}\mathrm{e}^{-x}\mathrm{d}x=\int_0^{+\infty}x^{s}\mathrm{d}(-\mathrm{e}^{-x})$

$$= -x^s e^{-x}\Big|_0^{+\infty} + \int_0^{+\infty} e^{-x} d(x^s) = s\int_0^{+\infty} x^{s-1} e^{-x} dx = s\Gamma(s).$$

特别地,当 $s=n$ 为正整数时,有

$$\Gamma(n+1) = n\Gamma(n) = n(n-1)\Gamma(n-1) = \cdots = n!\Gamma(1).$$

又 $\Gamma(1)=\int_0^{+\infty} e^{-x} dx = -e^{-x}\Big|_0^{+\infty} = 1$,于是

$$\Gamma(n+1) = n!.$$

性质 2 (余元公式) $\Gamma(s)\Gamma(1-s) = \dfrac{\pi}{\sin \pi s}(0 < s < 1)$.

特别地,当 $s=\dfrac{1}{2}$ 时,由余元公式有 $\Gamma\left(\dfrac{1}{2}\right)=\sqrt{\pi}$. 性质 2 的证明比较复杂,此处从略.

例 6 利用 Γ 函数证明:$\int_0^{+\infty} e^{-x^2} dx = \dfrac{\sqrt{\pi}}{2}$.

证 因为 $\Gamma(s)=\int_0^{+\infty} x^{s-1} e^{-x} dx$,令 $x=t^2$,则 $dx=2t\,dt$,且当 $x=0$ 时,$t=0$;当 $x\to+\infty$ 时,$t\to+\infty$,所以

$$\Gamma(s) = 2\int_0^{+\infty} t^{2s-1} e^{-t^2} dt = 2\int_0^{+\infty} x^{2s-1} e^{-x^2} dx.$$

当 $s=\dfrac{1}{2}$ 时,有 $\Gamma\left(\dfrac{1}{2}\right)=2\int_0^{+\infty} e^{-x^2} dx = \sqrt{\pi}$,从而 $\int_0^{+\infty} e^{-x^2} dx = \dfrac{\sqrt{\pi}}{2}$.

该反常积分是概率论中常用的一个积分.

习题 6-5

1. 判断下列反常积分的敛散性,如果收敛,求其值:

(1) $\int_1^{+\infty} \dfrac{1}{x^3} dx$; (2) $\int_2^{+\infty} \dfrac{1}{\sqrt{x}} dx$;

(3) $\int_2^{+\infty} \dfrac{x}{4+x^2} dx$; (4) $\int_{-\infty}^{+\infty} \dfrac{1}{16+x^2} dx$;

(5) $\int_0^1 \dfrac{x}{\sqrt{1-x^2}} dx$; (6) $\int_0^2 \dfrac{1}{(1-x)^2} dx$;

(7) $\int_4^{20} \dfrac{1}{x^2-16} dx$; (8) $\int_1^{e} \dfrac{1}{x\sqrt{1-\ln^2 x}} dx$.

2. 证明:反常积分 $\int_a^b \dfrac{1}{(b-x)^q} dx$ 当 $q \geqslant 1$ 时发散,当 $0 < q < 1$ 时收敛.

3. 用 Γ 函数表示下列积分并求其值:

(1) $\int_0^{+\infty} \sqrt{x^3} e^{-x} dx$; (2) $\int_0^{+\infty} x^m e^{-x} dx\ (m \in \mathbf{N})$.

第六节 定积分的应用

本节将介绍一些定积分在几何学及经济学中的简单应用.

一、平面图形面积的计算

下面将介绍三种情况下用定积分计算平面图形面积的方法.

(1) 由连续曲线 $y=f(x)$、直线 $x=a$, $x=b$ 及 x 轴所围成的平面图形的面积.

由定积分的几何意义可知,若 $f(x)\geqslant 0(a\leqslant x\leqslant b)$(见图 6-8),则所求面积为

$$S=\int_a^b f(x)\mathrm{d}x. \tag{6-7}$$

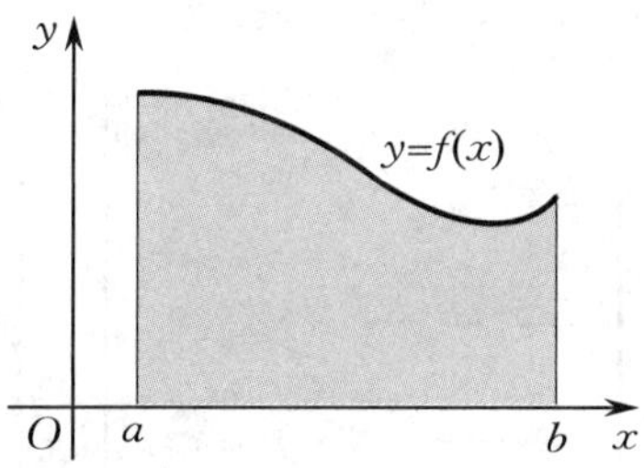

图 6-8

若 $f(x)\leqslant 0(a\leqslant x\leqslant b)$(见图 6-9),则所求面积为

$$S=-\int_a^b f(x)\mathrm{d}x. \tag{6-8}$$

若 $f(x)$ 在区间$[a,b]$上与 x 轴有有限个交点(见图 6-10),根据式(6-7)和式(6-8),得所求面积为

$$S=\int_a^{c_1} f(x)\mathrm{d}x-\int_{c_1}^{c_2} f(x)\mathrm{d}x+\int_{c_2}^{b} f(x)\mathrm{d}x=\int_a^b |f(x)|\mathrm{d}x. \tag{6-9}$$

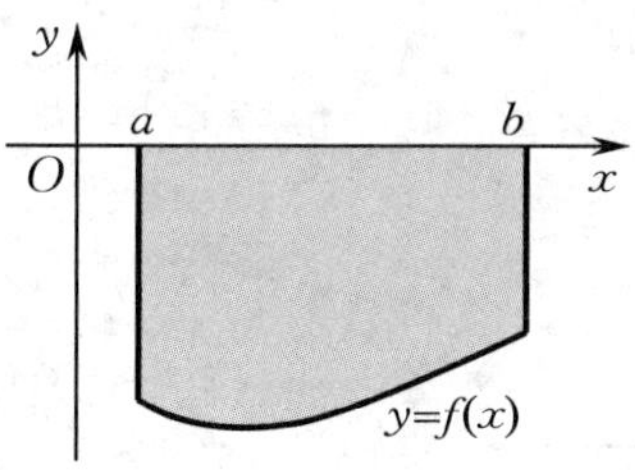

图 6-9

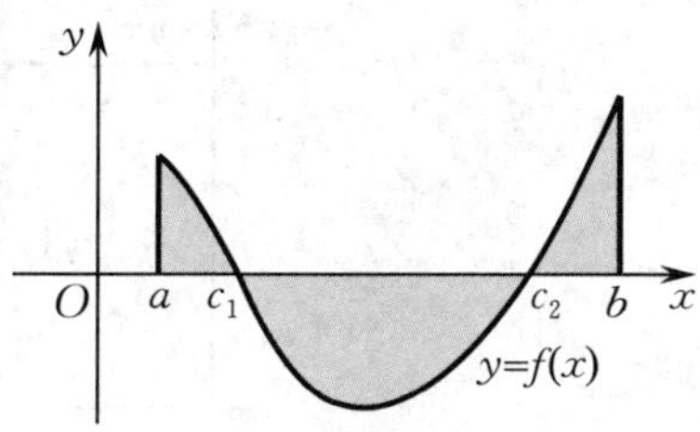

图 6-10

例 1 求由曲线 $y=x^2-1$、直线 $x=-2$, $x=3$ 及 x 轴所围成的平面图形的面积.

解 首先确定函数 $y=x^2-1$ 在区间$[-2,3]$上的正负区间. 显然,当 $-2\leqslant x\leqslant -1$ 时,$y\geqslant 0$;当 $-1\leqslant x\leqslant 1$ 时,$y\leqslant 0$;当 $1\leqslant x\leqslant 3$ 时,$y\geqslant 0$. 因此所求面积为

$$S=\int_{-2}^{3}|x^2-1|\mathrm{d}x=\int_{-2}^{-1}(x^2-1)\mathrm{d}x-\int_{-1}^{1}(x^2-1)\mathrm{d}x+\int_{1}^{3}(x^2-1)\mathrm{d}x$$

$$=\frac{4}{3}+\frac{4}{3}+\frac{20}{3}=\frac{28}{3}.$$

(2) 由连续曲线 $y=f(x)$, $y=g(x)$ 及直线 $x=a$, $x=b$ 所围成的平面图形的面积.

若 $0\leqslant g(x)<f(x)(a\leqslant x\leqslant b)$,如图 6-11 所示,则所求面积为两个曲边梯形的面积之差,即

$$S=\int_a^b f(x)\mathrm{d}x-\int_a^b g(x)\mathrm{d}x=\int_a^b[f(x)-g(x)]\mathrm{d}x. \tag{6-10}$$

事实上,只要 $g(x)<f(x)(a\leqslant x\leqslant b)$,式(6-10)仍成立,读者可自行证明.

若在区间 $[a,b]$ 上,曲线 $y=f(x)$ 与 $y=g(x)$ 有有限个交点,如图 6-12 所示,由式(6-10)可得所求面积为

$$\begin{aligned}S&=\int_a^{c_1}[f(x)-g(x)]\mathrm{d}x+\int_{c_1}^{c_2}[g(x)-f(x)]\mathrm{d}x+\int_{c_2}^{b}[f(x)-g(x)]\mathrm{d}x\\&=\int_a^b|f(x)-g(x)|\mathrm{d}x.\end{aligned} \tag{6-11}$$

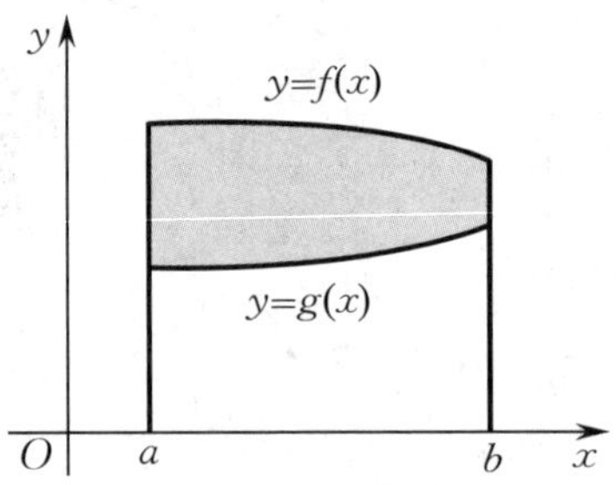

图 6-11

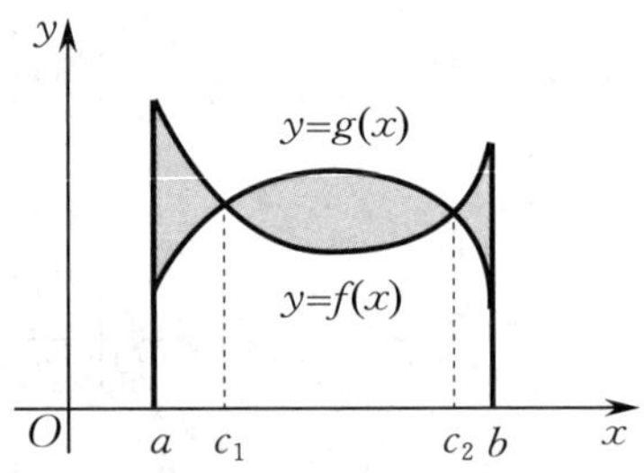

图 6-12

(3) 由连续曲线 $x=\varphi(y)$, $x=\psi(y)$ 及直线 $y=c$, $y=d$ 所围成的平面图形的面积(见图 6-13).

类似于前面的讨论,可得所求面积为

$$S=\int_c^d|\varphi(y)-\psi(y)|\mathrm{d}y. \tag{6-12}$$

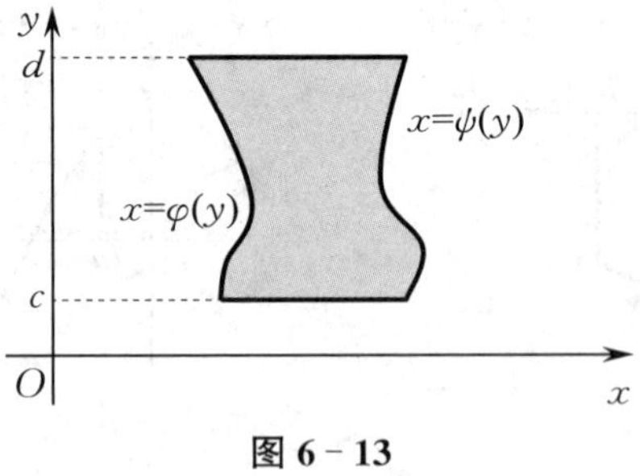

图 6-13

例 2 求由椭圆 $\frac{x^2}{a^2}+\frac{y^2}{b^2}=1(a>0,b>0)$ 所围成的平面图形的面积.

解 平面图形如图 6-14 所示,由对称性可知,只需要计算平面图形在第一象限部分的面积后,再乘以 4 即得所求面积:

$$S=4\int_0^a \frac{b}{a}\sqrt{a^2-x^2}\,dx=\pi ab.$$

注 例 2 中所求定积分可用换元积分法求出,令 $x=a\sin t\left(0\leqslant t\leqslant\frac{\pi}{2}\right)$.

例 3 求由曲线 $y=\sin x$,$y=\cos x$ 及直线 $x=-\frac{\pi}{2}$,$x=\frac{\pi}{2}$ 所围成的平面图形的面积.

解 平面图形如图 6-15 所示,在区间 $\left(-\frac{\pi}{2},\frac{\pi}{2}\right)$ 内,两条曲线有一个交点 $\left(\frac{\pi}{4},\frac{\sqrt{2}}{2}\right)$,由式(6-11)可得所求面积为

$$\begin{aligned}S&=\int_{-\frac{\pi}{2}}^{\frac{\pi}{2}}|\cos x-\sin x|\,dx\\&=\int_{-\frac{\pi}{2}}^{\frac{\pi}{4}}(\cos x-\sin x)dx+\int_{\frac{\pi}{4}}^{\frac{\pi}{2}}(\sin x-\cos x)dx\\&=(\sin x+\cos x)\Big|_{-\frac{\pi}{2}}^{\frac{\pi}{4}}+(-\cos x-\sin x)\Big|_{\frac{\pi}{4}}^{\frac{\pi}{2}}=2\sqrt{2}.\end{aligned}$$

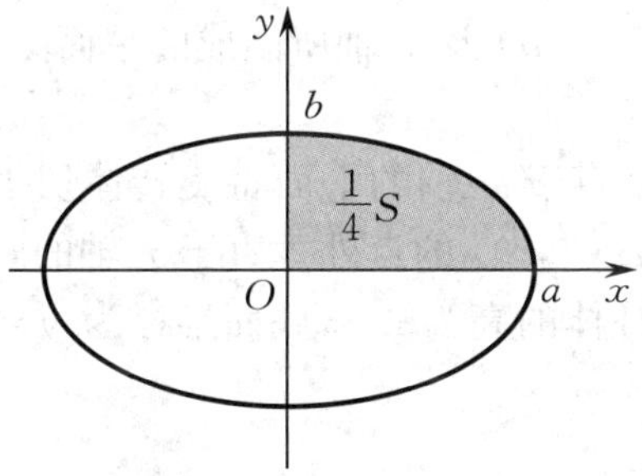

图 6-14

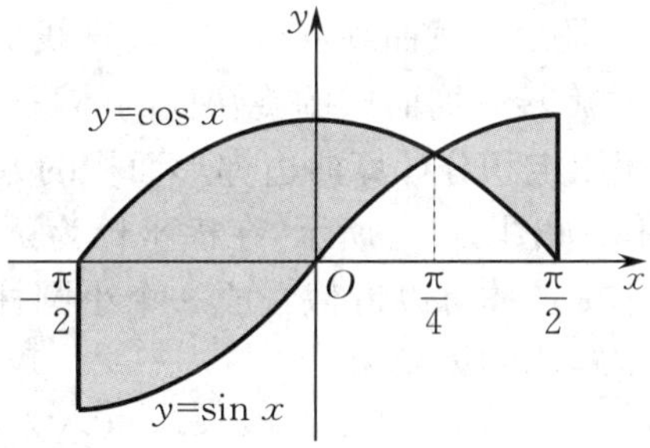

图 6-15

例 4 求由抛物线 $y^2=x$ 与直线 $x-2y=3$ 所围成的平面图形的面积.

解法一 由 $\begin{cases}y^2=x,\\x-2y=3\end{cases}$ 得两条线的交点为 $P(1,-1)$,$Q(9,3)$. 如图 6-16 所示,可将所求图形视为由曲线 $y=\sqrt{x}$,$y=-\sqrt{x}$ 及直线 $x=1$ 所围成的平面图形 Ⅰ 与由曲线 $y=\sqrt{x}$ 及直线 $y=\frac{1}{2}(x-3)$,$x=1$ 所围成的平面图形 Ⅱ 构成. 由式(6-11)可得平面图形 Ⅰ,Ⅱ 的面积分别为

$$S_{\mathrm{I}}=\int_0^1[\sqrt{x}-(-\sqrt{x})]dx,\quad S_{\mathrm{II}}=\int_1^9\left[\sqrt{x}-\frac{1}{2}(x-3)\right]dx,$$

故所求面积为

$$\begin{aligned}S=S_{\mathrm{I}}+S_{\mathrm{II}}&=\int_0^1 2\sqrt{x}\,dx+\int_1^9\left(\sqrt{x}-\frac{x}{2}+\frac{3}{2}\right)dx\\&=2\cdot\frac{2}{3}x^{\frac{3}{2}}\Big|_0^1+\left(\frac{2}{3}x^{\frac{3}{2}}-\frac{x^2}{4}+\frac{3}{2}x\right)\Big|_1^9=\frac{4}{3}+\frac{28}{3}=\frac{32}{3}.\end{aligned}$$

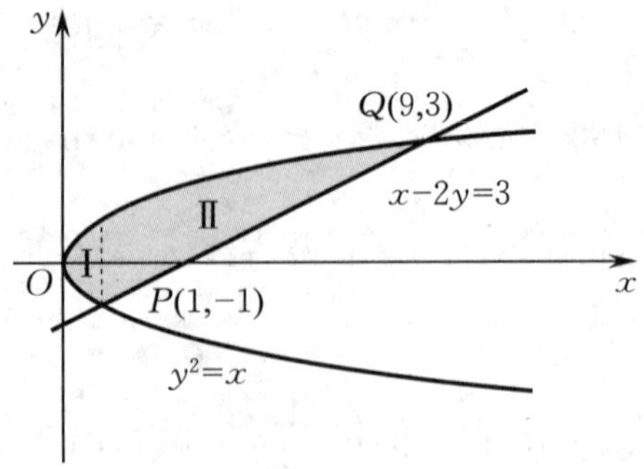

图 6-16

解法二 解得交点 $P(1,-1)$,$Q(9,3)$ 后,可将所求图形视为由曲线 $x=y^2$,$x=3+2y$ 所围成的平面图形,由式(6-12)得所求面积为

$$S=\int_{-1}^{3}|(3+2y)-y^2|\,\mathrm{d}y=\int_{-1}^{3}(3+2y-y^2)\,\mathrm{d}y=\left(3y+y^2-\frac{1}{3}y^2\right)\Big|_{-1}^{3}=\frac{32}{3}.$$

二、立体体积的计算

1. 旋转体的体积

设 D 是由连续曲线 $y=f(x)$、直线 $x=a$,$x=b(a<b)$ 及 x 轴所围成的平面图形,求由 D 绕 x 轴旋转一周而成的旋转体的体积.

仿照用定积分计算曲边梯形面积的方法,用多个垂直于 x 轴的平面将旋转体切割成多个小旋转体. 如图 6-17 所示,在横坐标为 x 和 $x+\Delta x(\Delta x>0)$ 的点处垂直于 x 轴的两个平面之间的小旋转体可以近似看成一个小圆柱体,该小圆柱体的高为 Δx,底面半径为 $y=f(x)$,从而小旋转体的体积为

$$\Delta V\approx \pi f^2(x)\Delta x.$$

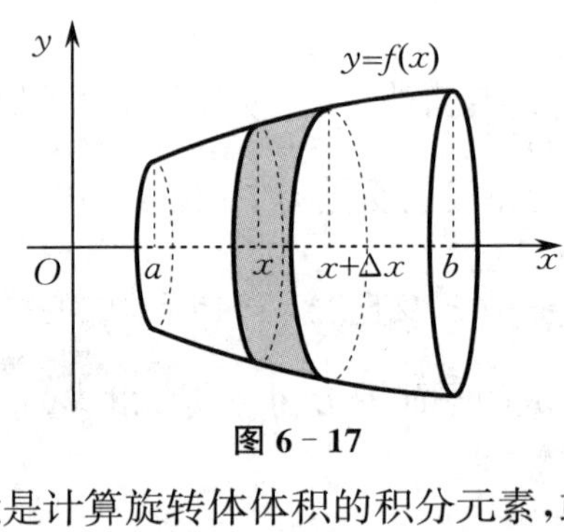

图 6-17

取 $\mathrm{d}V=\pi f^2(x)\mathrm{d}x$,这就是计算旋转体体积的积分元素,或称为体积元素,即

$$\mathrm{d}V=\pi y^2\mathrm{d}x=\pi f^2(x)\mathrm{d}x.$$

将分割出来的若干个小旋转体的体积元素相加再取极限,即在区间$[a,b]$上求定积分,可求出由连续曲线 $y=f(x)$、直线 $x=a$,$x=b$ 及 x 轴所围成的平面图形绕 x 轴旋转一周而成的旋转体的体积为

$$V_x=\int_a^b \mathrm{d}V=\int_a^b \pi y^2\mathrm{d}x=\int_a^b \pi f^2(x)\mathrm{d}x. \tag{6-13}$$

类似地,由连续曲线 $x=\varphi(y)$、直线 $y=c$,$y=d(c<d)$ 及 y 轴所围成的平面图形绕 y 轴

旋转一周而成的旋转体的体积为

$$V_y=\int_c^d \mathrm{d}V=\int_c^d \pi x^2\mathrm{d}y=\int_c^d \pi\varphi^2(y)\mathrm{d}y, \tag{6-14}$$

其中 $\mathrm{d}V=\pi x^2\mathrm{d}y=\pi\varphi^2(y)\mathrm{d}y$ 为 V_y 的体积元素，它表示高为 $\mathrm{d}y$、底面半径为 $x=\varphi(y)$ 的小圆柱体(见图 6－18 中阴影部分)的体积.

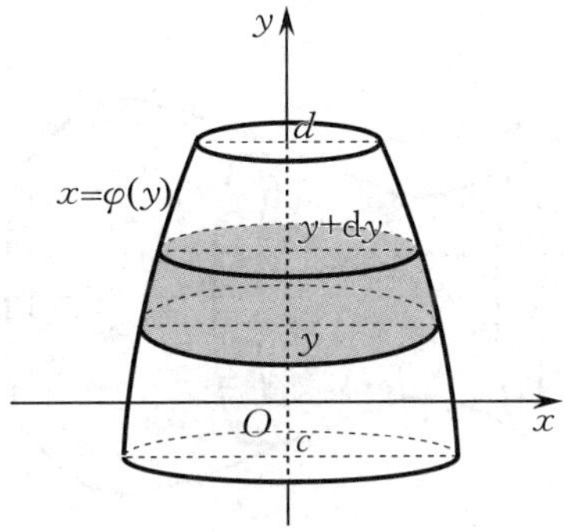

图 6－18

例 5　证明：高为 h、底面半径为 r 的圆锥体的体积为 $V=\frac{1}{3}\pi r^2 h$.

证　如图 6－19 所示，以圆锥的轴为 x 轴、顶点为原点建立直角坐标系，则所求圆锥体可以看成由 $\triangle OAB$ 绕 x 轴旋转一周而成的旋转体.

在 xOy 平面上，直线 OB 的方程为 $y=\frac{r}{h}x$，由式(6－13) 可得所求体积为

$$V=\pi\int_0^h\left(\frac{r}{h}x\right)^2\mathrm{d}x=\pi\,\frac{r^2}{h^2}\cdot\frac{x^3}{3}\bigg|_0^h=\frac{1}{3}\pi r^2 h.$$

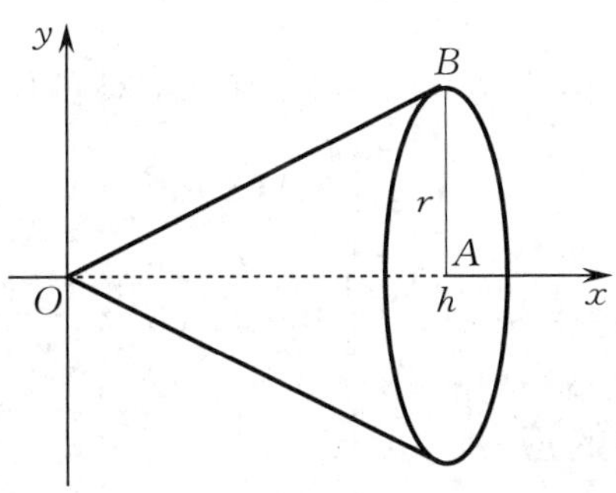

图 6－19

2. 平行截面面积已知的立体的体积

从计算旋转体体积的过程可以看出，求旋转体体积的关键在于求出垂直于旋转轴的截面面积. 若立体不是旋转体，但立体上垂直于轴的各截面面积已知，则这个立体的体积也可用定积分来计算.

取立体的轴为 x 轴，立体位于过点 $x=a$，$x=b(a<b)$ 且垂直于 x 轴的两个平面之间，如图 6－20 所示. 设过点 x 且垂直于 x 轴的平面截立体所得的截面面积为 $A(x)$，且 $A(x)$ 为

区间$[a,b]$上的连续函数,则图 6-20 中阴影部分的体积近似等于底面积为$A(x)$、高为$\mathrm{d}x$的小圆柱体的体积,即体积元素为$\mathrm{d}V=A(x)\mathrm{d}x$,从而通过定积分的步骤可知,垂直于$x$轴的平行截面面积$A(x)$已知的立体的体积为

$$V=\int_a^b A(x)\mathrm{d}x. \tag{6-15}$$

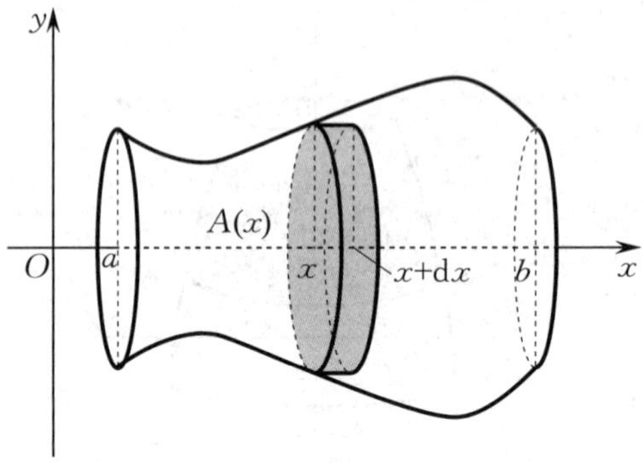

图 6-20

例 6 一平面经过半径为R的圆柱体的底圆中心,并与底面交成角α,求该平面截圆柱体所得立体的体积.

解 取该平面与圆柱体底面的交线为x轴,底面上过圆心且垂直于x轴的直线为y轴,如图 6-21 所示,则底圆的方程为$x^2+y^2=R^2$. 所求立体过点x且垂直于x轴的截面是一个直角三角形,它的两条直角边的长度分别为$y,y\tan\alpha$,即$\sqrt{R^2-x^2},\sqrt{R^2-x^2}\tan\alpha$,故该截面的面积为

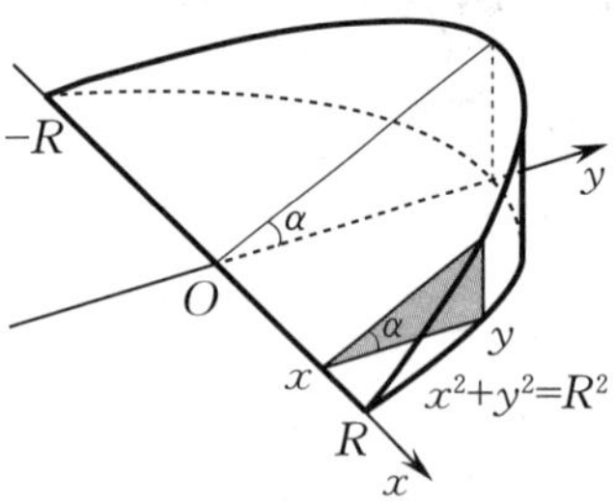

图 6-21

$$A(x)=\frac{1}{2}\sqrt{R^2-x^2}\cdot\sqrt{R^2-x^2}\tan\alpha=\frac{1}{2}(R^2-x^2)\tan\alpha.$$

由式(6-15)可得所求立体的体积为

$$\begin{aligned}V&=\int_{-R}^{R}A(x)\mathrm{d}x=\int_{-R}^{R}\frac{1}{2}(R^2-x^2)\tan\alpha\,\mathrm{d}x\\&=\frac{1}{2}\tan\alpha\cdot\left(R^2x-\frac{1}{3}x^3\right)\Big|_{-R}^{R}=\frac{2}{3}R^3\tan\alpha.\end{aligned}$$

三、定积分在经济学中的应用

1. 由边际函数求总函数

设经济函数$f(x)$的边际函数为$f'(x)$,则

$$\int_0^x f'(t)\mathrm{d}t=f(x)-f(0),$$

故

$$f(x)=\int_0^x f'(t)\mathrm{d}t+f(0).$$

例 7 已知某企业生产某商品Q个单位的边际成本为$C'(Q)=5$,边际收益为$R'(Q)=$

$10-0.02Q$. 若当 $Q=10$ 时，总成本 $C(10)=250$，求该企业能获得的最大利润.

解　依题意有总成本函数

$$C(Q)=\int_0^Q C'(x)\mathrm{d}x+C(0)=5Q+C(0).$$

因为 $C(10)=250$，代入得 $C(0)=200$，所以 $C(Q)=5Q+200$. 又因为总收益函数

$$R(Q)=\int_0^Q R'(x)\mathrm{d}x+R(0)=\int_0^Q(10-0.02x)\mathrm{d}x+0=10Q-0.01Q^2,$$

所以总利润函数

$$L(Q)=R(Q)-C(Q)=5Q-0.01Q^2-200.$$

令 $L'(Q)=5-0.02Q=0$，解得 $L(Q)$ 的唯一驻点为 $Q=250$. 又因为 $L''(250)=-0.02<0$，所以 $Q=250$ 为 $L(Q)$ 的唯一极大值点，从而最大利润为 $L(250)=425$.

2. 将来值和现值问题

将来值指资金在将来某一时间点的价值，表现为本利和. 例如，若以连续复利计息，年利率为 r，根据第二章的结论，投资 P 元，则 t 年后的本利和(将来值)为 Pe^{rt} 元.

现值指将来某一时间点的一定资金折合成现在的价值. 例如，若以连续复利计息，年利率为 r，预计 t 年后的总收入为 B 元，则现在需要投入的资金(现值)为 Be^{-rt} 元.

设某企业的某项投资在时间区间 $[0,T]$ 上任一时刻 t 的单位时间收入为 $P(t)$，称 $P(t)$ 为**收入率**. 若以连续复利计息，年利率为 r，则在任取小区间 $[t,t+\mathrm{d}t]$ 上，收入的现值为 $P(t)e^{-rt}\mathrm{d}t$，从而通过定积分的步骤可知总现值为

$$P=\int_0^T P(t)e^{-rt}\mathrm{d}t. \tag{6-16}$$

特别地，若收入率 $P(t)=p$(p 为常数)，称其为**均匀收入率**，则此时的总现值为

$$P=\int_0^T pe^{-rt}\mathrm{d}t=\frac{p}{r}(1-e^{-rT}). \tag{6-17}$$

例 8　某公司的某项投资预计收入 100 万元，在未来 10 年内以每年 10 万元的均匀收入率获得收入. 若以 5% 的年利率按连续复利计息，求该项投资收入的总现值.

解　由式(6-17)可得总现值为

$$P=\int_0^{10}10e^{-0.05t}\mathrm{d}t\approx 78.7\text{ 万元}.$$

习题 6-6

1. 求由下列曲线所围成的平面图形的面积：

(1) $y=8-x^2$ 与 $y=x^2$；　　(2) $y=\dfrac{1}{x}$，$y=x$ 与 $x=2$；

(3) $y=\dfrac{1}{4}x^2$ 与 $3x-2y-4=0$；　　(4) $y=e^x$，$y=e^{-x}$ 与 $x=2$；

(5) $y^2=x$ 与 $x+y-2=0$；　　(6) $y=x^2, y=x$ 与 $y=2x$；

(7) $y=\ln x$ 及其在点$(\mathrm{e},1)$处的切线与 x 轴.

2. 确定正数 a 的值,使得曲线 $y^2=x$ 与直线 $y=ax$ 所围成的平面图形的面积为$\frac{1}{48}$.

3. 求下列曲线所围成的平面图形绕指定坐标轴旋转一周而成的旋转体的体积：

(1) $y=x^3, y=0, x=2$,分别绕 x 轴和 y 轴；

(2) $y=\sin x\left(0\leqslant x\leqslant\frac{\pi}{2}\right), x=\frac{\pi}{2}, y=0$,分别绕 x 轴和 y 轴；

(3) $y^2=x, x^2=y$,绕 y 轴；

(4) $x^2+(y-5)^2=16^2$,绕 x 轴；

(5) $\frac{x^2}{a^2}+\frac{y^2}{b^2}=1(a>0,b>0)$,分别绕 x 轴和 y 轴.

4. 证明:由平面图形 $0\leqslant a\leqslant x\leqslant b, 0\leqslant y\leqslant f(x)$ 绕 y 轴旋转一周而成的旋转体的体积为

$$V=2\pi\int_a^b xf(x)\mathrm{d}x.$$

5. 求通过椭圆短轴的某斜面所截下椭圆柱体的体积,如图 6-22 中阴影部分所示.

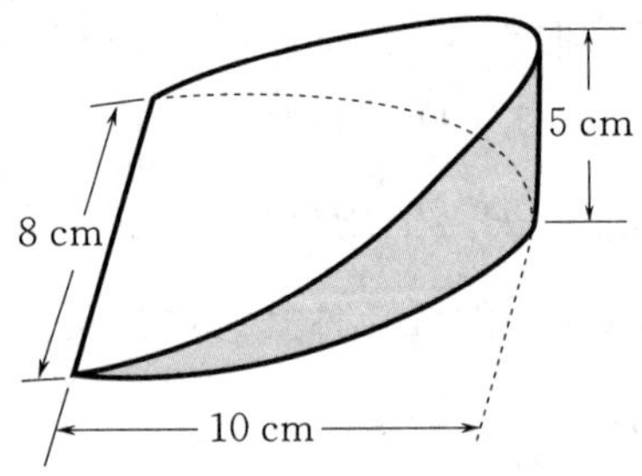

图 6-22

6. 已知某公司生产某商品的边际成本为 $C'(x)=30+4x$,固定成本为 0,边际收益为 $R'(x)=60-2x$,求该公司能获得的最大利润.

7. 某灯泡厂生产某型号灯泡的边际成本为 $C'(q)=21.2+0.8q$,固定成本为 100,需求量 q 与价格 p 的关系为 $q=100-\frac{1}{3}p$. 假设市场供需平衡,问:产量为多少时该厂可获得最大利润？最大利润是多少？

8. 设某商品产量为 x(单位:台)时的边际成本(单位:万元/台)为 $C'(x)=2-x$,固定成本为 22 万元,边际收益(单位:万元/台)为 $R'(x)=20-4x$.

(1) 求总成本函数 $C(x)$ 和总收益函数 $R(x)$.

(2) 当 x 为何值时,总利润 $L(x)$ 最大？

(3) 若在取得最大利润时产量的基础上增产 4 台,求总利润的变化.

总复习题六

(A)

一、填空题

1. $\dfrac{\mathrm{d}}{\mathrm{d}x}\displaystyle\int_a^b \sin(x^2+1)\,\mathrm{d}x=$__________.

2. 设函数 $F(x)=\displaystyle\int_x^1 \sqrt{1+t}\,\mathrm{d}t$,则 $F'(x)=$__________.

3. 设函数 $f(x)=\displaystyle\int_0^x t(t-1)\,\mathrm{d}t$,则 $f(x)$ 的单调减区间是__________.

4. 函数 $f(x)=\displaystyle\int_0^x \frac{3t}{t^2-t+1}\mathrm{d}t$ 在闭区间 $[0,1]$ 上的最大值是__________,最小值是__________.

5. 设函数 $f(x)$ 在 $[-a,a]$ 上连续,则$\displaystyle\int_{-a}^a \sin x\,[f(x)+f(-x)]\,\mathrm{d}x=$__________.

二、选择题

1. 设函数 $f(x)$ 连续且满足 $f(x)=f(2a-x)\ (a\neq 0)$,c 为任意正数,则定积分 $\displaystyle\int_{-c}^c f(a-x)\,\mathrm{d}x=(\quad)$.

A. $2\displaystyle\int_0^c f(2a-x)\,\mathrm{d}x$　　B. $2\displaystyle\int_{-c}^c f(2a-x)\,\mathrm{d}x$

C. $2\displaystyle\int_0^c f(a-x)\,\mathrm{d}x$　　D. 0

2. 设函数 $f(x)$,$\varphi(x)$ 在点 $x=0$ 的某一邻域内连续,且当 $x\to 0$ 时,$f(x)$ 是 $\varphi(x)$ 的高阶无穷小,则当 $x\to 0$ 时,$\displaystyle\int_0^x f(t)\sin t\,\mathrm{d}t$ 是$\displaystyle\int_0^x t\varphi(t)\,\mathrm{d}t$ 的(　　).

A. 低阶无穷小　　B. 高阶无穷小

C. 同阶但非等价无穷小　　D. 等价无穷小

3. 设函数 $f(x)$ 连续,且$\displaystyle\int_1^{x^2} f(t)\,\mathrm{d}t=x^2(1+x)$,则 $f(2)=(\quad)$.

A. 4　　B. $2\sqrt{2}-12$

C. $1+\dfrac{3\sqrt{2}}{2}$　　D. $12-2\sqrt{2}$

4. 设 $f''(x)$ 在 $[a,b]$ 上连续,且 $f'(a)=b$,$f'(b)=a$,则$\displaystyle\int_a^b f'(x)f''(x)\,\mathrm{d}x=(\quad)$.

A. $a-b$　　B. $\dfrac{1}{2}(a-b)$

C. a^2-b^2　　D. $\dfrac{1}{2}(a^2-b^2)$

5. 设函数 $f(x)$ 连续,则 $\int_0^a x^3 f(x^2)\,\mathrm{d}x=($ $)$.

A. $\frac{1}{2}\int_0^a xf(x)\,\mathrm{d}x$　　B. $\frac{1}{2}\int_0^{a^2} xf(x)\,\mathrm{d}x$

C. $2\int_0^{a^2} xf(x)\,\mathrm{d}x$　　D. $\int_0^a xf(x)\,\mathrm{d}x$

6. 若 $\int_0^x f(t)\,\mathrm{d}t=\frac{x^4}{2}$,则 $\int_0^4 \frac{1}{\sqrt{x}}f(\sqrt{x})\,\mathrm{d}x=($ $)$.

A. 16　　B. 8

C. 4　　D. 2

三、解答题

1. 求下列积分:

(1) $\int_1^4 (1-\sqrt{x})^2 \frac{1}{\sqrt{x}}\,\mathrm{d}x$;　　(2) $\int_5^6 \frac{1}{2x+x^2}\,\mathrm{d}x$;

(3) $\int_0^1 (x-1)3^x\,\mathrm{d}x$;　　(4) $\int_1^{16} \frac{1}{\sqrt{x}+\sqrt[4]{x}}\,\mathrm{d}x$;

(5) $\int_2^{+\infty} \frac{1}{x^2-1}\,\mathrm{d}x$;　　(6) $\int_0^1 \frac{\ln x}{\sqrt{x}}\,\mathrm{d}x$;

(7) $\int_0^1 \frac{1}{(2-x)\sqrt{1-x}}\,\mathrm{d}x$.

2. 设函数 $f(x)=\int_{\frac{1}{x}}^{\ln x}\varphi(t)\,\mathrm{d}t$,其中 $\varphi(t)$ 为连续函数,求 $f'(x)$.

3. 求函数 $f(x)=\int_0^x (u-1)(u-2)\mathrm{e}^{-u^2}\,\mathrm{d}u$ 的极值点.

4. 求下列平面图形的面积或旋转体的体积:

(1) 由曲线 $xy=6$ 与直线 $x+y=7$ 所围成的平面图形;

(2) 由曲线 $y=\ln x$ 与直线 $y=0,x=\mathrm{e}$ 所围成的平面图形;

(3) 由曲线 $y=\mathrm{e}^x$ 与直线 $y=\mathrm{e},x=0$ 所围成的平面图形;

(4) 由曲线 $x=2y^2+3y-5,x=1-y^2$ 所围成的平面图形;

(5) 由曲线 $xy=a^2$ 与直线 $y=0,x=a,x=2a\,(a>0)$ 所围成的平面图形绕 x 轴旋转一周而成的旋转体;

(6) 由曲线 $y=x^2,x=y^2$ 所围成的平面图形绕 y 轴旋转一周而成的旋转体;

(7) 由曲线 $y=x^3$ 与直线 $x=2,y=0$ 所围成的平面图形分别绕 x 轴、y 轴旋转一周而成的旋转体.

5. 已知两曲线 $y=f(x)$ 与 $y=g(x)$ 在点$(0,0)$处的切线相同,其中

$$g(x)=\int_0^{\arcsin x}\mathrm{e}^{-t^2}\,\mathrm{d}t,\quad x\in[-1,1],$$

试求该切线方程,并求极限 $\lim\limits_{n\to\infty}nf\left(\frac{3}{n}\right)$.

6. 试求正数 a,b 的值,使得等式 $\lim\limits_{x\to 0}\frac{1}{x-b\sin x}\int_0^x \frac{t^2}{\sqrt{a+t^2}}\,\mathrm{d}t=1$ 成立.

(B)

1. 设偶函数 $f(x)$ 在 $(-\infty,+\infty)$ 上连续，且 $\varphi(x)=\int_0^x (x-2t)f(t)\mathrm{d}t$，证明：$\varphi(x)$ 也为偶函数.

2. 设函数 $f(x)$ 在闭区间 $[0,1]$ 上连续，在开区间 $(0,1)$ 内可导，且 $4\int_{\frac{3}{4}}^1 f(x)\mathrm{d}x=f(0)$，证明：在 $(0,1)$ 内存在一点 c，使得 $f'(c)=0$.

3. 设 $f(x)$ 是连续函数，证明：$\int_a^b f(x)\mathrm{d}x=(b-a)\int_0^1 f[a+(b-a)x]\mathrm{d}x$.

4. 设函数 $f(x)$，$\varphi(x)$ 在区间 $[-a,a]$ 上连续，$\varphi(x)$ 为偶函数，且 $f(x)+f(-x)=C$（C 为常数），证明：$\int_{-a}^a f(x)\varphi(x)\mathrm{d}x=C\int_0^a \varphi(x)\mathrm{d}x$.

习题参考答案

第 一 章

习题 1 - 1

1.(1) $\{x \mid x>6\}$. (2) $\{x \mid x^2-8x+12=0, x\in \mathbf{R}\}$ 或 $\{2,6\}$. (3) $\{(0,0),(1,1)\}$.

2.(1) $[1,3]$. (2) $(-3,3)$. (3) $(a-\varepsilon, a+\varepsilon)$. (4) $(-\infty,1)\cup(5,+\infty)$.

3.(1) $\{x \mid x\neq 0$ 且 $x\neq 1\}$. (2) $[-3,3]$. (3) $[-1,0]$. (4) $\left(\frac{1}{2},+\infty\right)$.

(5) $[-2,-1)\cup(-1,1)\cup(1,+\infty)$. (6) $\{x \mid x\neq 0\}$.

4.(1) 不相同. (2) 不相同. (3) 不相同. (4) 相同.

5. $0, x^2-5x+6$.

6. $1, \frac{1+x}{1-x}, \frac{x-1}{x+1}$.

7.(1) $(-\infty,+\infty)$,增. (2) $(-\infty,-1)$ 和 $(-1,+\infty)$,增. (3) $(-\infty,+\infty)$,增.

(4) $(-\infty,-1)$ 和 $(1,+\infty)$,增;$(-1,0)$ 和 $(0,1)$,减.

8.(1) 偶函数. (2) 奇函数. (3) 奇函数. (4) 偶函数.

9.(1) 有界. (2) 有界. (3) 无界. (4) 无界.

10. $y=\begin{cases}0.3x, & 0\leqslant x\leqslant 50,\\ 0.45x-7.5, & x>50.\end{cases}$

11. $s=\begin{cases}4t, & 0\leqslant t\leqslant 0.5,\\ 30t-13, & 0.5<t\leqslant 0.75.\end{cases}$

习题 1 - 2

1.(1) $y=\frac{x+1}{2}$. (2) $y=\sqrt[3]{x-2}$. (3) $y=\frac{1-x}{1+x}$. (4) $y=x^3-1$. (5) $y=\mathrm{e}^{x-1}-2$.

(6) $y=\frac{1}{3}\arcsin\frac{x}{2}, -2\leqslant x\leqslant 2$.

2. $y=\begin{cases}-\sqrt{-(x+1)}, & x<-1,\\ 0, & x=0,\\ \sqrt{x-1}, & x>1.\end{cases}$

3. $f[g(x)]=\dfrac{1}{2-x}$,$\{x \mid x\neq 1, x\neq 2\}$;$g[f(x)]=1+x$,$\{x \mid x\neq -1\}$.

4. (1) $(-\infty,0]$. (2) $[1,\mathrm{e}]$. (3) $[0,\tan 1]$.

5. $f(2x+1)=\begin{cases}2x+3, & x<-1,\\ -2x-1, & -1\leqslant x\leqslant 0,\\ 2x-1, & x>0.\end{cases}$

6. $f[g(x)]=\mathrm{e}^{x^2}$,$f[g(1)]=\mathrm{e}$,$f[g(2)]=\mathrm{e}^4$;$g[f(x)]=\mathrm{e}^{2x}$,$g[f(1)]=\mathrm{e}^2$,$g[f(2)]=\mathrm{e}^4$.

7. (1) $y=\sqrt{u}$,$u=x^2+1$. (2) $y=\lg u$,$u=x^2+1$. (3) $y=\mathrm{e}^u$,$u=v^3$,$v=\sin x$.
   (4) $y=u^2$,$u=\ln x+1$. (5) $y=u^3$,$u=\sin v$,$v=\ln(x+1)$.
   (6) $y=\arcsin u$,$u=\ln v$,$v=2x+1$.

8. (1) $f(x)=x^2-2$. (2) $f(\cos x)=2\sin^2 x$.

习题 1-3

1. (1) $[0,1]$. (2) $\mathbf{R}$. (3) $[0,2]$. (4) $(-1,2]$.

2. (1) $\dfrac{\pi}{4}$. (2) $\dfrac{\pi}{2}$. (3) $\dfrac{\pi}{3}$. (4) $\dfrac{\pi}{4}$.

3. (1) 是. (2) 是. (3) 否. (4) 否.

4. 略.

5. (1) $y=\mathrm{e}^u$,$u=\arcsin v$,$v=x^2$. (2) $y=\sqrt{u}$,$u=\ln v$,$v=\ln x$.
   (3) $y=\arccos u$,$u=\mathrm{e}^x$. (4) $y=u^2$,$u=\cos v$,$v=\ln(x+1)$.

习题 1-4

1. $y=45\,000\left(\dfrac{2}{3}\right)^t$.

2. $y=-5x^2+200x+2\,500$,$0<x<50$.

3. $P(20)\approx 21.55\%$,$P(50)\approx 93.1\%$.

4. $P=1\,700-0.2x$,1 530 元/台.

5. 均衡价格为 84,均衡量为 8.

6. $C(100)=2\,250$,$\overline{C}(100)=22.5$.

7. (1) $\overline{C}(q)=\dfrac{1}{9}q+6+\dfrac{100}{q}$. (2) $L(q)=-\dfrac{4}{9}q^2+40q-100$.

8. 盈亏平衡点为 $q=2$ 和 6,当 $q<2$ 时亏损,当 $2<q<6$ 时盈利,当 $q>6$ 时亏损.

9. (1) $C(q)=150+10q$,$\overline{C}(q)=\dfrac{150+10q}{q}$.
   (2) $R(q)=15q$. (3) $L(q)=5q-150$,$q=30$.

总复习题一

(A)

1. (1) 相同. (2) 不相同. (3) 不相同. (4) 相同. (5) 不相同.

2. (1) $(-3,-2)\cup(-2,4]$. (2) $(1,+\infty)$. (3) $(0,\mathrm{e})$. (4) $(-\infty,-1]\cup[1,3]$.

   (5) $[-1,\sqrt{2}]$. (6) $\left(-\dfrac{\pi}{2},0\right)\cup\left(0,\dfrac{\pi}{2}\right)$.

3. $(2,3)$. 4. $[-\sqrt{2},\sqrt{2}]$. 5. $\begin{cases}2+x, & x<-1,\\ 1, & x\geqslant -1.\end{cases}$

6. (1) 偶函数. (2) 奇函数. (3) 奇函数. (4) 非奇非偶函数. (5) 奇函数. (6) 奇函数.

7. (1) $y=\dfrac{1}{3}(\log_2 x-1),x>0$. (2) $y=\ln\dfrac{x}{1-x},x\in(0,1)$.

   (3) $y=\begin{cases}x, & x<1,\\ \sqrt{x}, & 1\leqslant x\leqslant 16,\\ \log_2 x, & x>16.\end{cases}$ (4) $y=\begin{cases}\arctan x, & x<0,\\ \sqrt{x}, & 0\leqslant x<4,\\ \ln x, & x\geqslant \mathrm{e}^2.\end{cases}$

8. (1) $y=u^{\frac{1}{3}},u=x^2+1$. (2) $y=\dfrac{1}{u},u=\arccos v,v=3x$.

   (3) $y=\mathrm{e}^u,u=\arctan v,v=\sin w,w=\sqrt{t},t=x^2+1$.

   (4) $y=u^2,u=\sin\dfrac{1}{v},v=\sqrt{w},w=2x+1$.

9. (1) 有界. (2) 无界. (3) 有界. (4) 无界.

10. (1) $f(\cos x)=3+\cos 2x$. (2) $g(x)=\mathrm{e}^x+1$.

    (3) $f[g(x)]=\begin{cases}-x, & 0<x<1,\\ -\ln^2 x, & x\geqslant 1.\end{cases}$

11. 略. 12. $f(x)=\dfrac{c}{a^2-b^2}\left(\dfrac{a}{x}-\dfrac{b}{1-x}\right)$. 13. 略.

14. 存一年期,收益为 $0.085\ 764A$.

15. 每月健身次数小于 100 次选第二家,每月健身次数大于 100 次选第一家,每月健身次数等于 100 次任选.

16. 28 000 本.

(B)

1. $\varphi(x)=\sqrt{\ln(1-x)},x\leqslant 0$. 2. 1. 3. D.

4. (1) 奇函数. (2) $y=\dfrac{\mathrm{e}^x-\mathrm{e}^{-x}}{2}$. 5. 奇函数. 6. $\dfrac{x}{x^2-2}$.

第 二 章

习题 2-1

1. (1) 收敛,极限为 1. (2) 收敛,极限为 0. (3) 发散. (4) 发散. (5) 发散.

   (6) 收敛,极限为 0. (7) 发散. (8) 发散.

2. ～3. 略.

4.（1）提示：使用数列极限的定义进行证明. （2）$x_n=(-1)^n$.

习题 2－2

1.（1）存在，$\frac{\pi}{2}$. （2）存在，0. （3）不存在. （4）存在，1. （5）存在，15.

（6）不存在.

2.（1）错误. （2）错误.

3. 不存在. 提示：因为 $f(0^-)=-1$，$f(0^+)=1$，所以$\lim\limits_{x\to 0}f(x)$不存在.

4. 存在，$\lim\limits_{x\to 0}f(x)=1$.

5. ε.

6. 略.

习题 2－3

1.（1）错误. （2）错误. （3）错误.

2.（1）$x\to 0^+$ 时，$f(x)$ 为无穷大；$x\to+\infty$ 时，$f(x)$ 为无穷大.

（2）$x\to-\infty$ 时，$f(x)$ 为无穷大；$x\to+\infty$ 时，$f(x)$ 为无穷小.

（3）$x\to-\infty$ 时，$f(x)$ 为无穷大；$x\to+\infty$ 时，$f(x)$ 为无穷小.

3.（1）0. （2）0. （3）0.

4.（1）否. （2）否. 原因略.

习题 2－4

1.（1）不正确，极限值为$\frac{1}{2}$. （2）不正确，极限值为 0. 原因与过程略.

2.（1）3. （2）$\frac{3}{2}$. （3）-1. （4）1. （5）$\frac{1}{2}$. （6）$\frac{1}{5}$. （7）0. （8）1. （9）$\cos a$.

（10）$\frac{3^{15}\cdot 5^{25}}{7^{40}}$.

3.（1）1. （2）$\frac{1}{7}$. （3）$\frac{1}{2}$. （4）$\frac{1}{3}$.

4. $\alpha=1,\beta=-2$. 提示：$\lim\limits_{x\to-\infty}(x+\sqrt{\alpha x^2+\beta x-2})=\lim\limits_{x\to-\infty}\dfrac{(1-\alpha)x^2-\beta x+2}{x\left(1-\sqrt{\alpha+\dfrac{\beta}{x}-\dfrac{2}{x^2}}\right)}$.

5. $\alpha=-1,\beta=3$.

习题 2－5

1. $\max\{c_1,c_2,\cdots,c_l\}$. 提示：令 $c=\max\{c_1,c_2,\cdots,c_l\}$，则 $c=\sqrt[n]{c^n}\leqslant\sqrt[n]{c_1^n+c_2^n+\cdots+c_l^n}\leqslant\sqrt[n]{lc^n}=c\sqrt[n]{l}$.

2. 1. 提示：$\frac{n}{\sqrt{n^2+n}} \leqslant \frac{1}{\sqrt{n^2+1}} + \frac{1}{\sqrt{n^2+2}} + \cdots + \frac{1}{\sqrt{n^2+n}} \leqslant \frac{n}{\sqrt{n^2+1}}$.

3. 8. 提示：由 $8^n < 3^n + 8^n < 2 \times 8^n$ 可推出 $8 < (3^n + 8^n)^{\frac{1}{n}} < 2^{\frac{1}{n}} \times 8$.

4. 略.

5. (1) $\frac{3}{4}$. (2) $\frac{3}{7}$. (3) $-\frac{1}{6}$. (4) 1. (5) 7. (6) $\frac{3}{5}$. (7) $-\cos c$. (8) 5.

6. (1) e^7. (2) e^2. (3) e^{-4}. (4) e^{-1}.

7. (1) 15 938 元. (2) 16 115 元. (3) 16 161 元.

习题 2-6

1. (1) 高阶. (2) 同阶. (3) 等价. (4) 等价.

2. (1) $\frac{4}{3}$. (2) $-\frac{1}{2}$. (3) $\frac{1}{2}$. (4) 8. (5) 2. (6) $\frac{1}{2}$. (7) 1.

3. 略.

4. 提示：$\lim\limits_{x\to 0}\frac{e^{\sin 2x} - e^{\sin x}}{x} = \lim\limits_{x\to 0}\left(\frac{e^{\sin 2x}-1}{x} - \frac{e^{\sin x}-1}{x}\right) = \lim\limits_{x\to 0}\frac{e^{\sin 2x}-1}{x} - \lim\limits_{x\to 0}\frac{e^{\sin x}-1}{x}$.

习题 2-7

1. 函数 $f(x)$ 在 $(-\infty, +\infty)$ 上连续.
2. 函数 $f(x)$ 在点 $x=0$ 处连续.
3. (1) $x=0$ 为可去间断点，$x=n$(n 为非零整数) 为无穷间断点.
   (2) $x=-1$ 为可去间断点，$x=3$ 为无穷间断点.
   (3) $x=0$ 为跳跃间断点.
   (4) $x=0$ 为跳跃间断点.
4. $a=2, b=-\frac{5}{2}$.
5. (1) $\frac{\ln 5}{19}$. (2) 25. (3) $\frac{4}{3}$. (4) 0. (5) e^{-2}. (6) 0.
6. $x=0$ 为跳跃间断点.

习题 2-8

1. 提示：设函数 $F(x) = x^3 - 5x + 2$，再由零点定理进行证明.
2. 提示：因为该方程为一元三次方程，所以最多存在三个实数根，再由零点定理证明存在三个实数根.
3. 提示：首先根据最大值和最小值定理可得 $m \leqslant g(x_i) \leqslant M (i=1,2,\cdots,n)$，这里 m 和 M 分别为 $g(x)$ 在 $[a,b]$ 上的最大值和最小值，从而得到 $m \leqslant \frac{g(x_1)+g(x_2)+\cdots+g(x_n)}{n} \leqslant M$. 再由介值定理进行证明.

4. 提示：设函数 $F(x)=g(x)-g(x+a)$，再由零点定理进行证明.

总复习题二

（A）

一、填空题

1. 高阶.　2. -1.　3. $6;-16$.　4. $\ln 2$.

二、解答题

1. (1) $\frac{7}{8}$.　(2) 2.　(3) $\frac{1}{2}$.　(4) $(abc)^{\frac{1}{3}}$.　(5) $\frac{1}{a}$.　(6) 2.　(7) $-\frac{1}{2}$.　(8) 0.

(9) $\frac{1}{4}$.　(10) 2.

2. $\alpha=3,\beta=0$.　3. $\alpha=-1,\beta=6$.　4. $a=0,b=1$.　5. 连续.　6. 间断.

7. $x=-1$ 为跳跃间断点，$x=1$ 为可去间断点.

8. 提示：因为该方程为一元三次方程，所以最多存在三个实数根，再由零点定理证明存在三个实数根.

9. 提示：构造辅助函数 $F(x)=\frac{1}{x-1}+\frac{1}{x-2}+\frac{1}{x-3}$.

（B）

1. (1) 提示：由 $0<1-2x_1<1$ 及 $x_2=x_1(1-2x_1)$，得 $0<x_2<x_1<\frac{1}{2}$，再由数学归纳法进行证明.

(2) 0. 提示：令 $\lim\limits_{n\to\infty}x_n=c$，则 $\lim\limits_{n\to\infty}x_{n+1}=c$，所以 $c=c(1-2c)$.

2. 略.

3. 提示：设 $f(t)(t\in[0,12])$ 表示从港口 A 到 B 的运动函数，$g(t)(t\in[0,12])$ 表示从港口 B 到 A 的运动函数，S 表示从港口 A 到 B 的距离，则要证明必然存在一点 $t_0\in(0,12)$，使得 $f(t_0)=S-g(t_0)$. 构造辅助函数 $F(t)=f(t)-S+g(t)$.

4. 2.　5. -2.

第　三　章

习题 3 - 1

1. (1) 1 件.　(2) 79.9 元.　(3) 80 元 / 件.

(4) 边际成本 $C'(100)$ 近似于产量达到 100 件时，再增产 1 件商品所需的成本.

2. -10.

3. 略.

4. (1) $3x^2$.　(2) $\frac{3}{5}x^{-\frac{2}{5}}$.　(3) $1.3x^{0.3}$.　(4) $\frac{1}{x\ln 10}$.　(5) 0.

5. (1) 2.　(2) -6.

6. 6.

7. 可导，$f'(0)=-1$.

8. (1) 连续但不可导. (2) 连续且可导，$f'(0)=1$. (3) 连续但不可导.
(4) 连续且可导，$f'(0)=0$.

9. $f'_-(0)=-1, f'_+(0)=0, f'(0)$ 不存在.

10. 切线方程为$\frac{\sqrt{3}}{2}x-y+\frac{1}{2}-\frac{\sqrt{3}}{12}\pi=0$，法线方程为$\frac{2\sqrt{3}}{3}x+y-\frac{1}{2}-\frac{\sqrt{3}}{9}\pi=0$.

11. $(-1,0)$.

习题 3-2

1. (1) 1. (2) $\frac{1-\sqrt{3}}{2}, 0$. (3) $\frac{\sqrt{2}}{2}\left(\frac{\pi}{4}-1\right)$. (4) $\frac{1}{18}$. (5) 3e.

2. (1) $\frac{\mathrm{d}y}{\mathrm{d}x}=1-\frac{1}{3}x^{-\frac{2}{3}}$. (2) $\frac{\mathrm{d}y}{\mathrm{d}x}=2x+\frac{9}{x^4}+\frac{10}{x^6}$. (3) $\frac{\mathrm{d}y}{\mathrm{d}x}=15x^4-\frac{4}{x\ln 2}-2\mathrm{e}^x$.
(4) $\frac{\mathrm{d}y}{\mathrm{d}x}=-\sin x-3\sec^2 x+2\sec x\tan x$. (5) $\frac{\mathrm{d}y}{\mathrm{d}x}=3^x\left[\ln(x+3)+\frac{1}{x}\right]$.
(6) $\frac{\mathrm{d}y}{\mathrm{d}x}=2\mathrm{e}^x(\sin x+\cos x)$. (7) $\frac{\mathrm{d}y}{\mathrm{d}x}=2x\ln x\cdot\sin x+x\sin x+x^2\ln x\cdot\cos x$.
(8) $\frac{\mathrm{d}y}{\mathrm{d}x}=\frac{x-3}{x^4}\mathrm{e}^x-2^x\ln 2$. (9) $\frac{\mathrm{d}y}{\mathrm{d}x}=-\frac{1+\sin x+\cos x}{(1+\sin x)^2}$.
(10) $\frac{\mathrm{d}y}{\mathrm{d}x}=\frac{x^2}{(x\cos x-\sin x)^2}$.

3. (1) $\frac{\mathrm{d}y}{\mathrm{d}x}=18x-6$. (2) $\frac{\mathrm{d}y}{\mathrm{d}x}=-2\cos(5-2x)$. (3) $\frac{\mathrm{d}y}{\mathrm{d}x}=\frac{3}{x\ln 2}$. (4) $\frac{\mathrm{d}y}{\mathrm{d}x}=\sin 2x$.
(5) $\frac{\mathrm{d}y}{\mathrm{d}x}=\frac{3x^2}{x^3+2}$. (6) $\frac{\mathrm{d}y}{\mathrm{d}x}=\frac{1}{x(1+\ln^2 x)}$. (7) $\frac{\mathrm{d}y}{\mathrm{d}x}=-\frac{x}{\sqrt{a^2-x^2}}$.
(8) $\frac{\mathrm{d}y}{\mathrm{d}x}=-\frac{1}{\sqrt{a^2+x^2}}$. (9) $\frac{\mathrm{d}y}{\mathrm{d}x}=n\sin^{n-1}x\cdot\cos(n+1)x$.
(10) $\frac{\mathrm{d}y}{\mathrm{d}x}=-\frac{6\arcsin^2 x}{\sqrt{1-x^2}}\mathrm{e}^{-2\arcsin^3 x}$. (11) $\frac{\mathrm{d}y}{\mathrm{d}x}=\frac{2\sqrt{x}+1}{4\sqrt{x}\sqrt{x+\sqrt{x}}}$. (12) $\frac{\mathrm{d}y}{\mathrm{d}x}=\frac{1-\sqrt{1-x^2}}{x^2\sqrt{1-x^2}}$.

4. $\frac{\mathrm{d}y}{\mathrm{d}x}=\frac{f(x)f'(x)+g(x)g'(x)}{\sqrt{f^2(x)+g^2(x)}}$.

5. $\frac{\mathrm{d}y}{\mathrm{d}x}=\frac{\mathrm{e}^x f'(\mathrm{e}^x)-f'(x)f(\mathrm{e}^x)}{\mathrm{e}^{f(x)}}$.

习题 3-3

1. (1) $\frac{\mathrm{d}y}{\mathrm{d}x}=\frac{y-2x}{2y-x}$. (2) $\frac{\mathrm{d}y}{\mathrm{d}x}=\frac{\sin(x-y)-y\cos x}{\sin(x-y)+\sin x}$. (3) $\frac{\mathrm{d}y}{\mathrm{d}x}=\frac{\mathrm{e}^{-x}-y}{x+\mathrm{e}^{-y}}$.
(4) $\frac{\mathrm{d}y}{\mathrm{d}x}=-\frac{\mathrm{e}^y}{\cos y+x\mathrm{e}^y}$. (5) $\frac{\mathrm{d}y}{\mathrm{d}x}=\frac{x+y}{x-y}$.

2. (1) $\frac{\mathrm{d}y}{\mathrm{d}x}=x^x(\ln x+1)+ax^{a-1}+a^x\ln a$. (2) $\frac{\mathrm{d}y}{\mathrm{d}x}=\left(\frac{x}{x+1}\right)^x\left(\frac{1}{x+1}+\ln\frac{x}{x+1}\right)$.

(3) $\dfrac{dy}{dx}=\dfrac{e^{x^2}}{2}\sqrt{\dfrac{(x-1)(x-2)}{x-3}}\left(4x+\dfrac{1}{x-1}+\dfrac{1}{x-2}-\dfrac{1}{x-3}\right)$.

(4) $\dfrac{dy}{dx}=\dfrac{1}{5}\sqrt[5]{\dfrac{x-5}{\sqrt[5]{x^2+2}}}\left[\dfrac{1}{x-5}-\dfrac{2x}{5(x^2+2)}\right]$.

(5) $\dfrac{dy}{dx}=\dfrac{1}{2}\sqrt{x\sin x\sqrt{1-e^x}}\left[\dfrac{1}{x}+\cot x-\dfrac{e^x}{2(1-e^x)}\right]$.

3. 切线方程为 $x-3y+5=0$，法线方程为 $3x+y-5=0$.

4. $\dfrac{dy}{dx}=\dfrac{2}{t}(t\neq 0)$.

5. $\dfrac{dy}{dx}=\dfrac{1+\sin t+\cos t}{1+\sin t-\cos t}$，$\dfrac{dx}{dy}=\dfrac{1+\sin t-\cos t}{1+\sin t+\cos t}$.

习题 3－4

1. (1) $\dfrac{d^2y}{dx^2}=6+2\sec^2 x\tan x+\dfrac{1}{x^2}$.　(2) $\dfrac{d^2y}{dx^2}=-\csc^2 x$.　(3) $\dfrac{d^2y}{dx^2}=-\dfrac{a^2}{(a^2-x^2)^{\frac{3}{2}}}$.

(4) $\dfrac{d^2y}{dx^2}=\dfrac{e^x(x^2-2x+2)}{x^3}$.　(5) $\dfrac{d^2y}{dx^2}=2xe^{x^2}(2x^2+3)$.

(6) $\dfrac{d^2y}{dx^2}=x^x\left[(\ln x+1)^2+\dfrac{1}{x}\right]$.

2. (1) $\dfrac{d^ny}{dx^n}=a(a-1)\cdots(a-n+1)x^{a-n}$.　(2) $\dfrac{d^ny}{dx^n}=2^{n-1}\sin\left[2x+(n-1)\cdot\dfrac{\pi}{2}\right]$.

(3) $\dfrac{dy}{dx}=\ln x+1$，$\dfrac{d^ny}{dx^n}=(-1)^n\dfrac{(n-2)!}{x^{n-1}}\ (n\geqslant 2)$.

(4) $\dfrac{d^ny}{dx^n}=\dfrac{(-1)^n n!}{2}\left[\dfrac{1}{(x-1)^{n+1}}-\dfrac{1}{(x+1)^{n+1}}\right]$.

3. (1) $\dfrac{d^2y}{dx^2}=9x^4f''(x^3)+6xf'(x^3)$.　(2) $\dfrac{d^2y}{dx^2}=f''(\cos x)\sin^2 x-f'(\cos x)\cos x$.

(3) $\dfrac{d^2y}{dx^2}=f''(e^{-x})e^{-2x}+f'(e^{-x})e^{-x}$.　(4) $\dfrac{d^2y}{dx^2}=\dfrac{f(x)f''(x)-f'^2(x)}{f^2(x)\ln a}$.

(5) $\dfrac{d^2y}{dx^2}=6xf(\ln x)+5xf'(\ln x)+xf''(\ln x)$.

4. (1) $\dfrac{d^2y}{dx^2}=-\dfrac{4(x+y)}{(x+y-1)^3}$.　(2) $\dfrac{d^2y}{dx^2}=-\dfrac{4\sin y}{(2-\cos y)^3}$.

5. $\dfrac{d^2y}{dx^2}=-\dfrac{1}{2e^{3t}}$.

习题 3－5

1. 0.01.

2. (1) $2x$.　(2) $\dfrac{1}{2}x^2$.　(3) $\sqrt{x}$.　(4) $-\dfrac{1}{2}\cos 2x$.　(5) $-\dfrac{1}{2}e^{-2x}$.　(6) $\ln(1+x)$.

3. (1) $\dfrac{x}{\sqrt{1+x^2}}\mathrm{d}x$.　(2) $(3+2x)x^2\mathrm{e}^{2x}\mathrm{d}x$.　(3) $-\dfrac{1}{2\sqrt{x}}\sin\sqrt{x}\,\mathrm{d}x$.

(4) $\dfrac{x}{(2+x^2)\sqrt{1+x^2}}\mathrm{d}x$.　(5) $(\cos 2x-2x\sin 2x)\mathrm{d}x$.　(6) $-2x\tan x^2\mathrm{d}x$.

(7) $\mathrm{e}^{2x}(2\cos x-\sin x)\mathrm{d}x$.　(8) $\dfrac{2x\mathrm{e}^{x^2}}{1+\mathrm{e}^{x^2}}\mathrm{d}x$.

4. (1) $-\dfrac{y^2+\sin(x+y^2)}{2xy+\mathrm{e}^y+2y\sin(x+y^2)}\mathrm{d}x$.　(2) $\dfrac{2x\cos 2x-y-xy\mathrm{e}^{xy}}{x^2\mathrm{e}^{xy}+x\ln x}\mathrm{d}x$.

5. 略.

6. (1) 1.02.　(2) 1.975.　(3) 0.507 6.　(4) 0.795 4.

7. 100 件.

8. 0.13 cm^3.

9. −0.01 元/件.

10. −1.54 $\mathrm{mg/m}^3$.

习题 3-6

1. $C'(q)=1+(1-q)\mathrm{e}^{-q}$.

2. (1) $C'(q)=0.003q^2-0.8q+60$.

(2) 平均成本为 $\overline{C}(40)=58.1$;边际成本为 $C'(40)=32.8$,它表示生产第 41 个单位商品时所增加的成本为 32.8.

3. 总成本为 $C(10)=125$;平均成本为 $\overline{C}(10)=12.5$;边际成本为 $C'(10)=5$,它表示当 $q=10$ 时,q 再改变 1 个单位,则成本改变 5 个单位.

4. 总收益为 $R(50)=9\ 975$;边际收益为 $R'(50)=199$;边际收益函数 $R'(q)$ 表示销售第 $q+1$ 个单位商品时所增加的收益.

5. 边际成本函数为 $C'(q)=0.02q+10$;边际收益函数为 $R'(q)=30$;产(销)量 $q=1\ 000$ 件时边际利润为 0.

6. (1) $L'(q)=40-\dfrac{q}{500}$.　(2) 增加 0.8%.

7. (1) 40 元/t.　(2) 300 t.

总复习题三

(A)

一、填空题

1. 3.　2. 0.　3. ln 2.　4. $(1+2x)\mathrm{e}^{2x}$.　5. $1+\ln x$.　6. −1.　7. $\dfrac{3t^2}{2(t+1)(t^3+1)}$.

8. $3\mathrm{e}x-y-2\mathrm{e}^2=0$.　9. $\dfrac{n!}{(1-x)^{n+1}}$.　10. $\dfrac{1}{x(1+\ln y)}\mathrm{d}x$.

二、解答题

1. (1) $\frac{dy}{dx}=\frac{\cos x}{|\cos x|}$.　(2) $\frac{dy}{dx}=\frac{e^x}{\sqrt{1+e^{2x}}}$.

(3) $\frac{dy}{dx}=(1+x^3)^{\cos x^2}\left[\frac{3x^2\cos x^2}{1+x^3}-2x\sin x^2\ln(1+x^3)\right]$.

(4) $\frac{dy}{dx}=\begin{cases}(3-x)(3x-5), & x<1,\\(x-3)(3x-5), & x>1.\end{cases}$

(5) $\frac{dy}{dx}=\frac{x^3-\sqrt{1+x^2}}{x^2\sqrt{1+x^2}}e^{f\left(\frac{1}{x}+\sqrt{1+x^2}\right)}f'\left(\frac{1}{x}+\sqrt{1+x^2}\right)$.

2. (1) $\frac{d^2y}{dx^2}=-2\cos 2x\cdot\ln x-\frac{2\sin 2x}{x}-\frac{\cos^2 x}{x^2}$.　(2) $\frac{d^2y}{dx^2}=\frac{3x}{(1-x^2)^{\frac{5}{2}}}$.

(3) $\frac{d^2y}{dx^2}=e^x f'(e^x+x)+(e^x+1)^2f''(e^x+x)$.　(4) $\frac{d^2y}{dx^2}=\frac{2xy+2ye^y-y^2e^y}{(x+e^y)^3}$.

(5) $\frac{d^2y}{dx^2}=\frac{\sec^4 t}{3a\sin t}$.

3. $\varphi'(x)e^{\varphi(x)}f'[e^{\varphi(x)}]dx$.　4. 证明略，$f'(a)=g(a)$.　5. $a=-1,b=1$.

6. $a=-1,b=-1,c=1$.　7. $a\neq-\frac{1}{2},b=1,c=0$.

8. (1) 边际成本函数为 $C'(q)=5+4q$，边际收益函数为 $R'(q)=200+2q$，边际利润函数为 $L'(q)=195-2q$.

(2) 145.

9. (1) $L(q)=28q-100-q^2$.　(2) 14 百件.

(B)

1. D.　2. B.　3. C.　4. C.　5. $\frac{4}{3}e$.　6. 0.　7. $-\frac{n!}{n-2}$.　8. 可导，$f'(0)=0$.

第 四 章

习题 4-1

1. 验证略. (1) $\xi=1$.　(2) $\xi=\frac{\pi}{2}$.　(3) $\xi=0$.　(4) $\xi=e-1$.　(5) $\xi=\sqrt{\frac{4-\pi}{\pi}}$.

(6) $\xi=\frac{14}{9}$.

2. (1) 恰有两个.　(2) 恰有两个.　(3) 恰有三个.

3. 提示：构造辅助函数 $F(x)=f(x)-\frac{f(a)}{a}x$，运用罗尔中值定理.

4. 提示：运用拉格朗日中值定理的推论.

5. 提示：(1) 对函数 $f(x)=\ln x$ 在区间 $[a,b]$ 上运用拉格朗日中值定理.

(2) 对函数 $f(t)=\arctan t$ 在以 x,y 为端点的区间上运用拉格朗日中值定理.

6. 提示：对函数 $f(x)$ 和 $g(x)=x^2$ 在区间 $[a,b]$ 上运用柯西中值定理.

习题 4－2

1. 略.

2. (1) $\frac{1}{3}$. (2) $-\frac{1}{6}$. (3) $-\frac{1}{12}$. (4) $\frac{1}{2}$.

习题 4－3

1. (1) $\frac{3}{4}$. (2) 1. (3) 32. (4) α. (5) -1.
   (6) 2. (7) 0. (8) $\frac{1}{2}$. (9) $\frac{1}{2}$. (10) $+\infty$.

2. (1) 3. (2) $\frac{1}{6}$. (3) 1. (4) 2. (5) -1.
   (6) $-\frac{1}{3}$. (7) $-\frac{1}{8}$. (8) 2. (9) $\frac{1}{120}$. (10) 1.

3. (1) $\frac{1}{2}$. (2) $+\infty$. (3) 0. (4) 0. (5) 1. (6) 1. (7) 3. (8) 0.

4. (1) 0. (2) 0. (3) 1. (4) 1. (5) 0. (6) $\frac{1}{2}$. (7) $-\frac{1}{2}$. (8) $\frac{1}{2}$.
   (9) 1. (10) e. (11) 1. (12) 1. (13) e^{-1}. (14) $e^{-\frac{1}{2}}$.

习题 4－4

1. (1) 在区间$(-\infty,0)$上单调递减,在区间$(0,+\infty)$上单调递增.
   (2) 在区间$[-\pi,\pi]$上单调递减.
   (3) 在区间$(-\infty,0)$上单调递增,在区间$(0,+\infty)$上单调递减.
   (4) 在区间$(-\infty,+\infty)$上单调递增.

2. (1) 单调增区间为$(1,+\infty)$,单调减区间为$(0,1)$.
   (2) 单调增区间为$(-1,+\infty)$,单调减区间为$(-\infty,-1)$.
   (3) 单调增区间为$(-2,2)$,单调减区间为$(-\infty,-2)$和$(2,+\infty)$.
   (4) 单调增区间为$\left(-\infty,-\frac{1}{3}\right)$和$(1,+\infty)$,单调减区间为$\left(-\frac{1}{3},1\right)$.
   (5) 单调增区间为$(-\infty,-1)$和$(1,+\infty)$,单调减区间为$(-1,1)$.
   (6) 单调增区间为$(-\infty,0)$和$(1,+\infty)$,单调减区间为$(0,1)$.

3. (1) 在区间$(-\infty,0)$上是凸的,在区间$(0,+\infty)$上是凹的.
   (2) 在区间$(-\infty,+\infty)$上是凹的.
   (3) 在区间$(0,+\infty)$上是凸的.
   (4) 在区间$(-\infty,+\infty)$上是凹的.

4. (1) 凹区间为$\left(\frac{1}{3},+\infty\right)$,凸区间为$\left(-\infty,\frac{1}{3}\right)$,拐点为$\left(\frac{1}{3},\frac{16}{27}\right)$.
   (2) 凹区间为$(-\infty,0)$和$\left(\frac{2}{3},+\infty\right)$,凸区间为$\left(0,\frac{2}{3}\right)$,拐点为$(0,1)$和$\left(\frac{2}{3},\frac{11}{27}\right)$.

(3) 凹区间为$(-\infty,-1)$和$(0,+\infty)$,凸区间为$(-1,0)$,拐点为$(-1,2)$和$(0,3)$.

(4) 凹区间为$(0,1)$,凸区间为$(-\infty,0)$和$(1,+\infty)$,拐点为$(0,-1)$和$(1,0)$.

(5) 凹区间为$(2,+\infty)$,凸区间为$(-\infty,2)$,拐点为$(2,1)$.

(6) 凹区间为$(-\infty,0)$和$\left(\frac{1}{4},+\infty\right)$,凸区间为$\left(0,\frac{1}{4}\right)$,拐点为$(0,0)$和$\left(\frac{1}{4},-\frac{3}{32\sqrt[3]{2}}\right)$.

5. 略.

6. (1) 单调增区间为$(-\infty,1)$和$(2,+\infty)$,单调减区间为$(1,2)$,凹区间为$\left(\frac{3}{2},+\infty\right)$,凸区间为$\left(-\infty,\frac{3}{2}\right)$,拐点为$\left(\frac{3}{2},\frac{3}{2}\right)$.

(2) 单调增区间为$(-\infty,0)$和$(2,+\infty)$,单调减区间为$(0,2)$,凹区间为$(1,+\infty)$,凸区间为$(-\infty,1)$,拐点为$(1,4)$.

(3) 单调增区间为$(-\infty,+\infty)$,凹区间为$(-\infty,2)$,凸区间为$(2,+\infty)$,拐点为$(2,2)$.

(4) 单调增区间为$(-\infty,0)$,单调减区间为$(0,+\infty)$,凹区间为$(-\infty,-1)$和$(1,+\infty)$,凸区间为$(-1,1)$,拐点为$\left(-1,\frac{1}{\sqrt{2\pi e}}\right)$和$\left(1,\frac{1}{\sqrt{2\pi e}}\right)$.

7. $a=-\frac{3}{2},b=\frac{9}{2}$.

8. $a=-3,b=0,c=1$.

习题 4－5

1. (1) 极小值为$f(1)=1$,无极大值.

(2) 极小值为$f(-1)=-e^{-1}$,无极大值.

(3) 极小值为$f(-2)=-17$,极大值为$f(2)=15$.

(4) 极小值为$f(1)=0$,极大值为$f\left(-\frac{1}{3}\right)=\frac{32}{27}$.

(5) 极小值为$f(1)=0$,极大值为$f(-1)=3\sqrt[3]{4}$.

(6) 极小值为$f(1)=-3$,极大值为$f(0)=0$.

(7) 极小值为$f(3)=-3$,极大值为$f(1)=1$.

(8) 极小值为$f(2)=2$,极大值为$f(0)=6$.

(9) 无极值.

(10) 极大值为$f(0)=\frac{1}{\sqrt{2\pi}}$,无极小值.

2. (1) 最小值为$f(1)=7$,最大值为$f(4)=142$.

(2) 最小值为$f(2)=-14$,最大值为$f(3)=11$.

(3) 最小值为$f(-1)=-\frac{5}{2}$,最大值为$f(0)=f\left(\frac{27}{8}\right)=0$.

(4) 最小值为$f(1)=0$,最大值为$f(2)=6$.

(5) 最小值为$f(0)=0$,最大值为$f(-1)=e$.

(6) 最小值为 $f(\pm\pi)=-1$,最大值为 $f\left(\pm\frac{\pi}{2}\right)=\frac{\pi}{2}$.

3. 最低平均成本与相应产量下的边际成本均为 48 元 /t.

4. 100.

5. 350 元.

6. 22,$\frac{436}{3}$.

7. 140 件,224 元 / 件.

8. (1) 21 250 元,212.5 元 / 件. (2) 210 元 / 件,200 件. (3) 4 000 件,399 000 元,300.25 元 / 件.

习题 4 - 6

1. (1) 水平渐近线 $y=0$. (2) 垂直渐近线 $x=\frac{1}{2}$,斜渐近线 $y=\frac{1}{2}x+\frac{1}{4}$.

(3) 垂直渐近线 $x=0$,水平渐近线 $y=-2$. (4) 垂直渐近线 $x=1$,斜渐近线 $y=2x+4$.

2. 略.

总复习题四

(A)

一、选择题

1. A. 2. D. 3. B. 4. B. 5. D. 6. C. 7. D. 8. A. 9. A. 10. C. 11. B. 12. B. 13. D. 14. D. 15. B. 16. D. 17. B. 18. B. 19. A. 20. D.

二、填空题

1. -2. 2. $\frac{a}{b}$. 3. a. 4. ∞. 5. a. 6. $x=0$. 7. $(2,-10)$. 8. 1. 9. $y=2$. 10. $x=1$.

(B)

1. 提示:对函数 $f(x)=a_0x+\frac{1}{2}a_1x^2+\cdots+\frac{1}{n+1}a_nx^{n+1}$ 运用罗尔中值定理.

2. 提示:对函数 $f(x)=x^5-5x+1$ 先运用零点定理,再运用罗尔中值定理或函数的单调性.

3. 提示:对函数 $F(x)=[f(x)-f(a)][g(b)-g(x)]$ 运用罗尔中值定理.

4. 提示:对函数 $F(x)=e^{-x}f(x)$ 运用罗尔中值定理.

5. 提示:对函数 $f(x)$ 多次运用罗尔中值定理.

6. 提示:(1) 和(2) 运用拉格朗日中值定理的推论,(3) 和(4) 运用拉格朗日中值定理.

7. 提示:对函数 $F(x)=e^xf(x)$ 和 $G(x)=e^x$ 运用柯西中值定理.

8. 提示:对函数 $F(x)=\frac{f(x)}{x}$ 和 $G(x)=\frac{1}{x}$ 运用柯西中值定理.

9. (1) $-\frac{1}{2}$. (2) $\frac{1}{3}$. (3) $\frac{1}{6}$. (4) $-\frac{1}{12}$.

10. (1) 1. (2) 1. (3) 1. (4) 0. (5) $\frac{2}{3}$. (6) $\sqrt{ab}$.

11. 单调增区间为$(-\infty,0)$，单调减区间为$(0,+\infty)$，凹区间为$\left(-\infty,-\frac{1}{\sqrt{2}}\right)$和$\left(\frac{1}{\sqrt{2}},+\infty\right)$，凸区间为$\left(-\frac{1}{\sqrt{2}},\frac{1}{\sqrt{2}}\right)$，拐点为$\left(-\frac{1}{\sqrt{2}},\frac{1}{\sqrt{e}}\right)$和$\left(\frac{1}{\sqrt{2}},\frac{1}{\sqrt{e}}\right)$，极大值为$f(0)=1$，无极小值.

12. 略.　13. $a=-\frac{1}{2},b=\frac{3}{2},c=0,d=0$.

14. $a=1,b=-3,c=-24,d=16$.　15. 最大值为e^3，最小值为0.

16. 300件，25 000元.　17. ～18. 略.

第　五　章

习题 5－1

1. (1) x^6+C.　(2) $\frac{1}{3}x^3+2x^2-7x+C$.　(3) $-\frac{2}{5}x^{-\frac{5}{2}}+C$.　(4) $\frac{4}{7}x^{\frac{7}{4}}+C$.

 (5) $3\arcsin x-5\arctan x+C$.　(6) $\ln|x|+\arctan x+C$.　(7) $2x^{\frac{1}{2}}+\frac{2}{3}x^{\frac{3}{2}}+C$.

 (8) $e^x-3\ln|x|+C$.　(9) $\frac{4^x e^x}{1+\ln 4}+C$.　(10) e^x-x+C.　(11) $-\cot x-x+C$.

 (12) $\frac{1}{2}(x-\sin x)+C$.　(13) $\frac{1}{2}\tan x+C$.　(14) $\tan x-\sec x+C$.

 (15) $-4\cot x+C$.　(16) $\sin x+\cos x+C$.

2. $y=\ln|x|+3$.

3. $\frac{1}{4}x^4+C$.

4. $C(q)=10q+4\sqrt{q}+1\,000$.

习题 5－2

1. (1) $-\frac{1}{2}$.　(2) $\frac{1}{2}$.　(3) $\frac{1}{3}$.　(4) $-\frac{1}{7}$.　(5) $\frac{2}{3}$.　(6) -1.

2. (1) $-\frac{(3-2x)^{100}}{200}+C$.　(2) $(1+2x)^{\frac{1}{2}}+C$.　(3) $-\frac{1}{x+1}+C$.

 (4) $-(1-x^2)^{\frac{1}{2}}+C$.　(5) $x-\ln(1+e^x)+C$.　(6) $\frac{1}{2}e^{x^2}+C$.

 (7) $\frac{1}{3}\ln\left|\frac{x-2}{x+1}\right|+C$.　(8) $\frac{1}{4}\ln\left|\frac{2x-1}{2x+1}\right|+C$.　(9) $\ln|x^2-5x+4|+C$.

 (10) $\frac{1}{2}\ln|1+2\ln x|+C$.　(11) $-\frac{1}{3}(x\ln x)^{-3}+C$.　(12) $\arcsin(\ln x)+C$.

 (13) $\frac{3}{8}x+\frac{1}{4}\sin 2x+\frac{1}{32}\sin 4x+C$.　(14) $-\cos x+\frac{1}{3}\cos^3 x+C$.

 (15) $\frac{1}{4}\sin 2x-\frac{1}{24}\sin 12x+C$.　(16) $\frac{1}{3}\sec^3 x-\sec x+C$.

(17) $2\sqrt{\sin x-\cos x}+C$. (18) $\frac{1}{2}\arcsin\frac{2}{3}x-\frac{1}{4}\sqrt{9-4x^2}+C$.

(19) $-\frac{2^{\arccos x}}{\ln 2}+C$. (20) $\frac{1}{\sqrt{5}}\arctan\frac{x+1}{\sqrt{5}}+C$. (21) $-2\cos\sqrt{x}+C$.

(22) $6(\sqrt[6]{x}-\arctan\sqrt[6]{x})+C$. (23) $2\sqrt{x+1}+\ln\left|\frac{\sqrt{x+1}-1}{\sqrt{x+1}+1}\right|+C$.

(24) $x-4\sqrt{x+1}+4\ln(\sqrt{x+1}+1)+C$. (25) $\arccos\frac{1}{x}+C$.

(26) $-\frac{\sqrt{x^2+1}}{x}+C$. (27) $\frac{1}{2}(\arcsin x+\ln|x+\sqrt{1-x^2}|)+C$.

(28) $\arcsin^2\sqrt{x}+C$. (29) $\frac{a^2}{2}\arcsin\frac{x}{a}-\frac{x}{2}\sqrt{a^2-x^2}+C$.

(30) $-\frac{1}{14}\ln\left|1+\frac{2}{x^7}\right|+C$.

3. $\frac{1}{4}f^2(x^2)+C$.

习题 5-3

1. (1) $x\ln x-x+C$. (2) $\frac{1}{2}\sec x\tan x+\frac{1}{2}\ln|\sec x+\tan x|+C$.

(3) $-xe^{-x}-e^{-x}+C$. (4) $-x\cos x+\sin x+C$.

(5) $x^2\sin x+2x\cos x-2\sin x+C$. (6) $-\frac{1}{4}x\cos 2x+\frac{1}{8}\sin 2x+C$.

(7) $-\frac{1}{2x^2}\left(\ln x+\frac{1}{2}\right)+C$. (8) $x\arcsin^2x+2\sqrt{1-x^2}\arcsin x-2x+C$.

(9) $\frac{e^{-x}}{2}(\sin x-\cos x)+C$. (10) $-\frac{1}{2}x^2+x\tan x+\ln|\cos x|+C$.

(11) $\tan x\ln(\cos x)+\tan x-x+C$. (12) $\frac{x}{2}[\cos(\ln x)+\sin(\ln x)]+C$.

2. $\cos x-2\frac{\sin x}{x}+C$.

习题 5-4

1. (1) $6\ln|x-3|-5\ln|x-2|+C$. (2) $\frac{1}{2}x^2-8x+30\ln|x+3|+C$.

(3) $\frac{1}{x+1}+\ln|x^2-1|+C$. (4) $-2\ln|x+2|+\ln|x+1|+\ln|x+3|+C$.

(5) $\frac{1}{\sqrt{2}}\arctan\frac{\tan\frac{x}{2}}{\sqrt{2}}+C$. (6) $\ln\left|1+\tan\frac{x}{2}\right|+C$.

(7) $2\sqrt{x}-3\sqrt[3]{x}+6\sqrt[6]{x}-6\ln(\sqrt[6]{x}+1)+C$.　(8) $\ln\left|\dfrac{\sqrt{2x+1}-1}{\sqrt{2x+1}+1}\right|+C$.

(9) $-2\sqrt{\dfrac{1+x}{x}}-2\ln(\sqrt{1+x}-\sqrt{x})+C$.

(10) $\dfrac{\sqrt{2}}{8}\ln\dfrac{x^2+\sqrt{2}x+1}{x^2-\sqrt{2}x+1}+\dfrac{\sqrt{2}}{4}\arctan(\sqrt{2}x+1)+\dfrac{\sqrt{2}}{4}\arctan(\sqrt{2}x-1)+C$.

总复习题五

(A)

一、选择题

1. B.　2. D.　3. A.　4. D.　5. B.

二、解答题

1. (1) $-\dfrac{1}{3x^3}+C$.　(2) $\dfrac{2}{5}x^{\frac{5}{2}}-x^2+C$.　(3) $\dfrac{4}{5}x^{\frac{5}{4}}-\dfrac{24}{17}x^{\frac{17}{12}}-\dfrac{4}{3}x^{\frac{3}{4}}+C$.

(4) $x-\cos x+C$.　(5) $\dfrac{1}{2}(x+\tan x)+C$.　(6) $-\cot x-\tan x+C$.

(7) $7x-\dfrac{5\cdot\left(\dfrac{2}{3}\right)^x}{\ln 2-\ln 3}+C$.　(8) $\dfrac{3}{8}x-\dfrac{1}{4}\sin 2x+\dfrac{1}{32}\sin 4x+C$.

(9) $-\dfrac{1}{x+\cos x}+C$.　(10) $\dfrac{1}{11}\tan^{11}x+C$.　(11) $-\cos\left(x+\dfrac{1}{x}\right)+C$.

(12) $\dfrac{1}{\sqrt{2}}\arctan\dfrac{x+1}{\sqrt{2}}+C$.　(13) $\dfrac{1}{2}\ln(2x+\sqrt{4x^2+9})+C$.　(14) $-\dfrac{(a^2-x^2)^{\frac{3}{2}}}{3a^2x^3}+C$.

(15) $-\dfrac{1}{2}\arcsin\dfrac{1}{x^2}+C$.　(16) $a\arcsin\dfrac{x}{a}-\sqrt{a^2-x^2}+C$.

(17) $-\dfrac{2x^2-1}{4}\cos 2x+\dfrac{x}{2}\sin 2x+C$.　(18) $\dfrac{1}{2}(x^2-1)\ln(x-1)-\dfrac{1}{4}x^2-\dfrac{1}{2}x+C$.

(19) $x\arccos x-\sqrt{1-x^2}+C$.　(20) $x\arccos^2 x-2\sqrt{1-x^2}\arccos x-2x+C$.

(21) $-\dfrac{1}{x}(\ln^2 x+2\ln x+2)+C$.　(22) $-2\sqrt{x}\cos\sqrt{x}+2\sin\sqrt{x}+C$.

(23) $(x+1)\arctan\sqrt{x}-\sqrt{x}+C$.　(24) $\dfrac{xe^x}{e^x+1}-\ln(e^x+1)+C$.

(25) $\dfrac{x^4}{4}+\ln\dfrac{\sqrt[4]{x^4+1}}{x^4+2}+C$.　(26) $\ln|x|-\dfrac{1}{2}\ln(x^2+1)+C$.

(B)

1. $\dfrac{9}{5}x^{\frac{5}{3}}+C$.　2. $\displaystyle\int f(x)\,dx=\begin{cases}-\dfrac{1}{2}x^2+2x+C, & x\leqslant 0,\\ \dfrac{1}{2}x^2+2x+C, & x>0.\end{cases}$　3. $4x^3e^{x^2}+C$.　4. 略.

5. $-\frac{1}{x-2}-\frac{1}{3}(x-2)^3+C$.

第 六 章

习题 6－1

1. (1) $\frac{4}{3}$.　(2) $\frac{7}{2}$.

2. 略.

3. 176.4 m.

4. 略.

习题 6－2

1. (1) -1.　(2) 1.　(3) 6.　(4) 7.

2. (1) $<$.　(2) $>$.　(3) $>$.　(4) $<$.

3. (1) $4 \leqslant \int_1^3 (x^2+1)\mathrm{d}x \leqslant 20$.　(2) $\pi \leqslant \int_{\frac{\pi}{3}}^{\frac{4\pi}{3}} (1+\sin^2 x)\mathrm{d}x \leqslant 2\pi$.

　(3) $\frac{\pi}{9} \leqslant \int_{\frac{1}{\sqrt{3}}}^{\sqrt{3}} x\arctan x\,\mathrm{d}x \leqslant \frac{2\pi}{3}$.　(4) $1 \leqslant \int_0^1 \mathrm{e}^{x^2}\mathrm{d}x \leqslant \mathrm{e}$.

4. 提示:不妨设 $g(x)\geqslant 0, m\leqslant f(x)\leqslant M$,则 $mg(x)\leqslant f(x)g(x)\leqslant Mg(x)$.

5. 提示:首先证明存在一点 $\xi \in \left[\frac{2}{3},1\right]$,使得 $f(\xi)=f(0)$,然后在 $[0,\xi]$ 上运用罗尔中值定理.

习题 6－3

1. (1) $2x\sqrt{1+x^4}$.　(2) $-\frac{1}{1-x^2}$.　(3) $2x\sin 2x^2$.　(4) $-\mathrm{e}^{\cos^2 x}\sin x-\frac{1}{2\sqrt{x}}\mathrm{e}^x$.

2. $\frac{\mathrm{d}y}{\mathrm{d}x}=-2x^3\mathrm{e}^{x^2-y^2}$.

3. (1) $\frac{1}{2}$.　(2) 0.

4. 极小值为 0, $\int_0^1 x^2F'(x)\,\mathrm{d}x=\frac{1}{2}(1-\mathrm{e}^{-1})$.

5. (1) $\frac{7}{3}$.　(2) $\frac{21}{8}$.　(3) 12.　(4) $1-\frac{\pi}{4}$.　(5) $\frac{\pi}{3}$.

　(6) $\frac{\pi}{4}+\frac{1}{2}$.　(7) $\sqrt{3}-1-\frac{\pi}{12}$.　(8) $\frac{8}{3}$.

6. 略.

7. 提示:用拉格朗日中值定理及定积分的性质.

8. 提示:(1) 求导后用基本不等式.　(2) 用零点定理.

习题 6－4

1. (1) $1-e^{-1}$. (2) $\frac{1}{2}\ln 7$. (3) $\frac{\pi}{2}-\frac{2}{3}$. (4) $\frac{\pi^2}{72}$. (5) $2\sqrt{5}-2$. (6) $\frac{\pi}{6}$.

(7) $\arctan 2-\frac{\pi}{4}$. (8) $\frac{3}{2}$. (9) $1-\frac{\pi}{4}$. (10) $2\sqrt{2}$. (11) $2\ln 3$. (12) $1-\frac{\pi}{4}$.

(13) $\frac{\sqrt{3}}{8}$. (14) $\frac{1}{4}\left(\frac{\pi}{2}-1\right)$. (15) $1-\frac{2}{e}$. (16) $\frac{1}{2}+\frac{\sqrt{3}}{12}\pi$. (17) $8\ln 2-4$.

(18) $2e^2+2$. (19) $\frac{1}{5}(e^{\pi}-2)$. (20) $\frac{\pi}{2}$.

2. 2.

3. (1) 提示：令 $x=\frac{\pi}{2}-t$. 特别地，取 $f(x)=x^n$.

(2) 提示：令 $x=\pi-t$. $\int_0^{\pi}\frac{x\sin x}{1+\cos^2 x}dx=\frac{\pi^2}{4}$.

习题 6－5

1. (1) 收敛，$\frac{1}{2}$. (2) 发散. (3) 发散. (4) 收敛，$\frac{\pi}{4}$. (5) 收敛，1. (6) 发散. (7) 发散.

(8) 收敛，$\frac{\pi}{2}$.

2. 略.

3. (1) $\Gamma\left(\frac{5}{2}\right)=\frac{3}{4}\sqrt{\pi}$. (2) $\Gamma(m+1)=m!$.

习题 6－6

1. (1) $\frac{64}{3}$. (2) $\frac{3}{2}-\ln 2$. (3) $\frac{1}{3}$. (4) $e^2+e^{-2}-2$. (5) $\frac{9}{2}$. (6) $\frac{7}{6}$. (7) $\frac{e}{2}-1$.

2. 2.

3. (1) $V_x=\frac{128}{7}\pi, V_y=\frac{64}{5}\pi$. (2) $V_x=\frac{1}{4}\pi^2, V_y=2\pi$. (3) $\frac{3}{10}\pi$. (4) $160\pi^2$.

(5) $V_x=\frac{4}{3}\pi ab^2, V_y=\frac{4}{3}\pi a^2 b$.

4. 略.

5. $\frac{400}{3}\text{ cm}^3$.

6. 75.

7. 41，5 615.4.

8. (1) $C(x)=2x-\frac{x^2}{2}+22, R(x)=20x-2x^2$. (2) 6.

(3) 总利润从 32 万元降至 24 万元.

总复习题六

(A)

一、填空题

1. 0.　2. $-\sqrt{1+x}$.　3. $(0,1)$.　4. $f(1)=\frac{\sqrt{3}}{3}\pi, f(0)=0$.　5. 0.

二、选择题

1. C.　2. B.　3. C.　4. D.　5. B.　6. A.

三、解答题

1. (1) $\frac{2}{3}$.　(2) $\frac{1}{2}\ln\frac{21}{20}$.　(3) $\frac{\ln 3-2}{\ln^2 3}$.　(4) $2+4\ln\frac{3}{2}$.　(5) $\frac{1}{2}\ln 3$.　(6) -4.

(7) $\frac{\pi}{2}$.

2. $f'(x)=\frac{1}{x^2}\varphi\left(\frac{1}{x}\right)+\frac{1}{x}\varphi(\ln x)$.

3. $x=1$ 为 $f(x)$ 的极大值点,$x=2$ 为 $f(x)$ 的极小值点.

4. (1) $\frac{35}{2}-6\ln 6$.　(2) 1.　(3) 1.　(4) $\frac{27}{2}$.　(5) $\frac{1}{2}\pi a^3$.　(6) $\frac{3}{10}\pi$.

(7) $V_x=\frac{128}{7}\pi, V_y=\frac{64}{5}\pi$.

5. 切线方程为 $y=x$, $\lim\limits_{n\to\infty} nf\left(\frac{3}{n}\right)=3$.

6. $a=4, b=1$.

(B)

1. ～4. 略.